HEYNE BÜCHER

SCIENCE FICTION

Herausgegeben
von
Wolfgang Jeschke

Vom selben Autor erschienen außerdem
als Heyne-Taschenbücher

Der Wettflug der Nationen · Band 3701
Ein Stern fiel vom Himmel · Band 3702
Land aus Feuer und Wasser · Band 3703
Unsichtbare Kräfte · Band 3254
Die Spur des Dschingis-Khan · Band 3271
Himmelskraft · Band 3279
Lebensstrahlen · Band 3287
Der Befehl aus dem Dunkel · Band 3319
Der Brand der Cheopspyramide · Band 3375
Das Erbe der Uraniden · Band 3395
Die Macht der Drei · Band 3420
Kautschuk · Band 3429
Atomgewicht 500 · Band 3438
Atlantis · Band 3447
Das stählerne Geheimnis · Band 3456
Ein neues Paradies · Band 3562
Als der Welt Kohle und Eisen ausging · Band 3754

HANS DOMINIK

FLUG IN DEN WELTRAUM

Ein klassischer Science Fiction-Roman

WILHELM HEYNE VERLAG
MÜNCHEN

HEYNE-BUCH Nr. 3411
im Wilhelm Heyne Verlag, München

6. Auflage

Redaktion: Walter Brumm
Lizenzausgabe mit freundlicher Genehmigung des
Gebrüder Weiss Verlags, Berlin
Dieser Roman erschien bereits früher unter dem Titel TREIBSTOFF SR
Printed in Germany 1982
Umschlagbild: Karl Stephan, München
Umschlaggestaltung: Atelier Heinrichs, München
Gesamtherstellung: Ebner Ulm

ISBN 3-453-30281-8

Ein heller Zweisitzer bog, von Washington kommend, hinter Fort Hunt von dem Memorial Highway nach Osten in den Riverside-Park ab. Mit einem Schlage änderte sich das Bild; eben noch das breite Band der modernen Autostraße, jetzt ein schmaler gewundener Weg, der unter frühlingsgrünen Akazien an weiten frischen Rasenflächen vorbeiführte. In einer Kurve lenkte Ingenieur Robert Jones den Wagen auf eine kleine Wiese und stellte den Motor ab.

»Ein guter Platz zum Lagern«, rief Henry Watson, der neben ihm saß und sprang mit einem Satz aus dem Wagen. Langsam folgte ihm Jones und reckte die von der Fahrt steif gewordenen Glieder, bevor er sich zu einer Antwort bequemte.

»Hier ist's gut sein, Henry, hier laß uns Hütten bauen, unser Picknick halten! Für die nächsten Stunden bringt mich hier niemand fort.«

Watson schüttelte den Kopf. »Hast du unser Programm vergessen? Wollten wir nicht zum Shenandoah National-Park, my boy?«

»Ach was, Henry!« Der Ingenieur warf sich der Länge nach in das schwellende Gras, während er weitersprach. »Dazu sind wir heute zu spät von Washington fortgekommen. Um ein Uhr wollten wir fahren, da kommt im letzten Augenblick Professor O'Neils und langweilt uns zwei volle Stunden mit einem Versuch . . .«

»Oho, Robert!« fiel ihm Watson ins Wort, »langweilig darfst du den Versuch nicht nennen. Er war ebenso geistreich und interessant wie alle anderen Arbeiten von O'Neils.«

»Schon gut, Henry. Ich weiß, daß du auf den Mann nichts kommen läßt; aber wenn man sich auf eine Fahrt in den Frühling freut, ist der schönste und beste Versuch nichts anderes als eine Störung. Unser Programm wurde dadurch über den Haufen geworfen, doch das soll uns den Tag nicht verderben. Packe aus, Henry, was wir im Wagen haben, wir wollen es uns hier bequem machen.«

Watson brachte Kissen und Decken aus dem Auto heran, machte alles zum Lagern zurecht und stellte zum Schluß einen umfangreichen Proviantkorb neben ein weißes Leinentuch, während Jones, ohne seine Lage zu verändern, den Bemühungen des anderen geruhsam zuschaute. Teller, Gläser und Bestecke baute Watson auf dem Tuch auf, öffnete danach verschiedene Konserven aus dem Korb und stellte sie dazu.

Für die nächste Viertelstunde ruhte jedes Gespräch. Nur das Klappern von Messern und Gabeln war vernehmbar. Dann lehnte sich Jones mit einem behaglichen Seufzer zurück und zündete sich eine Zigarette an. Auch Watson machte sich's bequem, zog eine Zeitung aus der Tasche und begann darin zu blättern.

»Aber Henry«, verwies ihn Jones, »ist es nicht eine Sünde, sich bei solchem Wetter mit bedrucktem Papier zu beschäftigen . . .«;

er wollte noch weitere Gründe für das verwerfliche Tun seines Kollegen ins Treffen führen, als dieser ihn unterbrach.

»Hier steht noch etwas, Robert, was dich interessieren sollte. Eine Nachricht aus Deutschland ...«

»Laß mich heute mit den Germans in Ruhe«, warf Jones dazwischen und gähnte.

»Nein, Robert, du mußt hören, was hier gemeldet wird; eine Notiz über die Arbeiten im Forschungslaboratorium in Gorla. Mag der Teufel wissen, wo der Zeitungsschreiber das her hat ...!«

Watson las den kurzen Text vor, in dem von wesentlichen Fortschritten bei der künstlichen Erzeugung von Radioaktivität die Rede war.

»Der Mann hat die Glocken läuten hören, aber er weiß nicht, wo sie hängen«, brummte Jones und gähnte zum zweitenmal.

»Ich werde die Notiz morgen O'Neils zeigen«, meinte Watson, »sie wird ihn interessieren.«

»Tue es in Gottes Namen, aber verschone mich heute damit«, sagte Jones schon halb im Schlafe, »heute will ich von Laboratorien und Experimenten nichts hören.«

»Du bist ein Barbar, Robert, und wirst dein Leben lang einer bleiben. Hättest Farmer im Westen werden sollen und nicht Assistent der Howard-Universität in Washington. Womit habe ich das verdient, daß ich tagaus, tagein mit dir zusammen in demselben Raum arbeiten muß?«

Die Vorwürfe Watsons waren scherzhaft gemeint, aber die Lebhaftigkeit, mit der er sie vorbrachte, bewirkte, daß Jones, der auf dem Rücken im Grase lag, noch einmal die Augen aufschlug und in den wolkenlosen Maienhimmel schaute.

Schon wollte er sie wieder schließen, als ihn plötzlich etwas veranlaßte, schärfer hinzublicken.

Fast senkrecht über der Stelle, an der sie lagerten, hatte er in dem lichten Ätherblau ein schimmerndes Pünktchen erspäht. Bald glänzte es, von den Sonnenstrahlen getroffen, hell auf, um dann für Sekunden unsichtbar zu werden und bald danach wieder aufzublinken.

»By Jove! Was ist das, Henry?«

»Was willst du?« fragte der hinter seiner Zeitung hervor.

»Schau einmal nach oben ... direkt senkrecht über dir, Henry. Da schwirrt etwas Glänzendes in der Atmosphäre, aus dem ich nicht klug werden kann. Siehst du es? Eben hat es wieder aufgeblitzt ...«

In die letzten Worte klang das Geräusch von zerbrechendem Geschirr. Etwas Blitzendes, Schimmerndes war dicht an ihm vorbeigeschossen, hatte eine Büchse mit Grapefruits zertrümmert und auch noch das Leinentuch und einen Teller in Mitleidenschaft gezogen.

»Was war das?« wiederholte Jones die Frage Watsons, der sich bemühte, ein paar Spritzer von seinem Rock zu entfernen. Erstaunt betrachtete er einen Metallbrocken, der jetzt friedlich zwischen den Scherben lag. Watson war aufgesprungen und schaute sich nach allen Seiten hin nach einem Flugzeug um, von dem das Metallstück seiner Meinung nach stammen mußte. Doch weit und breit war nichts Derartiges zu erblicken. Auch das glitzernde Ding von vorher war verschwunden.

Jones griff inzwischen nach dem Stück und reinigte es mit der Serviette von den anhaftenden Speiseresten, um es danach einer genaueren Betrachtung zu unterziehen. Es war ein Stück Metall von der Größe eines doppelten Handtellers etwa. Seine Ränder waren unregelmäßig gezackt, als ob es mit Gewalt aus einer größeren Platte herausgerissen wäre.

Nachdenklich wog er es in seiner Hand und meinte zu seinem Gefährten: »Wir können uns beglückwünschen, daß keiner von uns getroffen wurde. Der Brocken hätte uns glatt erschlagen können. Sieh nur, wie das Metall sich bei dem Auftreffen auf den Boden verbeult hat. Es muß mit großer Gewalt niedergestürzt sein. Auf gut ein halbes Kilogramm schätze ich das Gewicht.«

Noch während er sprach, nahm Watson ihm das Stück aus der Hand, um es seinerseits zu untersuchen. »Könnte dem Aussehen nach beinahe Blei sein«, gab er nach kurzer Prüfung sein Urteil ab. »Ist aber zu leicht dafür. Was sagst du? Ein halbes Kilo? . . . Ausgeschlossen, mein Lieber! Auf etwa 100 Gramm würde ich es taxieren . . .«

Er wog den Brocken noch einmal in der Hand.

»Ich sage ein halbes Kilo!« beharrte Jones bei seiner ersten Schätzung.

»Vollständig ausgeschlossen, Robert!« Während Watson es sagte, legte er den Metallbrocken aus der linken in die rechte Hand und machte im nächsten Augenblick ein so verdutztes Gesicht, daß Jones laut auflachte.

»Lache nicht!« fuhr Watson ihn an, während er den Brocken zwischen seinen beiden Händen hin und her wechseln ließ. »Da! Überzeuge dich bitte selbst!« Er legte Jones das Stück in die Hand. »Bitte! Wie schwer schätzt du es?«

»For heaven's sake! Da soll doch . . .« Die Reihe zu staunen war jetzt an Jones. »Das Ding ist plötzlich viel leichter geworden! Wie ist das möglich?«

»Einen Augenblick, my dear!« Watson griff wieder zu, drehte das Metallstück um und legte es mit der anderen Seite nach unten in die Hand von Jones zurück.

»Ja, was ist das?« wunderte sich der. »Kannst du zaubern, Henry? Jetzt ist das Stück ja wieder so schwer wie zuerst.«

»Kein Zauber, nur ein wenig Beobachtung. Wenn das Stück mit dieser Seite nach unten liegt, dann mag es ungefähr ein halbes Kilo wiegen. Wenn die andere nach unten kommt ...«, er drehte das Stück in der Hand von Jones wieder um, »dann wiegt es eben nur noch 100 Gramm.«

Jones ließ den Brocken fallen und faßte sich an den Kopf. »Das geht über meinen Verstand«, begann er zögernd, »ein Stoff, der sich der Schwerkraft gegenüber verschieden verhält, je nachdem, ob er die eine oder die andere Seite nach unten kehrt ... das gibt's doch auf unserer alten Erde nicht.«

»Doch gibt es das, Robert. Da liegt es ja groß und breit vor dir und läßt sich nicht wegleugnen.«

»Nein und nochmals nein!« verteidigte Jones seine Meinung. »Das ist kein irdischer Stoff, Henry! Wer weiß, aus welchen Himmelsfernen er zu uns gekommen ist.«

»Keine voreiligen Hypothesen!« unterbrach ihn Watson. »Ich denke, wir sind zwei ernsthafte Wissenschaftler. Als solche wollen wir systematisch vorgehen und exakt festlegen, was wir gemeinsam beobachtet haben.«

Schon während der letzten Worte hatte er sein Notizbuch gezogen und begann zu schreiben. Ein reguläres Protokoll wurde es, was ihm Zeile für Zeile aus der Feder floß. Nüchtern und klar enthielt es kein Wort zuviel, aber auch keins zuwenig. Er setzte seinen Namen unter das Geschriebene und bat Jones, ebenfalls zu unterzeichnen.

»So!« sagte er, während er das Notizbuch wieder einsteckte, »das werden wir morgen O'Neils zeigen; mag der sehen, ob er aus der Sache klug wird.« Dann langte er nach dem Brocken, wickelte ihn in eine Seite seiner Zeitung und schob ihn in die Rocktasche. Er war damit beschäftigt, die Scherben des zerschlagenen Porzellans aufzuheben, als Jones ein paarmal tief und schwer seufzte. »Was fehlt dir, Robert? Ist dir das Dinner nicht bekommen?« fragte ihn Watson.

Jones schüttelte den Kopf. »Das ist's nicht, Henry. Der verteufelte Brocken, den uns das Schicksal in unser Picknick geschleudert hat, macht mir Sorge. Viel Arbeit wird er uns bringen ... Überstunden, zahllose Versuche, und der Himmel mag wissen, was sonst noch alles.«

»Kann dir nichts schaden, Robert. Fängst sowieso an, etwas bequem zu werden. Arbeit erhält frisch und jung«, versuchte Watson zu scherzen, während ihm zum Bewußtsein kam, daß auch seine Gedanken unablässig um diesen mysteriösen Brocken kreisten.

Die Sonne stand schon tief im Westen, als Robert Jones und Henry Watson entlang dem Potomac River, der wie flüssiges Gold in der Abendsonne dahinfloß, die Heimfahrt antraten.

»Die Asche brennt nicht, Doktor.« Gesprochen wurden diese Worte um die Mittagsstunde des gleichen Tages, in dessen weiterem Verlauf Watson und Jones in den Riverside-Park fuhren. Im Kasino des Forschungsinstitutes zu Gorla, wo nach dem Mittagsmahl noch fünf Personen an einem runden Tisch bei Kaffee und Tabak zusammensaßen, sagte sie Chefingenieur Grabbe zu Dr. Thiessen, dessen Bemühungen, seine Zigarre wieder in Brand zu setzen, vergeblich blieben, weil er es versäumt hatte, den Aschenkegel abzustreifen.

»Dank für gütige Belehrung, Herr Kollege«, quittierte Dr. Thiessen die ironische Bemerkung des Chefingenieurs.

Ein kaum merkliches Lächeln glitt über die Züge des Physikers Yatahira, der ebenso wie der neben ihm sitzende Saraku von Tokio nach Gorla gekommen war, um hier im Institut die letzten Ergebnisse der Kernphysik an der Quelle zu studieren. Einen kurzen Moment trafen sich die Blicke der beiden Japaner.

»Sie sagen, daß die Asche nicht brennt?« wandte sich jetzt der fünfte am Tisch, Professor Lüdinghausen, an den Chefingenieur.

»Ich war so frei, es zu behaupten, Herr Professor.«

Lüdinghausen schob ihm die Streichhölzer und die Zuckerdose hin. »Würden Sie die Güte haben, ein Stück Zucker anzuzünden.«

Mit drei oder vier Streichhölzern versuchte Grabbe es vergebens, dann meinte er resigniert: »Wenn Sie es fertigbringen, können Sie mehr als ich.«

Professor Lüdinghausen nahm einen anderen Zuckerwürfel aus der Dose, verrieb eine winzige Menge Zigarettenasche auf seiner Fläche, brachte die Flamme eines Streichholzes heran, und der Zukker fing Feuer. Er stellte den Würfel auf einen Teller vor sich hin, und mit einer schwach bläulichen Flamme brannte er wie eine Kerze weiter.

Verwundert sah sich der Chefingenieur das Schauspiel ein Weilchen an, dann sagte er: »Wie kommt das zustande?«

»Asche, Herr Grabbe. Die Spur Asche, die ich auf den Zucker rieb, vermittelt die Verbrennung.«

Seine Worte gaben das Signal zu einer Diskussion, an der sich alle Anwesenden beteiligten.

Als eine Art Dochtwirkung des feinen Aschenstaubes versuchte Yatahira den Vorgang darzustellen, von einer Katalysatorwirkung sprach Dr. Thiessen, und noch andere Erklärungen brachten die anderen vor, ohne zu einer Einigung zu kommen.

»Beenden wir den müßigen Streit«, meinte Lüdinghausen schließlich, »ich zeigte Ihnen das Experiment, weil es gewissermaßen im kleinen ein Abbild unserer Arbeiten im Labor darstellt . . .«

»Oho! Wieso? . . .« Von allen Seiten her kamen die Zwischenrufe und Fragen.

»Sehr einfach, meine Herren«, fuhr Lüdinghausen fort. »Hier haben wir den Zucker, der an und für sich durchaus brennbar ist, uns aber, wie Sie gesehen haben, den Gefallen nicht tut, auf ein einfaches Streichholz zu reagieren. Im Labor haben wir ein Material, das auch nicht so will, wie wir gern möchten. Hier bei dem Zucker haben ein paar Stäubchen Asche genügt, um die Geschichte in Gang zu bringen, obwohl ja, wie Kollege Grabbe sehr richtig bemerkte, die Asche selbst nicht brennt. Im Labor wollen wir unserem Stoff ein wenig von einer an sich harmlosen Substanz zufügen, um dadurch den gewünschten Prozeß zu beschleunigen . . .«

Wieder mußte Professor Lüdinghausen seine Rede unterbrechen und seinen Zuhörern Zeit geben, ihre eigenen Meinungen zum Ausdruck zu bringen. Erst dann konnte er fortfahren.

»Bis jetzt«, sagte er, während er auf das noch immer mit ruhiger Flamme weiterbrennende Stückchen Zucker wies, »habe ich von der Ähnlichkeit der beiden Vorgänge gesprochen; jetzt will ich von der Unähnlichkeit reden. Mit Zucker und Asche können Sie kein Malheur anrichten, ganz gleich, in welchen Verhältnissen Sie die beiden Stoffe mischen. Bei unseren Versuchen im Labor aber ist das ganz anders, da müssen wir den Zusatz mit größter Vorsicht dosieren und nur ganz behutsam Schritt für Schritt weitergehen, wenn wir nicht riskieren wollen, daß uns die ganze Bude in die Luft fliegt. Ja, meine Herren«, schob Professor Lüdinghausen die Einwendungen seiner Tischgenossen beiseite, »es lag mir daran, Ihnen das noch einmal nachdrücklich ans Herz zu legen. Halten Sie sich auf das genaueste an die Vorschriften. Legen Sie das Ergebnis jedes neuen Versuches sorgfältig in einem Protokoll fest. Verstärken Sie die Zusatzmengen von Versuch zu Versuch höchstens nach Milligrammen. Nur dann haben wir Aussicht, von unangenehmen Überraschungen verschont zu bleiben.« So nachdrücklich und mit solchem Ernst hatte Lüdinghausen die letzten Worte gesprochen, daß niemand etwas darauf zu erwidern vermochte.

Erst nach Minuten brach Yatahira das Schweigen. »Wir werden nach Ihren Worten handeln, Herr Professor. Sie haben uns den Weg gewiesen und seine Gefahren gezeigt. Immer das große Ziel vor Augen, wollen wir ihn vorsichtig beschreiten.«

»Ich danke Ihnen, Herr Yatahira. Ich kenne Ihre Gewissenhaftigkeit und wünsche Ihnen den besten Erfolg für Ihre Arbeiten.« Lüdinghausen streckte dem Japaner die Rechte entgegen und fühlte den kräftigen Druck von dessen Hand in der seinen. »Es wird Zeit, an unsere Arbeit zu gehen«; er erhob sich und gab damit das Zeichen zum Aufbruch. Die Mittagsstunde im Kasino war beendet.

Chefingenieur Grabbe und Dr. Thiessen schritten im Schein der

Frühlingssonne über einen weitläufigen Hof nach der Halle hin, in der sich ihre Arbeitsstelle befand.

»Was haben Sie, Kollege?« fragte Grabbe den Doktor, »Sie machen ein Gesicht wie sieben Tage Regenwetter.«

»Ich ärgere mich über Lüdinghausen«, brachte Thiessen brummig heraus, »er sagt den Herrschaften aus Tokio Elogen, als ob sie Gott weiß was wären und könnten; für uns findet er selten ein Wort der Anerkennung.«

»Er wird seine Gründe dafür haben, mein lieber Thiessen. Ich glaube sogar, daß er das heute bei Tisch nicht ohne eine bestimmte Absicht gesagt hat.«

»Wie meinen Sie das?« unterbrach ihn Thiessen.

Grabbe lachte: »Sie kennen sicher auch die Geschichte von dem japanischen Schneider, der den Auftrag bekam, für ein englisches Kriegsschiff zwanzig Paar Schifferhosen zu liefern, und weil . . .«

»Olle Kamellen, Grabbe! Weil auf der Hose, die er als Muster bekam, ein Flicken war, setzte er auch auf die zwanzig neuen Hosen Flicken. Was hat das mit den Herren Yatahira und Saraku zu tun?«

»Japanische Gewissenhaftigkeit, Kollege. Manchmal etwas übertrieben, wie die Geschichte von den Flicken beweist, aber immerhin . . . Lüdinghausen kann sicher sein, daß Yatahira und Saraku sich genau an die Vorschriften halten, während . . .«

»Wollen Sie etwa behaupten, Herr Grabbe, daß das bei uns nicht der Fall ist?«

»Stopp, Doktor! Bitte halb so wild! Ich meine nur, daß unsere Leute nicht die Engelsgeduld der Söhne Nippons besitzen . . . daß sie in dem mir durchaus verständlichen Bestreben, möglichst schnell zum Ziele zu kommen, vielleicht nicht immer die notwendige Vorsicht bei den Versuchen walten lassen.«

»Sie dürfen überzeugt sein, daß Ihre Befürchtung grundlos ist«, verteidigte Dr. Thiessen seine Leute.

Als dies Gespräch auf dem Werkhof stattfand, waren die beiden Assistenten Thiessens im Laboratorium bereits bei der Arbeit. Während Dr. Hegemüller vor einer Mikrowaage stand, hantierte Dr. Stiegel mit einem Bunsenbrenner, der nicht recht so wollte, wie er sollte.

»Das Ding funktioniert nicht; damit können wir die Röhre nicht zuschmelzen«, meinte er nach längerem vergeblichem Bemühen. »Ich will zum Kollegen Rieger gehen und sehen, daß ich da einen besseren Brenner bekomme.«

Dr. Hegemüller, der eben im Begriff war, den Zusatz für die Antikathode abzuwiegen, nickte und schaute seinem Kollegen einen Augenblick nach, als der den Raum verließ. Wirklich nur einen Augenblick, aber während dieses kurzen Moments war ihm etwas mehr von dem Zusatzstoff in die Waagschale gefallen.

Dr. Hegemüller stutzte, als er es bemerkte. Sollte er die Wägung von neuem beginnen ... oder sollte er diesen Zufall als einen Wink des Schicksals nehmen? Gedanken, die er in diesen letzten Wochen und Tagen schon öfter als einmal gedacht, gingen ihm durch den Kopf ... wir kommen nicht vom Fleck, wenn wir in der alten langsamen Weise weitermachen ... andere kommen uns vielleicht zuvor, wenn wir nichts riskieren. Als ob er unter einem Zwang handle, schüttete er den ganzen auf der Waage liegenden Zusatzstoff zu dem bereits vorher abgewogenen Metallstaub, vermischte das Ganze sorgfältig und gab es in eine Preßform. Als Dr. Siegel mit einem anderen Brenner zurückkam, lag die neue Antikathode fix und fertig auf dem Tisch.

»Schon fertig, Kollege?« sagte der, »dann wollen wir nur kräftig weitermachen. Thiessen kann jede Sekunde vom Kasino zurückkommen.« Schnell und exakt gingen ihnen die hundertmal geübten Griffe von der Hand. Eine Quecksilberdampfpumpe arbeitete, um die Röhre luftleer zu machen, und in der Bunsenflamme war sie im Augenblick wieder zugeschmolzen.

»So, nun wären wir soweit«, meinte Dr. Stiegel, während er die Brennerflamme ausdrehte. »Wir können Hochspannung auf die Röhre geben.«

»Gut, Kollege!« Noch während er es sagte, ging Hegemüller zu einer Schalttafel und begann an Hebeln und Regulierwiderständen zu hantieren.

»Achtung, Stiegel, Strom kommt auf die Röhre«, rief er und legte den letzten Hebel gerade in dem Augenblick um, in dem sich die Tür öffnete und Chefingenieur Grabbe zusammen mit Dr. Thiessen in die Halle kam. Nur wenige Meter hatten die beiden zurückgelegt, als sie jäh den Schritt verhielten, wie gebannt von dem Schauspiel, das in knappen Sekunden vor ihren Augen abrollte.

Eben noch hatte die Röhre in mattgrünem Licht geleuchtet. Jetzt glühte die Antikathode auf, rötlich und gelblich zuerst noch, im nächsten Moment schon hellweiß.

»Abschalten!« wollte Thiessen eben noch schreien, doch es war schon zu spät. Mit einem Knall, kurz und scharf wie ein Büchsenschuß, platzte der Glaskolben auseinander; nach allen Seiten hin fegten seine Splitter durch den Raum. Ein schweres Stück flog nach oben und durchbrach das Glasdach der Halle, daß es auch von dorther Scherben regnete. Geblendet und betäubt von dem, was auf ihre Augen und Ohren eindrang, standen Thiessen und Grabbe da, brauchten einige Zeit, um sich zu fassen und ihrer Sinne wieder Herr zu werden.

Wie das Unheil geschehen war, blieb ungeklärt, denn im ersten Schreck war Dr. Hegemüller gegen die Schalttafel getaumelt und hatte dabei Hebel verschoben, so daß sich die Spannung, die im Augenblick der Explosion auf der Röhre lag, nicht mehr feststellen ließ.

»Sie haben eine Fehlschaltung gemacht, Kollege! Sicher viel zu hohe Spannung auf die Röhre gegeben«, sagte Thiessen, aber Hegemüller wies den Vorwurf entschieden zurück, und Thiessen konnte ihm nichts beweisen. Inzwischen hatte der Chefingenieur sich den Schaden näher besehen. Ein paar Glassplitter, ringsumher auf dem Boden verstreut, das war alles, was von der Röhre noch zu finden war. Darunter eine etwas größere Scherbe, in deren Höhlung eine etwa walnußgroße Menge eines weiß schimmernden Metalls lag.

»Wo ist das übrige geblieben?« fragte Thiessen, dem er es zeigte. »Wenigstens das Zehnfache mußte als Kathode in der Röhre sein.«

Hegemüller wies nach oben. »In die Luft gegangen, Herr Grabbe. Durchs Dach 'raus. Irgendwo draußen müssen wir's finden.«

»Suchen Sie, meine Herren«, ordnete der Chefingenieur an. »Es ist wichtig, daß wir auch das andere finden; es wäre unerwünscht, wenn es in unrechte Hände fiele.«

»Machen wir uns auf die Suche!« trieb Thiessen seinen Kollegen Hegemüller an. »Allzu weit können die Fetzen kaum geflogen sein; ich denke, daß wir sie draußen in der nächsten Umgebung der Halle finden werden.«

Die Halle, in der Dr. Thiessen sein Laboratorium hatte, stand frei auf einem gepflasterten Werkhof, so daß es nicht schwer war, ihre Umgebung nach allen Seiten hin abzuschreiten. Bald hier, bald dort sahen Dr. Stiegel und Hegemüller im hellen Schein der Frühlingssonne auch Scherben aufblitzen und machten sich daran, sie sorgsam einzusammeln. Aber die wenigsten dieser Splitter und Splitterchen stammten von der Röhre, das meiste rührte von dem beschädigten Glasdach der Halle her. Dasjenige aber, nach dem sie am eifrigsten ausspähten, das fehlende Kathodenmetall, konnten sie trotz eifrigsten Suchens nirgends entdecken. Es war und blieb verschwunden.

Nach dem Verlassen des Kasinos befanden sich Yatahira und Saraku auf dem Wege zu ihrer Arbeitsstätte, die etwa hundert Meter von dem Laboratorium Thiessen entfernt lag.

»Was halten Sie von den Worten Lüdinghausens?« fragte Yatahira im Gehen seinen Landsmann.

»Er hat uns über unser Verdienst gelobt, Yatahira. Ich merkte wohl, daß es dem Doktor Thiessen nicht angenehm war.«

Yatahira nickte. »Das ist begreiflich, Saraku. Thiessen konnte einen Vorwurf für sich aus den Worten herauslesen.«

»Sie meinen den Vorwurf, daß er bei seinen Versuchen auf Kosten der Sicherheit etwas zu forsch ins Zeug geht?«

»Das ist es, Saraku. Doktor Thiessen möchte einen schnellen Erfolg erzwingen. Ich glaube, er sieht es nicht gern, daß wir an der gleichen Aufgabe arbeiten wie er.«

»Es wäre schön, wenn wir ihm zuvorkommen könnten. Es wäre ein großer Erfolg für unsere Wissenschaft und nicht zuletzt auch für uns, Yatahira. Man würde uns vielleicht in Nippon an eine Universität berufen, wenn uns die Lösung dieser Aufgabe gelänge.«

»Sie haben recht, Saraku, aber bei der Art, wie wir jetzt vorgehen, nach der Mahnung Lüdinghausens unbedingt vorgehen müssen, werden wir schwerlich die ersten sein.«

Saraku stand im Begriff, etwas zu erwidern, als ein Klirren und Splittern ihn aufhorchen ließ. Auch Yatahira blickte auf und sah, wie einige Scheiben des Glasdaches über der großen Halle in Scherben gingen. Er tauschte einen Blick mit Saraku.

»Die Warnung Lüdinghausens war berechtigt. Sie haben bei Thiessen das kritische Mischungsverhältnis überschritten. Ah, was ist das?«

Der Japaner bückte sich und hob eine kleine gewölbte Scherbe auf, die unmittelbar vor seinen Füßen niedergefallen war. »Sehen Sie, Yatahira! Das sieht wie ein Bruchstück von einer Röhre aus. Auch ein wenig Metall haftet noch an dem Glas. Zweifellos ist bei Thiessen eine Röhre explodiert.«

Yatahira nahm ihm die kleine Scherbe aus der Hand und ließ sie in seiner Tasche verschwinden.

»Was wollen Sie damit?« fragte ihn Saraku.

»Sofort untersuchen, Saraku. Kommen Sie!« Er drängte den anderen zur Eile. »Wir wollen im Laboratorium das Mischungsverhältnis feststellen. Das könnte uns von Nutzen sein.«

»Sie haben recht, Yatahira. Es wird uns danach schneller gelingen, den kritischen Punkt der Mischung festzustellen.«

Mit beschleunigten Schritten erreichten die beiden ihren Arbeitsraum, einige Minuten früher, als Thiessen mit seinen beiden Assistenten auf die Splittersuche ging.

»So, meine Herren! Jetzt sind wir unter uns, jetzt bitte 'raus mit der Sprache! Was ist hier geschehen?«

Dr. Thiessen sagte es, sobald Chefingenieur Grabbe die Halle verlassen hatte, und blickte dabei abwechselnd seine beiden Assistenten an. Als er auf seine Frage keine Antwort erhielt, fuhr er in schärferer Tonart fort: »Es gibt nur zwei Möglichkeiten. Entweder falsche Mischung oder falsche Schaltung. Geschaltet haben Sie, Herr Hegemüller. Haben Sie die Mischung zusammen hergestellt?«

Jetzt endlich fand Dr. Stiegel Worte. »Ich war nicht dabei, Herr

Thiessen«, verteidigte er sich. »Ich mußte einen Bunsenbrenner aus dem Labor von Rieger besorgen. Während ich abwesend war, hat Herr Hegemüller die Mischung fertiggemacht.«

»Aha, mein lieber Freund! Dann geht die ganze Geschichte also auf Ihr Konto«, wandte sich Thiessen an Dr. Hegemüller. »Nun beichten Sie mal, was Sie da versiebt haben«, fuhr er fort, als er sah, daß Hegemüller einen roten Kopf bekam. »Ich frage Sie jetzt nicht als Vorgesetzter, sondern als Ihr Kollege. Was Sie mir zu sagen haben, bleibt unter uns.«

»Nun ... also, Herr Thiessen ... ich hatte das langsame Vorwärtstasten satt. Ich habe bei diesem letzten Versuch die Menge des Zusatzstoffes verzehnfacht.«

Dr. Hegemüller atmete erleichtert auf, als er das Geständnis heraus hatte, und eine Minute wohl herrschte allgemeines Schweigen.

»Verzehnfacht?! ... Mann! ... Wissen Sie, was das bedeutet? ... Gott versuchen heißt das! Haben Sie gar nicht an die Gefahr gedacht, der Sie sich und uns alle durch Ihren Leichtsinn aussetzten? Erst vor einer halben Stunde hat uns Lüdinghausen gewarnt ... hat noch besonders darauf aufmerksam gemacht, daß wir die Zusatzmenge nur milligrammweise vergrößern dürfen, und Sie gehen einfach hin und verzehnfachen die Dosis! ... Danken Sie Ihrem Schutzengel, daß Sie noch am Leben sind. Das hätte auch anders und viel schlimmer ausgehen können.«

Während Thiessen sprach, hatte Hegemüller seine alte Unbekümmertheit zurückgewonnen. »Es ist ja nichts Besonderes passiert, Herr Thiessen«, meinte er beschwichtigend. »Ein paar Scherben hat's gegeben, und eine Röhre ist zum Teufel gegangen, aber dafür sind wir mit einem Schlag ein gutes Stück weitergekommen.«

»Sie sind unverbesserlich, Hegemüller«, sagte Thiessen kopfschüttelnd. »Ich kann es Ihnen heute schon prophezeien: Wenn Sie so weitermachen, werden Sie nächstens noch mal in die Luft fliegen. Ich habe Ihnen versprochen, daß die Sache unter uns bleibt, aber halten Sie sich in Zukunft genau an die Vorschriften.«

Damit war die Angelegenheit für Dr. Thiessen erledigt, und sein Interesse wandte sich dem kleinen Stück Kathodenmetall zu, das von der zertrümmerten Röhre übriggeblieben war.

»Nun wollen wir mal untersuchen, was Sie da zusammengeschmort haben«, fuhr er in umgänglicherem Ton fort. »Aber auch dabei wollen wir vorsichtig sein. Ich vermute, daß das Zeug stark radioaktiv ist.«

Die nächsten Stunden war Dr. Thiessen zusammen mit seinen beiden Assistenten beschäftigt, den neuen Stoff zu untersuchen. Schon die erste Prüfung ließ eine derartig intensive Strahlung erkennen, daß sie es für ratsam hielten, den stärksten Bleischutz, der im Laboratorium vorhanden war, anzulegen.

Öfter als einmal wiederholten sie ihre Messungen, weil die gefundenen Ergebnisse sie unglaublich dünkten, und immer wieder mußten sie dabei unerwartete, bisher noch niemals beobachtete Erscheinungen feststellen.

Erst als die Werksirene den Schluß der Dienststunden anzeigte, unterbrach Thiessen die Arbeit. Sein Gesicht war gerötet, und seine Augen glänzten wie im Fieber, während er zu Hegemüller zu sprechen begann.

»Sie haben Kopf und Kragen riskiert, Kollege, aber der Erfolg rechtfertigt Ihr Wagnis. Wir sind heute in der Tat ein gewaltiges Stück vorwärtsgekommen . . . ich sage vorwärtsgekommen, denn am Ziel sind wir noch nicht. Es wird noch mehrerer und, wie ich fürchte, nicht ungefährlicher Versuche bedürfen, um das zu erreichen. Vor allen Dingen aber bitte ich Sie und auch Sie, Herr Doktor Stiegel, über unsere heutigen Ereignisse absolutes Stillschweigen zu bewahren. Ein einziges unvorsichtiges Wort könnte großen Schaden anrichten. Versprechen Sie mir in die Hand, daß Sie schweigen werden.«

Verwundert zuerst über den Eifer und betreten danach über den Ernst, mit dem Thiessen zu ihnen sprach, gaben seine beiden Mitarbeiter ihm das verlangte Ehrenwort.

»Ich freue mich auf die Arbeit der kommenden Wochen und Monate, meine Herren«, sagte Thiessen, während sie gemeinsam das Laboratorium verließen. »Mir schweben ganz neue Möglichkeiten vor. Ich will Ihnen nicht zu nahetreten, Kollege Hegemüller, aber ich muß lebhaft an die blinde Henne denken, die zuweilen auch ein Korn findet.«

Dr. Hegemüller unterdrückte die Antwort, die ihm auf den Lippen lag. Ich war nicht blind, mein Lieber, ging's ihm durch den Kopf. Ich habe genau gewußt, was ich wollte und was ich riskierte . . . und ich glaube, ich ahne auch einiges von den Möglichkeiten, von denen du jetzt sprichst.

»Warum tun Sie das?« fragte Saraku, als Yatahira nach dem Betreten ihres gemeinsamen Arbeitsraumes die Tür abschloß. Die Miene Yatahiras blieb unverändert, während er antwortete.

»Es hat uns schon öfter gestört, wenn bei den Feinwägungen unerwartet jemand die Tür öffnete. Die empfindliche Waage spricht auf die geringen, dabei unvermeidlichen Erschütterungen an. Die Meßergebnisse werden ungenau, das müssen wir vermeiden.«

Noch während er sprach, hatte Yatahira die vor kurzem gefundene Scherbe aus der Tasche gezogen und beschaute sie prüfend durch eine Lupe.

»Es ist sehr wenig, Saraku«, begann er nach einer längeren Untersuchung. »Nur hauchdünn sitzt das Metall auf dem Glas. Es wird nicht leicht sein, das Mischungsverhältnis festzustellen.«

Saraku konnte seine Enttäuschung nicht verbergen. »Nur so wenig?« begann er zögernd. »Draußen schien es mehr zu sein.«

»Das Tageslicht täuschte, Saraku. Wir sahen in der Sonne die Metallfläche schimmern, ohne die Feinheit der Schicht zu erkennen. Erst unter der Lupe konnte ich das feststellen. Nun müssen wir die geringe Menge, die uns zur Verfügung steht, für verschiedene Untersuchungen teilen.«

Yatahira griff nach einem Diamantschneider, zog damit einen scharfen Riß über die Scherbe und brach ein Stückchen davon ab. »Mit dieser Probe wollen wir beginnen«, fuhr er fort und ging zu einem Regal mit Chemikalien, aus dem er nach längerem Wählen eine Flasche mit einer wasserklaren Flüssigkeit herausnahm.

»Sie wollen das Probestück mit flüssigem Kohlenwasserstoff behandeln?« fragte Saraku unsicher.

»Das will ich, Saraku. Es ist das nächstliegende Mittel, um den Zusatzstoff aus dem Metall herauszuwaschen.«

Mit methodischer Sorgfalt ging Yatahira daran, eine geringe Menge des Flascheninhaltes in eine gläserne Schale zu gießen und genau abzuwiegen. Bevor Saraku ihn daran hindern konnte, ließ er das kleine, von der größeren Scherbe abgesprengte Stückchen in die Schale fallen.

Unwillig blickte er auf, als Saraku die Schale mit einer Zange faßte und in einen starkwandigen Tiegel aus feuerfester Schamotte stellte.

»Warum tun Sie das?« fragte er.

»Ich halte Ihr Experiment für gefährlich, Yatahira. Das Lösungsmittel könnte den Prozeß in unerwünschter Weise beschleunigen ...«

Er brach seine Rede jäh ab. An der Stelle, wo eben noch in dem Tiegel die gläserne Schale mit ihrem Inhalt gestanden hatte, brodelte eine feurigflüssige Masse und strahlte nach allen Seiten hin eine von Minute zu Minute unerträglicher werdende Hitze aus. Während Yatahira regungslos, wie versteinert auf den Tiegel starrte, eilte Saraku zu den großen Fenstern des Raumes und riß sie auf, sprang danach zur Schalterwand und ließ den Ventilator an. In kräftigem Schwall warf das wirbelnde Flügelrad des Lüfters die heiße Luft ins Freie, während kühlere, frischere von außen her in das Laboratorium drang. Eine Linderung wurde merkbar, aber immer noch blieb es mit etwa vierzig bis fünfzig Grad drückend heiß im Raum, denn als ein Ofen von gewaltiger Heizkraft erwies sich der Tiegel mit seinem glühenden Inhalt. Yatahira, der langsam aus seiner Erstarrung erwachte, fühlte den Schweiß aus allen Poren brechen und riß sich Rock und Weste auf. Freute sich einen kurzen Augenblick der Linderung, um dann zu sehen, wie Saraku sich selbst in einen starken Bleischutz hüllte. Er wollte etwas sagen, wollte protestieren, als Saraku auch ihm die Schutzkleidung überwarf. Wie aus weiter Ferne vernahm er dessen Worte.

»Ich habe es befürchtet, Yatahira. Es ist ein Glück, daß Sie nur eine winzige Probe in das Lösungsmittel warfen. Der Atomzerfall geht rapide vor sich. Wir wissen nicht, wie stark die so schnell zerfallende Materie strahlt. Wir müssen uns schützen, wenn wir diese Stunde überleben wollen.«

Es strahlt, es strahlt vielleicht unfaßbar stark ... Erst auf die Worte Sarakus hin kam dem anderen der Gedanke. Sorgfältig hüllte er sich in den schweren bleigefütterten Stoff und barg auch sein Gesicht hinter einer starken Bleiglasmaske. Noch unerträglicher wurde die Wärme dadurch. Am offenen Fenster, wo die Frischluft Kühlung brachte, suchte er Zuflucht, und Saraku folgte ihm dorthin. Unbeweglich und stumm standen sie dort lange Zeit, vor den Augen das Bild des glühenden Tiegels, in den Ohren das Brodeln der glühenden Masse und das tiefe Brummen des Ventilators. Besorgt überflogen ihre Blicke den Raum, ob nicht die strahlende Glut an irgendeiner Stelle das Holzwerk entzünden und Unheil stiften konnte. Sie wußten nicht, wie viele Minuten, wie viele Viertelstunden darüber verstrichen, hörten hin und wieder die Werkuhr eine neue Stunde schlagen, nur von dem Gedanken bewegt, daß jetzt keiner von ihren Kollegen hierherkommen möchte, bis schließlich nach langem Harren und Bangen eine Erleichterung über sie kam. Schwächer wurde die Glut in dem Tiegel, schwächer auch die drückende Hitze in dem Raum. Mattrot glimmte es jetzt noch aus dem Schamotteblock, bis bald auch das letzte Leuchten erlosch und nur noch eine leichte Wärme verriet, daß dort immer noch Energie frei wurde.

Tief aufatmend streifte Yatahira die Gesichtsmaske ab und warf den Bleimantel von den Schultern.

»Ein gefährlicher Stoff«, sagte Saraku mit einem scheuen Seitenblick auf den Tiegel. »Was wollen Sie jetzt tun, Yatahira?«

»Den Rest der Probe nach Nippon schicken, Saraku. Wir haben hier nicht die Ruhe, auch nicht die Zeit, den Stoff zu untersuchen. Doktor Hidetawa in Tokio wird das besser können.« Er ging zu seinem Arbeitstisch und griff nach einem Schreibblock. Hastig jagte die Feder in seiner Hand über das Papier. Zeile für Zeile legte er die Geschichte der mysteriösen Scherbe fest, schrieb nieder, unter welchen Begleitumständen sie in ihre Hände kam und was sie selbst mit einem winzigen Stückchen davon erlebten.

Die Miene Sarakus ließ erkennen, daß er mit dem Vorgehen des anderen nicht ganz einverstanden war. »Ich hoffte, Yatahira«, begann er nach kurzem Überlegen, »daß wir das Stück analysieren und daraus Nutzen für unsere Arbeit ziehen würden.«

Fast schroff unterbrach ihn Yatahira. »Es kommt nicht darauf an, wer den Nutzen zieht; nur darauf, daß es auf die beste Art geschieht, und das wird bei Hidetawa der Fall sein.«

Am nächsten Morgen nach dem Ausflug zum Memorial Highway war Henry Watson bei seiner Morgentoilette. Er mußte sich sputen, wenn er noch rechtzeitig zu seiner Arbeitsstätte kommen wollte, und merkte im letzten Augenblick, daß er in der Eile beinahe das Wichtigste vergessen hätte. Er ging zu dem Stuhl, über den er am vergangenen Abend seinen Rock gehängt hatte, steckte das Notizbuch mit dem Protokoll über den gestrigen Vorfall zu sich und wollte dann den Metallbrocken aus der Rocktasche herausnehmen.

Als er danach griff, stäubte der feste Wollstoff in der Umgebung der Rocktasche wie mürber Zunder auseinander, und das Zeitungspapier, in das er seinen Fund gestern eingeschlagen hatte, wirbelte in Form einer weißen Staubwolke auf.

Watson versuchte, sich mit Gewalt zu logischem Denken zu zwingen. Eine zerstörende Kraft mußte von diesem geheimnisvollen Metall ausgehen. Mit dem geübten Blick des Physikers erkannte er auch, daß sie nicht nach allen Richtungen hin gleichmäßig wirkte. Nur nach der Außenseite hin waren Anzugstoff und Zeitungspapier zermürbt, während sie nach innen hin keine Spur einer Zerstörung zeigten.

Halb im Unterbewußtsein ging Watson der Gedanke durch den Kopf, daß er gestern viel Glück hatte, als er das Metallstück gerade so und nicht anders herum in seine Tasche steckte. Wer weiß, so wanderten seine Gedanken weiter, was geschehen wäre, wenn diese unheimliche Kraft den langen Tag über nach der anderen Seite hin auf seinen Körper gewirkt hätte ... Wie durch eine Ideenassoziation ... fast zwangsläufig kam ihm im gleichen Augenblick auch die Erinnerung an jene Strahlungen, die von Röntgenröhren und radioaktiven Substanzen ausgehen und manchem Forscher Siechtum und vorzeitigen Tod gebracht haben. Diesmal hatte das Unheil nur ein Kleidungsstück betroffen, aber die Art der Zerstörung ließ über die Gefährlichkeit der Kräfte, die hier im Spiele waren, keinen Zweifel zu.

Als Watson mit seinen Überlegungen bis zu diesem Punkt gekommen war, brachte er den Metallbrocken mit großer Vorsicht wieder an seine alte Stelle, faltete den so schwer beschädigten Rock zusammen und schob ihn in seine Aktentasche. Sorgsam trug er die Tasche während des Weges zu dem Carnegie Building der Howard-Universität so, daß die gefährliche Seite des Metallstückes von seinem Körper abgewandt war.

Die letzten Beobachtungen und Überlegungen in seiner Wohnung hatten doch so viel Zeit in Anspruch genommen, daß er verspätet zum Dienst kam. Seine erste Frage im Institut war nach Robert Jones.

»Mr. Jones ist bei Professor O'Neils«, wurde ihm geantwortet.

Ohne sich weiter aufzuhalten, griff Watson wieder nach seiner Aktentasche, ging über den Flur und klopfte an O'Neils' Tür ...

»Da kommt er ja!« unterbrach Jones sein Gespräch mit Professor O'Neils. »Jetzt werden Sie das Corpus delicti selber sehen, Herr Professor. Pack aus, Henry!«

Watson öffnete die Aktentasche und zog den zusammengewickelten Rock heraus.

»Was bringen Sie da?« fragte O'Neils und zog die Brauen in die Höhe.

»Was ist das, Henry?« fragte auch Jones. »Warum schleppst du den alten Rock mit?«

»Um Ihnen etwas Interessantes zu zeigen, Herr Professor.« Watson breitete das Kleidungsstück auf der Tischplatte aus und wies auf die zerzunderten Stellen, während er weitersprach. »Sehen Sie sich den Stoff an. Die Struktur der Wollfäden ist vollständig zerstört. Nicht einmal Schwefelsäure hätte das vermocht, aber dies Metall hat es fertiggebracht. Auch das Papier fällt wie Staub auseinander.« Er wischte mit der Hand darüber, und unter einer grauweißen Staubschicht kam das Metall des Brockens zum Vorschein.

»Ah, das ist bemerkenswert«, meinte O'Neils und vertiefte sich in das Protokoll, das Watson und Jones am vorangegangenen Tage über ihren Fund abgefaßt hatten. Als er mit der Lektüre fertig war, schnitt er das Blatt aus dem Notizbuch heraus und klebte es in ein neues Protokollbuch.

»So, meine Herren«, sagte er, nachdem das geschehen war, »jetzt wollen wir weiteruntersuchen. Kommen Sie mit in das Laboratorium. Wir wollen den Stoff gemeinsam analysieren.«

Für die nächsten Stunden ging es jetzt in dem Laboratorium in Washington ganz ähnlich zu wie achtzehn Stunden vorher an Dr. Thiessens Arbeitsstätte in den Gorla-Werken, denn hier wie dort erregten die gefundenen Resultate immer wieder Verwunderung und Kopfschütteln. Weiter ergab die Untersuchung, daß es sich bei der merkwürdigen Substanz um einen bleiähnlichen, radioaktiven Stoff handelte, der in einem ganz außergewöhnlich lebhaften Zerfall begriffen war und unaufhörlich Protonen, Neutronen und Elektronen mit einer bisher noch niemals beobachteten Geschwindigkeit ausschleuderte.

»Ich wundere mich nicht, daß dieses Bombardement Ihrem Rock schlecht bekommen ist«, sagte O'Neils, während er das Ergebnis der Messungen niederschrieb. »Protonen, die fast mit Lichtgeschwindigkeit durch den Raum spritzen, müssen verheerend auf die Umgebung wirken. Auch für die Gewichtsdifferenz sehe ich jetzt die Möglichkeit einer Erklärung. Die abgeschleuderten Protonen üben auf das Metall natürlich einen Rückstoß aus . . . Wir haben es hier mit einer Art von Atomrakete im kleinen zu tun, das scheint mir jetzt ziemlich sicher zu sein . . . Aber noch bleibt die Frage offen: Wo stammt das Stück her?«

»Vielleicht aus dem Weltraum?« Jones wiederholte damit die Vermutung, die er bereits gestern Watson gegenüber geäußert hatte.

»Wäre es nicht möglich«, fuhr er fort, »daß wir ein Sprengstück von einer Sternenkatastrophe vor uns haben? . . . daß dieser Brocken hier als der Zeuge eines fernen Weltunterganges nach einem Flug von tausend oder zehntausend Jahren zu unserer Erde kam?«

O'Neils schüttelte den Kopf. »Impossible, my dear! Dafür ist seine Form zu regelmäßig. Eine Bearbeitung durch Menschenhand ist unverkennbar. Ein Meteorit müßte anders aussehen. Das Stück scheint durch irgendwelche Gewaltwirkung aus einer größeren Platte herausgerissen zu sein.«

Die Äußerung O'Neils gab Watson Veranlassung, mit seiner Theorie herauszukommen. Er vertrat die Meinung, daß es von den rotierenden Teilen eines Flugkörpers abgeschleudert wäre, traf dabei aber auf den lebhaften Widerspruch von Jones und O'Neils.

»Ein Flugzeug war nicht zu sehen, Henry«, unterbrach ihn Jones, »wir hätten auch etwas von ihm hören müssen, wenn es dagewesen wäre!«

»Mag es dagewesen sein oder nicht«, mischte sich O'Neils wieder ein, »jedenfalls bestehen die Teile eines Flugzeuges nie und nimmer aus einem derartig radioaktiven Stoff, wie wir ihn hier vor uns haben. Ihre Hypothese ist nicht haltbar, Mr. Watson.«

»Zum Teufel, wo stammt der verdammte Brocken her?« murmelte Jones vor sich hin.

Professor O'Neils sprach weiter. »Es ist ein Erzeugnis von Menschenhand, also muß das Stück von einer menschlichen Arbeitsstätte herstammen. Das ist doch unbestreitbar?« fügte er wie fragend hinzu. Watson und Jones nickten schweigend Zustimmung.

»Dann wäre weiter aufzuklären, wie das Stück so hoch in die Luft gelangte«, führte O'Neils seine Schlußkette weiter. »Eine Idee, meine Herren! Es könnte durch eine Explosion hochgeschleudert worden sein . . . . . . jawohl! Das ist die einzige Möglichkeit. Wir müssen Erkundigungen einziehen, ob und wo in der Umgebung von Washington eine Explosion stattgefunden hat. Wenn wir das erfahren, werden wir dem Ursprung dieses Stückes auch auf die Spur kommen.«

Professor O'Neils hatte seine Folgerungen logisch aufgebaut und war mit seinen Vermutungen auch ziemlich dicht an die Wahrheit herangekommen. Nur darin war ihm ein Irrtum unterlaufen, daß er an eine Explosion in der Nähe von Washington dachte. Aber freilich war es dem Brocken, der da harmlos und unscheinbar vor ihm auf dem Tisch lag, ja auch nicht anzusehen, daß er bereits einen Flug von viertausend Meilen hinter sich hatte, als er in den Vernon Hills eine Konservenbüchse und einen Teller zerschlug. Es mußten noch Wochen vergehen, bevor Professor O'Neils die richtige Fährte fand.

Dr. Thiessen konnte sich zwar auf die Verschwiegenheit seiner Assistenten verlassen, aber außer diesen hatte auch Chefingenieur Grabbe die Explosion mit angesehen und es für seine Pflicht erachtet, Professor Lüdinghausen darüber Bericht zu erstatten. So kam es, daß Thiessen bereits am Morgen des nächsten Tages von dem Professor zu einer Unterredung gebeten wurde.

»Da haben wir die Bescherung«, meinte er mit einem Seitenblick auf Hegemüller, während er den Hörer wieder auf die Gabel legte. »Grabbe hat Ihre Heldentat natürlich nicht für sich behalten. Jetzt werde ich wohl von Lüdinghausen eine bessere Standrede zu hören bekommen.«

Er streifte den weißen Kittel ab und machte sich zum Gehen bereit, als Hegemüller ihn bat: »Ich möchte Sie begleiten, Herr Doktor Thiessen.«

Thiessen schüttelte den Kopf. »Sie sind nicht gerufen worden, sondern ich. Seien Sie zufrieden, daß Sie nicht mitzukommen brauchen.«

»Ich habe die Geschichte aber eingerührt und will sie auch vertreten«, bestand Dr. Hegemüller auf seiner Absicht. »Und im übrigen bin ich der Meinung, daß die Sache gar nicht so schlimm werden wird. Ich glaube, daß Professor Lüdinghausen gute Miene zum bösen Spiel machen wird, wenn er unsere Resultate sieht. Das Protokollbuch hier müssen wir selbstverständlich mitnehmen und am besten auch gleich noch die Metallprobe.«

»Sie können recht haben«, meinte Dr. Thiessen nach kurzer Überlegung. »Es ist vielleicht am besten, wenn wir die Sache gleich zusammen abmachen. Kommen Sie in Gottes Namen mit.«

Professor Lüdinghausen blickte ein wenig befremdet auf, als Thiessen und Hegemüller zusammen in sein Arbeitszimmer traten.

»Ich hatte nur Sie gebeten, Herr Thiessen«, eröffnete er die Unterhaltung. »Glauben Sie, daß wir Herrn Hegemüller für unsere Besprechung nötig haben?«

Bevor Thiessen noch etwas sagen konnte, ergriff Hegemüller das Wort.

»Ich habe den Zwischenfall oder meinetwegen auch Unfall, über den Sie Aufklärung wünschen, Herr Professor, verursacht und bin bereit, die Verantwortung dafür zu übernehmen.«

Lüdinghausen wußte nicht recht, ob er ärgerlich werden oder lachen sollte. Im Grunde genommen mochte er den munteren, diensteifrigen Dr. Hegemüller ganz gut leiden, aber er konnte es natürlich nicht ungerügt lassen, wenn er in seinem jugendlichen Tatendrang das Forschungsinstitut gefährdete. So setzte der Professor denn eine Amtsmiene auf, während er zu sprechen begann. »Sie sagen, daß Sie den Vorfall verursacht haben, Herr Hegemüller. Wäre das Wort ›verschuldet‹ nicht vielleicht richtiger dafür? Zweifellos ist dies bedauerliche Vorkommnis doch auf einen Verstoß gegen die Vorschriften zurückzuführen. Ist das nicht auch Ihre Meinung, Herr Doktor Thiessen?«

»Ich kann es nicht leugnen«, erwiderte Thiessen. »Herr Hegemüller ist von den Vorschriften abgewichen . . .«

»Also es war so, wie ich's vermutete«, unterbrach ihn Lüdinghausen.

»Jawohl, Herr Professor, aber der Erfolg dieses Versuches ist ein derartiger, daß er das Wagnis vollauf rechtfertigt.«

Und nun schlug Thiessen das Protokollbuch auf und begann Zahlen und Werte vorzulesen, von denen Lüdinghausen immer stärker gefesselt wurde.

»Aber das ist ja großartig, meine Herren«, rief er, als Thiessen mit seinem Vortrag zu Ende war. »Dann sind Sie ja tatsächlich ein bedeutendes Stück vorwärtsgekommen. Auf welchem Wege ist Ihnen das gelungen?«

»Ich habe die Menge des Zusatzstoffes verzehnfacht.« Hegemüller stieß die Worte schnell hervor. Für eine kurze Weile war Lüdinghausen sprachlos, dann begann er langsam zu sprechen.

»Sie dürfen diesen Versuch nie wieder in Ihrem Laboratorium machen, Herr Doktor. Ich verbiete es Ihnen hiermit ausdrücklich.«

»Aber wir müsen den Versuch wiederholen«, verteidigte sich Dr. Hegemüller, »wir wollen den Stoff in größeren Mengen herstellen. Wir werden auch noch andere Mischungsverhältnisse erproben müssen . . .«

»Zugegeben, Herr Doktor Hegemüller. Ich verschließe mich der Tatsache nicht, daß weitere Versuche notwendig sind. Sie müssen gemacht werden, und sie sollen auch gemacht werden. Aber das darf dann nur an einer Stelle geschehen, an der etwaige Explosionen keinen größeren Schaden anrichten können.« Lüdinghausen überlegte eine kurze Zeit und wandte sich dann an Thiessen: »Wie denken Sie über unsere neue Schleudergrube? Ich würde Sie Ihnen für Ihre Versuche zur Verfügung stellen.«

»Sehr gut, Herr Professor! Die Schleudergrube ist der richtige Ort dafür. Sie ist ja an Explosionen gewöhnt ... nur ... allerdings ...«

»Haben Sie Bedenken?« fragte Lüdinghausen.

»Wir können bei unseren Versuchen keine Zuschauer gebrauchen, Herr Professor. Die Grube liegt offen da. Jeder, der vorbeikommt, könnte uns bei unseren Arbeiten beobachten.«

»Wenn es nichts weiter als das ist, Herr Thiessen!« Lüdinghausen machte eine wegwerfende Bewegung. »Lassen Sie sich von unseren Zimmerleuten einen ordentlichen Zaun um die Grube setzen, dann werden Sie ungestört und unbeobachtet arbeiten können.«

Thiessen und Hegemüller schickten sich bereits an, das Zimmer zu verlassen, als Lüdinghausen sie zurückhielt und noch einmal zur größten Vorsicht ermahnte.

»Ich bitte mir aus, Herr Doktor«, wandte er sich an Hegemüller, »daß Sie mir nicht etwa während der Versuche in der Grube herumkriechen. Sie müssen mit Fernsteuerung arbeiten und während der kritischen Minuten in sicherer Deckung bleiben. Sorgen Sie bitte dafür, Herr Doktor Thiessen, daß das auch geschieht.«

»Na also!« sprudelte Hegemüller los, als sie draußen waren. »Habe ich Ihnen nicht gleich gesagt, daß der Professor für unsere Sache zu haben sein wird? Eine geniale Idee von ihm, uns die Schleudergrube zur Verfügung zu stellen. Jetzt können wir nach Herzenslust weiterarbeiten.«

»Aber mit größter Vorsicht bitte, mein Lieber«, sagte Dr. Thiessen mit einem leichten Seufzer. »Ihnen traue ich es zu, daß Sie auch die bombenfeste Schleudergrube kleinkriegen, wenn man Ihnen nicht scharf auf die Finger sieht.«

Die Schleudergrube war eine kreisrunde, etwa zwanzig Meter tiefe und ebenso breite Grube, deren senkrechte Wände mit einer gut meterstarken Schicht aus Eisenbeton ausgekleidet waren. Ursprünglich war sie für Materialprüfungen und Festigkeitsuntersuchungen angelegt worden. Beispielsweise ließ man in ihr Schwungräder und ähnliche Maschinenteile mit immer größeren Umdrehungsgeschwindigkeiten rotieren, bis sie schließlich unter dem Einfluß der übermächtig werdenden Zentrifugalkraft zerrissen. Thiessen hatte also mit seiner Bemerkung recht, daß diese Grube an Explosionen gewöhnt sei.

Jetzt wurde sie die Arbeitsstelle für seine gefährlichen Experimente. Schon erhob sich um sie herum ein dichter hoher Zaun, und eine aus kräftigen Bohlen gezimmerte Baracke wuchs schnell aus dem

Boden. In ihr befanden sich die elektrischen Einrichtungen für die Fernbedienung der großen Blitzröhren, die in der Grube selbst aufgestellt wurden. Und dann begannen zwischen Dr. Thiessen und seinen Leuten die Besprechungen über den nächsten Versuch.

»Ich habe die Zusatzmenge verzehnfacht«, hatte Hegemüller sowohl Thiessen wie dem Professor Lüdinghausen erklärt. Aber das war nur eine Schätzung gewesen. Jetzt schlug Hegemüller für den ersten Versuch eine Verzwölffachung der Zusatzmenge vor, aber Dr. Thiessen hatte noch genug von der ersten Explosion im Laboratorium.

»Nein, mein lieber Hegemüller«, gab er nach einigem Hin und Her seine Entschließung bekannt, »wir nehmen wieder das Zehnfache. Außerdem werde ich diesmal den Regelschalter bedienen und nur ganz allmählich Spannung auf die Blitzröhre geben. Leichtsinnige Feuerwerkerei wollen wir uns doch besser ersparen.«

Dr. Hegemüller mußte sich wohl oder übel fügen, sosehr der Entscheid seines Chefs ihm auch gegen den Strich ging. Zu seinem Leidwesen besorgte Thiessen auch zusammen mit Dr. Stiegel selbst die Abwägung der Substanzen, so daß ihm die Möglichkeit genommen war, dabei etwas mehr von dem Zusatzstoff in die Mischung zu bringen. Achselzuckend stand er dabei, als die neue Kathode diesmal in Form einer größeren Kugel gepreßt und in die gewaltige Blitzröhre eingesetzt wurde. Es war gut, daß Thiessen nicht wissen konnte, was Hegemüller bei sich dachte, denn es wäre nicht sehr schmeichelhaft für ihn gewesen. Lendenlahme Geschichte! Keine Traute hat die Gesellschaft! So werden wir niemals vom Fleck kommen! Lächerlich die ganze Sache! Solche und ähnliche Gedanken gingen Hegemüller durch den Kopf, bis die Stimme Thiessens ihn aus seinen Betrachtungen riß.

»Kommen Sie, Herr Hegemüller, hier unten sind wir fertig, jetzt geht's in die Baracke.« Und als er dieser Aufforderung nicht schnell genug folgte, fühlte er sich von Thiessen beim Arm genommen und mit sanfter Gewalt zu der eisernen Leiter gezogen, die vom Boden der Schleudergrube nach oben ins Freie führte.

Dann standen sie zu dritt in der Baracke, und Dr. Thiessen begann zu schalten und zu regeln. Das tiefe Brummen eines Transformators erfüllte den Raum; ein Hebel wurde umgelegt und gab der elektrischen Energie den Weg auf die Röhre in der Schleudergrube frei; unter der Hand Thiessens bewegte sich ein Rheostat, und der Zeiger eines Spannungsmessers glitt langsam über die Zahlen einer Skala. Die Hand ständig am Schaltergriff, verfolgte Thiessen das allmähliche Ansteigen der Spannung und der Stromstärke, bereit, den Hebel sofort herauszureißen, sowie sie unzulässig hohe Werte annehmen würden. Auch die Blicke von Stiegel und Hegemüller hingen an den Zeigern der Meßinstrumente. Keiner von den dreien sprach ein Wort, bis Dr. Thiessen nach langem Schweigen den Mund öffnete.

»Ich denke, noch fünf Minuten, dann wird die Aktivierung der Substanz vollend ...« Er brach jäh ab, denn plötzlich war der Zeiger des Strommessers auf Null zurückgefallen, während von draußen her ein schwaches, erst zischendes, dann pfeifendes Geräusch in den Raum drang. Mit einem Ruck riß er den Hauptschalter heraus und eilte, gefolgt von Stiegel und Hegemüller, ins Freie, nach dem Rand der Schleudergrube hin.

Wo noch vor kurzem die große Blitzröhre gestanden hatte, lagen ein paar verstreute Glassplitter. Sonst war von der Röhre nichts mehr zu sehen. Verschwunden war auch die massige Kathodenkugel, in Unordnung lagen die Stromleitungen, die zu der Röhre führten, auf dem Boden. So stellte sich der Befund von außen dar, und so blieb er auch, als sie in die Grube hinabstiegen und eine genaue Untersuchung anstellten.

»Herrgott im Himmel, wo ist die Kathode geblieben?« stöhnte Thiessen. »Eine solche Menge Metall kann sich doch nicht einfach verflüchtigen ... spurlos verschwinden ... Wie ist das möglich? ... Die Sache ist nicht zum Lachen«, fuhr er Hegemüller an, dem die Schadenfreude auf dem Gesicht stand. »Machen Sie lieber einen vernünftigen Vorschlag.«

»Ich schlage vor, Herr Doktor Thiessen«, sagte Hegemüller, ohne sich aus der Ruhe bringen zu lassen, »daß wir den Versuch wiederholen, aber die Schutzkuppel über der Grube schließen. Dann wird uns keine Kathode mehr abhanden kommen.«

George Brewster, der Führer des Fischkutters »Lady Jane«, Heimathafen Halifax, steckte die Nase in den Wind, der von Minute zu Minute mehr auffrischte, und versuchte, sein Gesicht zu einem nicht ganz glücklichen Lachen zu verziehen. Den Anlaß dazu gab der Nordwest, der den Nebel in dichten Schwaden vor sich her fegte und hier und dort bereits ein Stück blauen Himmels sichtbar werden ließ. Zusehends wich der Nebel. Schon ließ sich auf größter Entfernung die weite Fläche des Nordatlantiks überblicken; wohl an die hundert andere, der »Lady Jane« nicht unähnliche Boote wurden auf ihr sichtbar. Überall kamen mit dem weichenden Nebel Leben und Bewegung in die Fischerflotte auf den Neufundland-Bänken hinein. Winden begannen zu knarren, Spieren wurden ausgeschwungen, und bald hier, bald dort sank ein Netz in die Tiefe.

Mit leisem Schleifen glitten auf der »Lady Jane« die Drahtseile, an denen das Schleppnetz hing, von den Windentrommeln, während gleichzeitig der Anker aufgeholt wurde.

»Gutes Fangwetter nach dem verdammten Nebel, Chief«, meinte der Steuermann O'Benira und ging ans Ruderrad, da der Kutter unter dem Druck seiner Segel Fahrt zu machen begann.

»Wollen's hoffen, Steuermann.« Captain Brewster sagte es, während er vom Achterdeck dem Netz nachschaute, das an den Drahtseilen durch die See schleifte. »Können's erst wissen, wenn wir tieferes Wasser vor uns haben. Wollen vorerst auf Südostkurs bleiben.«

In steter Fahrt verfolgte der Kutter seinen Kurs durch die Grenzzone, in der kalte polare Wassermassen mit der wamen Golfströmung zusammentreffen, jenes Gebiet der reichen Fischgründe. Bald mußte es sich nun zeigen, ob das Netz der »Lady Jane« Beute faßte.

Schon schien es praller zu werden, schien stärker an den Trossen zu zerren, als ein pfeifendes, zischendes Geräusch Captain Brewster in die Höhe blicken ließ. Von oben, vom blauen Himmel her, kam etwas Blankes, Schimmerndes in sausender Fahrt, schlug, wenige Meter von Steuerbord der »Lady Jane« entfernt, in die See und verschwand in der Tiefe.

»Damned, Chief!« O'Benira schüttelte sich die Tropfen ab, mit denen das blinkende Ding ihn beim Aufschlag aufs Wasser bespritzt hatte. »War verflucht nahe! Hätte uns totschlagen können!«

»Hättest dir was daraus einbilden können«, unterbrach Brewster seinen Steuermann. »Habe mal irgendwo gelesen, daß nur alle zweihundertfünfundzwanzig Jahre einmal ein Mensch von einem Meteor erschlagen wird. Wäre danach ein Leckerbissen für unsere Statistiker geworden, O'Benira.«

»Danke für die Auszeichnung. Habe keine Verwendung dafür. Ist mir lieber, daß ich das Ding nicht auf den Kopf bekommen habe«, brummte der Steuermann vor sich hin.

»Mir auch, O'Benira. Könnte dich jetzt schlecht entbehren. Will den Vorfall eben mal ins Logbuch eintragen. Wird vielleicht den einen oder anderen von unseren Sternkiekern interessieren.«

Der Captain ging unter Deck, um sein Vorhaben auszuführen, während der Steuermann am Ruder blieb. Hin und wieder warf O'Benira einen Blick nach achtern auf das Netz, das die Fahrt des Kutters bereits merklich zu bremsen begann. Mit Befriedigung schloß er daraus auf einen guten Fang und verfiel dann für längere Zeit ins Sinnieren, bis Captain Brewster wieder auf Deck kam.

»Habe mir's inzwischen überlegt, Steuermann«, begann er, »könnte die Sache eigentlich nach Halifax funken ... Teufel, was ist da?! Wo kommen die toten Fische her?« Er deutete dabei nach achtern.

O'Benira drehte sich um und staunte im nächsten Augenblick ebenso wie Brewster. Fische, tot oder doch zum mindesten betäubt, trieben in unzählbarer Menge auf der Oberfläche des Wassers.

Auch auf anderen Booten hatte man die überraschende Erscheinung jetzt wohl bemerkt. Es war von der »Lady Jane« aus zu sehen, wie die Leute ihrer Besatzungen hin und her liefen, gestikulierten und auf die Wasserfläche zeigten.

»Zum Teufel, was ist das, Steuermann?« wiederholte Brewster seine Frage. »Ein Fischsterben auf den Bänken! Habe nie gehört, daß es so etwas gegeben hat.«

»Schlage vor, Chief, wir holen schleunigst unser Netz ein, ehe uns auch das krepiert, was wir drin haben.«

Die Winden des Kutters gingen an. Meter um Meter holten sie die Trossen ein. Jetzt kam das große Schleppnetz an die Wasseroberfläche. Silbrig zappelte es in ihm.

»Die sind noch springlebendig«, meinte Brewster, während die Besatzung der »Lady Jane« in die Maschen griff, das Netz aus dem Wasser zog und über das Deck hin bis zu einer Luke schleifte. Polternd stürzte sein Inhalt in den Fischraum des Kutters.

»So! Die hätten wir in Sicherheit«, sagte O'Benira. »Könnten unser Netz jetzt mal ganz flach durchs Wasser ziehen. Würden es in fünf Minuten wieder vollhaben. Wäre kein schlechtes Geschäft, Captain.«

»Tote Fische, Steuermann? Nein, das mache ich nicht. Mag der Teufel wissen, woran sie verreckt sind.«

»Aber die andern machen's«, wandte der Steuermann ein. »Sehen Sie den Logger da drüben; der läßt sich den Job nicht aus der Nase gehen. Wird bald randvoll geladen haben und lange vor uns mit seinem Fang auf dem Markt sein.«

Verdrossen schaute Brewster nach dem anderen Bot hinüber.

»Will mir den Burschen merken, unserm Sheriff einen Wink geben«, knurrte er ärgerlich vor sich hin, als ein neues Schauspiel seinen Blick fesselte. Ungefähr halbwegs zwischen der »Lady Jane« und dem Logger wirbelte das Wasser auf, brodelte einen Moment stärker, und dann – Brewster glaubte seinen Augen nicht zu trauen – hob sich etwas Rundes, Schimmerndes aus der Flut. Langsam zuerst noch, doch dann schnell und immer schneller werdend, stieg es in schräger Richtung empor, ging in beträchtlicher Höhe schon in westlicher Richtung über den Kutter hinweg, wurde immer kleiner, ein silbernes Pünktchen schließlich nur noch, das am Westhorizont in der Himmelsbläue verschwand.

Brewster griff sich an den Kopf. »Bin ich toll geworden ... der Meteor?! Fliegt wieder in den Himmel zurück? Unmöglich!«

O'Benira fand seine Fassung schneller wieder als Brewster. »Doch, Chief!« sagte er mit Entschiedenheit. »Ich hab's auch gesehen und kann mich auf meine Augen verlassen. Es war der verrückte Brocken von vorhin. Flog ja zuerst ganz langsam. Konnte deutlich sehen, daß es eine runde Kugel war, torkelte zuerst, als sie aus dem Wasser kam, wie betrunken hin und her. Schien sich dann anders zu besinnen und sauste mit Volldampf ab. Hatte nach meiner Schätzung Kurs Südwest zu West. Müßte nach den Staaten kommen, wenn sie ihn beibehält.«

»Du hast's auch gesehen!? Du kannst's auf deinen Eid nehmen, Steuermann?« fiel ihm Brewster ins Wort.

»Selbstverständlich, Captain, wenn Sie's ins Logbuch schreiben, will ich's unterzeichnen.«

»All right, Steuermann, soll sofort geschehen. Hallo, Bob!« Brewster rief einen Mann der Besatzung ans Ruder, dann ging er selber mit O'Benira unter Deck, und nicht nur das Logbuch, sondern auch der Sender des Kutters wurden hier in Anspruch genommen. Captain Brewster funkte einen ausführlichen Bericht über die merkwürdigen und unerklärlichen Erscheinungen, die sich zwischen zwölf und zwölf Uhr dreißig Minuten ostamerikanischer Zeit auf den Neufundland-Bänken neben seinem Kutter ereignet hatten, in den Äther.

Der Funkspruch Brewsters wurde nicht nur in Halifax empfangen, sondern auch von zahlreichen anderen Stationen aufgenommen und von den Großsendern auch über den Atlantik nach Europa weitergegeben. Er bildete das erste Glied einer Kette von schnell aufeinanderfolgenden Nachrichten, welche die Wissenschaftler der ganzen Erde vor ein Rätselraten stellen sollten. –

»Georgie! Hallo, Georgie! Wach auf, Georgie!« Mrs. Atwater mußte geraume Zeit rufen und ihren Gatten, den ehrenwerten Farmer und Bürger des Staates Nebraska George Atwater, kräftig schütteln, bis er sich ermunterte.

»Was gibt's? Was ist los, Katherine?«

»Einbrecher, Georgie! Ich glaube, es sind Diebe im Garten. Hör doch, wie der Hund bellt und mit der Kette rasselt.«

»Ach was, Diebe? Was sollen die stehlen? Ist ja noch kein Obst reif.«

Mr. Atwater hätte gern weitergeschlafen, aber seine Ehehälfte ließ nicht locker und sprach weiter auf ihn ein. »Nein, Georgie, es ist jemand in unserem Garten. Ich habe einen Fall gehört, als ob einer die große Leiter abgehakt und zu Boden geworfen hätte. Du mußt 'rausgehen und nachsehen.«

Seufzend fügte sich der Farmer in das Unvermeidliche und zog los. Er machte den Hund von der Kette frei, der sofort sein Bellen einstellte und wedelnd um ihn herumsprang. Ein Blick nach der Hauswand überzeugte Mr. Atwater, daß die Leiter sicher an ihrem Platz hing. Kreuz und quer wanderte er durch den Garten, doch nirgends war die Spur eines Eindringlings zu finden.

»Kein Mensch draußen; du mußt dich geirrt haben, Katherine«, gab er kurz danach Bericht und machte, daß er wieder in die Federn kam.

Diese Szene spielte sich in der Gegend zwischen Omaha und Columbus zehn Stunden nach dem eigenartigen Vorkommnis auf den Neufundland-Bänken ab. Der folgende Tag verlief auf der Farm ohne weitere Zwischenfälle. Als aber Mrs. Atwater am übernächsten Morgen in ihren Garten kam, stieß sie einen so kläglichen Schrei aus, daß ihr Gatte ihr erschreckt nacheilte. Noch ehe er etwas fragen konnte, jammerte sie los.

»Unser schöner Apfelbaum! Der große Kalvill-Apfel! Sieh nur das Laub, Georgie. Ganz welk, wie verbrannt, hängt es an den Zweigen. O Gott, wie ist das nur gekommen?«

Die Klage von Mrs. Atwater war berechtigt, denn traurig nahm sich die Krone dieses einen Baumes zwischen dem saftgrünen Frühlingslaub der anderen aus. Fast schwarz und zusammengerollt waren seine Blätter, wie von einer Art von Brand schien er befallen zu sein.

Mr. Atwater konnte sich nicht entsinnen, jemals etwas Ähnliches gesehen zu haben. Entschlossen, der Sache auf den Grund zu gehen, schleppte er die Leiter heran und stand im Begriff, sie zwischen den Beerensträuchern, die unter diesem Baum wuchsen, aufzurichten, als er mit einem Leiterholm gegen ein Hindernis stieß. Er stutzte. Lag da ein Stein? Ein Feldstein in dem gepflegten Obstgarten? Das war doch ausgeschlossen.

Er warf die Leiter beiseite und bog die Zweige eines Strauches, die ihm die Sicht versperrten, auseinander, und dann ging sein Stutzen in ein Staunen über. Da lag, zum Teil in den Boden hineingetrieben, ein runder, blinkender Metallbrocken von fast kugelförmiger Gestalt. Er stieß mit dem Fuß dagegen, aber das Gebilde rückte und rührte sich nicht von der Stelle. Auch als er mit beiden Händen zupackte und es mit aller Gewalt vorwärts zu schieben versuchte, blieb es unbeweglich, als ob es mit dem Boden verwachsen wäre.

Der Farmer zerkaute einen Fluch zwischen den Zähnen, während er sich nach einer letzten vergeblichen Anstrengung den Schweiß von der Stirn wischte. Dann holte er sich einen Spaten.

»Wäre ja gelacht, wenn ich das Ding nicht loskriegen könnte«, brummte er vor sich hin und begann den Metallbrocken von der einen Seite her zu untergraben. Ohne besonderen Widerstand zu finden, drang das Eisen des Spatens in den Boden ein, und immer unerklärlicher wurde es Mr. Atwater, während er weitergrub, daß diese wunderliche Kugel vorher seinen Versuchen, sie zu bewegen, solchen Widerstand geleistet hatte.

Jetzt hatte er sie schon zur Hälfte unterhöhlt. Dann fuhr er mit dem Spaten noch einmal tief in das Erdreich und holte eine kräftige Schaufel Erde heraus, da begann die Metallmasse sich ganz plötzlich und unerwartet zu bewegen. Weil ihr jetzt die Unterstützung durch unter ihr befindliches Erdreich fehlte, geriet sie ins Rollen, rollte bis zur tiefsten Stelle der Grube und dann – Mr. Atwater ließ den Spaten fallen und riß vor Staunen den Mund auf –, hob sich die Metallkugel, im ersten Augenblick noch langsam, doch gleich darauf schnell und immer schneller vom Erdboden ab und stieg schräg in die Höhe.

Der Farmer riß den Kopf zurück, als das rätselhafte Projektil an seinem linken Ohr vorbeischwirrte.

By Jove! Hätte was geben können, wenn ich das Ding an den Schädel gekriegt hätte, schoß es ihm durch den Sinn, während er dem fliegenden Etwas nachschaute.

Sein Haus war ein solider Holzbau von der Art, wie sie im amerikanischen Mittelwesten allgemein üblich sind. Auch das Dach war mit hölzernen Schindeln gedeckt. Das einzige Steinerne an dem ganzen Haus war der Schornstein. Der mußte wohl oder übel aus einem unverbrennbaren Stoff hergestellt werden, weil sonst keine Gesellschaft in den Staaten eine Feuerversicherung für das Anwesen abgeschlossen hätte. Im leuchtenden Rot hob sich der starke gemauerte Schornstein von dem braunen Schindeldach ab.

Eben noch ruhten die Augen von Mr. Atwater darauf. Im nächsten Moment sah er den Schornstein splittern und brechen, denn mit der Gewalt einer Bombe war die Metallkugel dagegengesaust. Einem kurzen scharfen Krach folgte das Poltern und Rasseln der niederstürzenden Trümmer. Über das Schrägdach rollten sie nach unten, dabei hier und dort Dachschindeln herausreißend und mit sich nehmend.

Der Schornstein war zum Teufel. Mr. Atwater hatte sich die Sache seinerzeit etwas kosten lassen, hatte die besten Hartbrandsteine dafür gekauft und nun lag der Schornstein in Trümmern. Es dauerte eine Weile, bis der Farmer wieder einen klaren Gedanken zu fassen vermochte, und der lautete ganz kurz und einfach: Dafür muß die Versicherung aufkommen.

Er ging in das Haus an seinen altertümlichen Schreibtisch und kramte in dessen Fächern, bis er seine Versicherungspapiere gefunden hatte. Dann schob er sich eine mächtige Hornbrille auf die Nase, begann in den Dokumenten zu studieren und konnte schnell feststellen, daß seine Vermutung ihn nicht getäuscht hatte. Nicht nur gegen Feuer, sondern auch gegen Schädigungen durch Elementarereignisse verschiedener Art hatte er vor Jahren eine Versicherung abgeschlossen. Weniger seiner eigenen Voraussicht war dieser Umstand zu verdanken als der unwiderstehlichen Beredsamkeit des Agenten, und öfter als einmal hatte sich Mr. Atwater in der Zwischenzeit über die nicht niedrigen Prämien geärgert. Jetzt freute er sich, daß er die Police hatte.

Sorgsam las er sie Zeile für Zeile durch und stieß dabei auf einen Passus, laut dem Schäden von mehr als hundert Dollar der Gesellschaft sofort telegrafisch zu melden seien. Daß dieser Schaden – das Dach würde bei dieser Gelegenheit auch gründlich repariert werden müssen – mehr als hundert Dollar ausmachte, stand außer Zweifel. Hier galt es also schnell zu handeln.

Mr. Atwater zog sein Auto aus dem Holzstall, setzte sich ans Steuer und rollte fünf Minuten später auf der Landstraße nach Omaha dahin. Dort hatte die Versicherungsgesellschaft eine Agentur. So wollte er alles gleich mündlich ins reine bringen.

Ungläubig hörte sich der Leiter der Versicherungsagentur, Mr. Yenkins, die Erzählung an, die George Atwater vorbrachte, denn allzu unwahrscheinlich erschien ihm diese Geschichte. Erst als er im Garten des Farmers stand und mit eigenen Augen den verdorrten Baum, das Loch zwischen den Sträuchern und den Schaden am Hause sah, bequemte er sich zu dem Zugeständnis, daß hier möglicherweise eins der in der Police vorgesehenen Elementarereignisse stattgefunden haben könnte, und nahm an Ort und Stelle ein genaues Protokoll über den Vorfall auf. Mit dem Versprechen, daß seine Gesellschaft bald etwas von sich hören lassen würde, empfahl er sich dann. Von Omaha aus gab er die Meldung an die Generaldirektion der Gesellschaft in St. Louis weiter. Dort wurde sie nicht so skeptisch aufgenommen, denn inzwischen waren durch den Rundfunk bereits die Vorfälle auf den Neufundland-Bänken bekanntgeworden, bei denen eine ganz ähnliche Kugel eine Rolle gespielt hatte.

Noch waren die Spalten der amerikanischen Zeitungen voll von mehr oder weniger wahrheitsgetreuen Berichten über das Abenteuer der kanadischen Fischereiflotte, und schon erkannte Mr. Fox, der Chiefmanager der Versicherungsgesellschaft, mit sicherem Blick, daß sich hier Gelegenheit zu einer großartigen Reklame für seinen Konzern böte. So entschied er denn: Wir werden diesem Farmer seinen Schaden sehr großzügig ersetzen, und so erhielt Mr. Atwater zu seiner freudigen Überraschung seine ziemlich gesalzene Rechnung ohne jeden Abstrich glatt ausgezahlt.

Gleichzeitig aber begann das Propagandabüro der Versicherungsgesellschaft zu arbeiten. Bereitwillig veröffentlichten die Zeitungen seine Berichte über das neuerliche Auftauchen der geheimnisvollen Kugel in Nebraska und ließen sogar die Zeilen, die im Anschluß daran das Lob der Gesellschaft sangen, ungestrichen. Selbstverständlich ließ sich auch der Rundfunk diesen neuen Fall nicht entgehen, und aus Ätherwellen verbreitete sich die Kunde davon in allen Richtungen hin über den Erdball.

In einer starkwandigen Bleibüchse sorgsam verwahrt lag jenes Stückchen Metall, das Watson und Jones bei ihrem Picknick so rücksichtslos gestört hatte, im Carnegie Building in Washington und verursachte dem Professor O'Neils täglich neues Kopfzerbrechen. Vergeblich hatte er Nachforschungen angestellt und Erkundigungen eingezogen, nirgends in Washington und seiner Umgebung hatte es zu der kritischen Zeit so etwas wie eine Explosion gegeben. Ungelöst blieb nach wie vor die Frage nach der Herkunft des merkwürdigen Stükkes, und die Meinung Jones', daß es aus dem Weltraum stamme, schien ihm nicht mehr so abwegig, obwohl manche Gründe dagegen sprachen.

Schon die einfache Untersuchung auf der Waage, die Professor O'Neils alle vierundzwanzig Stunden vornahm, ließ keinen Zweifel darüber, daß der anfangs so starke Gewichtsunterschied dieses Brockens von Tag zu Tag geringer wurde; Messungen ergaben auch eine starke Abnahme der Strahlung, O'Neils konnte aus den erhaltenen Werten eine Halbzerfallzeit von nur wenigen Wochen errechnen, und das versetzte der Hypothese Jones' einen schweren Stoß. Unmöglich erschien es danach, daß der Brocken aus weltenweiter Ferne nach einer Flugdauer von Jahrtausenden in den Anziehungsbereich der Erde gekommen sei. Vergeblich versuchte Jones seine Meinung zu verteidigen. Die Zahlen, die O'Neils ihm entgegenhielt, waren beweiskräftiger als alle Worte.

»Dann noch eine letzte Möglichkeit, Herr Professor«, rief Jones, in die Enge getrieben. »Nehmen wir an, daß in unserem Planetensystem – schon in der Nähe der Erde – vielleicht zwischen Erde und Mars ein Meteor explodiert ist und die Sprengstücke erst im Augenblick der Explosion radioaktiv wurden . . .«

O'Neils zuckte die Achseln. »Möglich, mein Lieber; wir wollen besser sagen, vielleicht nicht unmöglich, aber es ist wenig wahrscheinlich, und vor allen Dingen werden Sie es niemals beweisen können. Ja, wenn wir diesen Meteoriten hätten.«

»Er ist doch explodiert, zerrissen, zerfetzt!« fiel ihm Jones ins Wort.

»Also, wenn wir wenigstens noch andere Sprengstücke oder Trümmer von ihm hätten«, führte O'Neils seinen Gedankengang fort, »dann ließe sich schon eher über Ihre Theorie reden. So aber kommen wir nicht weiter.«

So standen die Dinge, als die Vorkommnisse bei den Fundland-Bänken und in Nebraska auch in Washington bekannt wurden. Eine

Nummer des »New York Herald« schwenkend, stürmte Jones in das Zimmer O'Neils'.

»Hier haben Sie's, Herr Professor! Alles, was uns noch fehlte! Sprengstücke unseres Meteoriten sind zur Erde gekommen, so stark und wuchtig, daß sie Schornsteine und Dächer zerstören. So gewaltig strahlend, daß in ihrer Nähe Fische sterben und Bäume verdorren.« Er schob O'Neils die Zeitung hin, während er weitersprach: »Einen stärkeren Beweis für unsere Theorie als das hier kann es nicht geben. Vor solchen Tatsachen muß jeder Zweifel verstummen.«

Es dauerte eine geraume Weile, bis Professor O'Neils zu Worte kommen und den Enthusiasmus Jones' ein wenig dämpfen konnte. Höflich, aber entschieden lehnte er es ab, selber diese Meteoritentheorie zu vertreten und eine Veröffentlichung darüber zu schreiben.

»Wenn Sie es wollen, mein lieber Jones, dann tun Sie es. Ich will Ihnen keine Hindernisse in den Weg legen. Aber Sie werden auf Einsprüche und Angriffe gefaßt sein müssen, dessen dürfen Sie sicher sein.«

»Ich werde die Einsprüche widerlegen! Ich werde die Angriffe abschlagen«, trumpfte Jones auf.

O'Neils hatte nur ein Achselzucken dafür. Er wußte, daß es vergebliche Mühe gewesen wäre, Jones von seiner Absicht abzubringen.

Mit Lust und Eifer ging der an die Arbeit und vollendete noch im Laufe des gleichen Tages eine mit Messungseregbnissen und Zahlen gespickte Abhandlung, in der die Ereignisse von jenem ersten Vorfall in den Vernon Hills an bis zu dem Abenteuer von Mr. Atwater übersichtlich behandelt und die bewußte Meteoritentheorie entwickelt und begründet wurde. Die Schriftleitung des Electric Engineer nahm die Arbeit an, konnte aber eine Drucklegung frühestens erst für den nächsten Monat in Aussicht stellen. Das war für die Ungeduld Jones' viel zu spät. Er stellte der amerikanischen Tagespresse Auszüge aus seiner Arbeit zur Verfügung, und mit Vergnügen öffnete diese ihre Spalten dem so aktuellen und interessanten Stoff. Weiter fanden die Veröffentlichungen ihren Weg dann auch in auswärtige Zeitungen und waren wenige Tage später in der deutschen und sogar in der japanischen Presse zu finden.

»Wir wollen den Versuch wiederholen, aber das nächstemal die Schutzkuppel schließen«, hatte Dr. Hegemüller nach dem ersten mißglückten Experiment in der Schleudergrube vorgeschlagen.

»Wir können sie schließen«, hatte Thiessen nach einigem Überlegen ihm zugestimmt, »aber die ganze Versuchsanordnung will mir nicht recht gefallen. Es geht nicht an, daß jedesmal unter Feuer und

Blitz eine Röhre zerstört wird. Wir wollen doch vernünftig experimentieren und keine sinnlose Knallerei und Feuerwerkerei treiben.«

»Verzeihung, Herr Thiessen«, mischte sich Dr. Stiegel ein, »die Zerstörung der Röhre können wir vorläufig ruhig in Kauf nehmen. Die paar Glasscherben kosten ja schließlich kein Vermögen.«

»Aber das ist kein sauberer Versuch, wenn die Sache jedesmal mit einem Bruch endet«, begehrte Thiessen auf.

»Es wird sich später sicherlich eine Anordnung finden, bei der sich das vermeiden läßt«, versuchte Dr. Stiegel ihn zu beschwichtigen. »Wir müssen mit der Tatsache rechnen, daß die Kathode, sobald die Aktivierung einen gewissen Grad erreicht hat, starke mechanische Kräfte ausübt, denen die Glaswand der Röhre nicht gewachsen ist.«

»Wir können später starkwandige Röhren aus Metall oder Steingut bauen«, warf Hegemüller ein. »Für den nächsten Versuch bleiben wir besser bei der alten Glasröhre.«

»Ja, aber warum denn um alles in der Welt, Herr Hegemüller?«

»Weil wir so am schnellsten vorwärtskommen«, begründete Hegemüller seinen Vorschlag. »Eine neue Glasröhre können wir in einer Stunde blasen. Die Herstellung anderer Röhren würde Tage, wahrscheinlich sogar Wochen in Anspruch nehmen.«

Dieser Logik mußte sich Dr. Thiessen nach kurzem Widerstreben beugen, denn tatsächlich war es ja wichtig, daß sie möglichst bald eine größere Menge der radioaktiven Kathodensubstanz zur Verfügung hatten.

»Also dann in Gottes Namen los«, entschied er sich. »Machen wir den nächsten Versuch noch mit einer Glasröhre.«

Seine Worte waren das Signal für eine angestrengte Tätigkeit. Die zischenden Flammen der Blaubrenner begannen um einen Glasfluß zu spielen, bis er rotwarm und plastisch wurde. Preßluft blies die glühende Masse zu einer mächtigen Hohlkugel auf. Blaustaub und Zusatzstoff wurden abgewogen und vermischt. Eine hydraulische Presse zwang das Gemenge in die gewollte Form. Eins wurde zum anderen gefügt, und als die Sirene den Werksschluß verkündete, stand alles für den Versuch bereit.

Hegemüller hätte ihn am liebsten sofort gemacht, aber Thiessen widersprach. »Auf morgen, meine Herren. Für heute ist es genug. Morgen früh werden wir mit frischen Kräften an den Versuch gehen.«

»Haben Sie die heutigen Frühmeldungen des Rundfunks gehört?« fragte Dr. Stiegel am nächsten Morgen Thiessen. Der gab eine verneinende Antwort und ebenso auch Hegemüller.

»Nun dann, Herr Thiessen«, Dr. Stiegel holte ein beschriebenes

Blatt aus seiner Tasche. »Ich habe diese Meldung mitgeschrieben. Was halten Sie davon?«

Thiessen überlas die Notiz halblaut. »... Fischereiflotte ... Fundland-Bänke ... Meteor ... Metallkugel ... Fischsterben ... Meteor wieder aus der See aufgestiegen ... Was soll das?« fragte er kopfschüttelnd.

»Ein Gedanke, Herr Thiessen, eine Vermutung ... eine Möglichkeit vielleicht ...«

»Erklären Sie sich bitte deutlicher«, unterbrach ihn Thiessen ungeduldig, »ich verstehe nicht, was Sie wollen.«

»Wenn dieser rätselhafte Meteor unsere verschwundene Kathode wäre, Herr Thiessen ...«

Dr. Thiessen vergaß vor Staunen den Mund zu schließen. Während er Stiegel noch überrascht ansah, bemächtigte sich Hegemüller der Notiz und nickte mehrmals, während er sie überflog.

»Das sind Hirngespinste«, hatte Thiessen eben herausgestoßen, als Hegemüller sich einmengte.

»Blinkende Metallkugel ... könnte stimmen. Ungefähr anderthalb Fuß Durchmesser ... stimmt auffallend. Fischsterben ... Na, daß das Zeug gefährlich strahlt, wissen wir ja auch.«

»Sie phantasieren, Hegemüller«, unterbrach ihn Thiessen und nahm das Blatt wieder an sich. »Wie denken Sie sich das denn. Um 12 Uhr 30 ist die Geschichte bei den Bänken passiert. Um 15 Uhr ist uns die Röhre in die Brüche gegangen ...«

»Vergessen Sie die Zeitdifferenz nicht«, unterbrach ihn Dr. Stiegel. »12 Uhr 30 bei Neufundland bedeutet 17 Uhr 30 mitteleuropäischer Zeit.«

»Weiß ich selber, Herr Stiegel! Das Ereignis auf den Bänken hat sich zwei Stunden und dreißig Minuten nach dem Vorkommnis in unserem Labor abgespielt ...«

»Die Entfernung von uns bis zu den Bänken beträgt rund fünftausend Kilometer«, nahm Dr. Stiegel wieder das Wort. »Bei einer durchschnittlichen Geschwindigkeit von 2000 Kilometer könnte also ...«

»... unsere Kathode dort eingeschlagen haben«, vollendete Dr. Thiessen den Satz, »das wollen Sie doch damit sagen, Kollege.«

Dr. Stiegel nickte. »Allerdings, Herr Thiessen. Das ist meine Meinung.«

»Nun trinken Sie 'mal erst ein paar Schlucke kaltes Wasser, und setzen Sie sich, mein lieber Stiegel.« Thiessen sprach zu seinem Assistenten wie zu einem Kranken, dem man gut zureden muß, und drückte ihn auf einen Stuhl nieder. »So! Und nun versuchen Sie mal fünf Minuten logisch zu denken. Die Sache ist doch so. Wenn ich von hier aus mit einer Kanone eine Kugel bis nach den Bänken schießen will, dann muß ich das Kanonenrohr unter einem ziemlich großen Winkel nach oben richten. Ich muß ihm, wie die Artilleristen es machen, eine gewisse Elevation geben. Das berühmte Ferngeschütz des Weltkrieges hatte eine Elevation von 55 Grad und schoß über 130 Kilometer. Wie denken Sie sich die Geschichte nun, wo der Schuß über fünftausend Kilometer gehen soll?«

Thiessen wartete vergeblich auf eine Gegenäußerung. Es war offensichtlich, daß seine Ausführungen Dr. Stiegel in Verwirrung gebracht hatten und er die richtige Antwort nicht sogleich zu finden vermochte.

»Bedenken Sie auch, welche Geschwindigkeit für einen solchen Schuß notwendig wäre«, fuhr Thiessen fort. »Das Geschoß jenes Ferngeschützes verließ das Rohr mit einer Sekundengeschwindigkeit von zwei Kilometer, was einer Stundengeschwindigkeit von 72 000 Kilometer entsprechen würde.«

»Halt, Herr Doktor Thiessen«, kam Hegemüller Stiegel zu Hilfe, »jetzt begehen Sie selbst einen Denkfehler!«

»Wieso, Herr Hegemüller?« unterbrach ihn Thiessen scharf.

»Weil Sie unberücksichtigt lassen, daß sich unsere entflogene Kathode nicht wie eine Kanonenkugel, sondern wie eine Rakete bewegt. Ihre Flugbahn gehorcht anderen Gesetzen.

»Doch ist sie ebenso der irdischen Schwerkraft unterworfen wie die Kanonenkugel«, warf Thiessen ein.

»Aber die Rakete kann der Schwerkraft in ganz anderer Weise und viel erfolgreicher entgegenwirken als eine Kanonenkugel«, rief Dr. Stiegel, der sich inzwischen gesammelt hatte; »einmal abgeschossen, ist die Kanonenkugel ein willenloses Objekt, während die Rakete während ihres Fluges unaufhörlich wie eine Maschine weiterarbeitet.«

»Natürlich tut sie das!« rief Hegemüller, »für eine Rakete – und unsere Kathode war eine Rakete – ist ein Flug von hier bis zu den Fundland-Bänken überhaupt nur ein Katzensprung. Die hätte gleich bis zum Mond fliegen können ...«

»Hegemüller, Sie sollten etwas gegen Ihren Zustand einnehmen«, riet ihm Thiessen.

»Aber die Kugel ist ja wieder aus dem Atlantik aufgetaucht. Wir werden vielleicht noch weiter von ihr hören«, verteidigte Hegemüller seinen Standpunkt. Immer lebhafter platzten die Meinungen der drei aufeinander, bis Thiessen nach einem Blick auf die Uhr der Debatte ein Ende setzte.

»Schluß jetzt, meine Herren, mit dem zwecklosen Streit. Wir wollen an unseren Versuch gehen.«

Die Anordnungen für das zweite Experiment waren die gleichen wie für das erste mit dem einzigen Unterschied, daß die Schleudergrube nach oben hin geschlossen wurde. Bevor Dr. Thiessen die Hochspannung einschaltete, ließ er die Elektromotoren angehen, welche die zweiteilige schwere Panzerkuppel von beiden Seiten her über die Grube schoben. Danach verlief alles fast so wie das letzte Mal. Nach einer gewissen Anzahl von Minuten fiel der Stromzeiger plötzlich auf Null; fast im gleichen Augenblick aber drang von draußen her ein dumpfer Knall in den Schaltraum. Die Panzerkuppel erdröhnte, als ob eine Riesenfaust dagegengeschlagen hätte.

»Diesmal ist der Vogel gefangen«, sagte Thiessen, als der Lärm verklungen war.

»Den Brocken haben wir sicher!« schrie Hegemüller, machte einen Freudensprung und wollte ins Freie hinauseilen. Thiessen hielt ihn zurück. »Ruhe, Kollege! Erst überlegen, dann handeln!« Er nahm einen Zeichenblock und entwarf eine Skizze der Schleudergrube, während er weitersprach.

»Die Kathodenkugel ist nach oben gegen die Schutzkuppel geflogen, das dürfen wir nach dem Krach, den wir hörten, mit Sicherheit annehmen. Weiter ist zu vermuten, daß sie infolge der Rückstoßkraft ihrer Strahlung mit großer Gewalt nach oben gegen die Kuppel drückt. Wenn sie nun gerade auf der Linie sitzt, wo die beiden Kuppelhälften zusammenstoßen... sehen Sie hier, meine Herren«, Thiessen deutete auf eine Skizze, »dann geht sie uns unweigerlich durch die Lappen, wenn wir die Kuppel öffnen.«

Die Beweisführung wirkte so überzeugend, daß keiner der beiden anderen etwas dagegen sagen konnte.

»Ja, aber schließlich werden wir die Kuppel doch einmal öffnen müssen«, meinte Dr. Stiegel nach einigem Überlegen, »auf andere Weise können wir an das Ding ja nicht 'rankommen.«

»Man müßte die beiden Kuppelhälften nur ganz wenig auseinanderziehen«, schlug Dr. Hegemüller vor, »nur so weit, daß etwa ein zollbreiter Schlitz entsteht. Wenn man den Schlitz dann mit einer Stange abtastete, müßte man auf die Kugel stoßen, wenn sie gerade an der Stelle sitzt.«

»Richtig, mein lieber Hegemüller!« Thiessen klopfte Dr. Hegemüller lachend auf die Schulter. »Sie haben die Sache 'mal wieder richtig erkannt. So wollen wir es machen.«

Er trat an den Motorschalter, während Hegemüller und Stiegel die Baracke verließen und auf die Schutzkuppel kletterten.

»Rufen Sie, sowie der Spalt einen Zoll breit ist«, befahl Thiessen und ließ den Motor ganz behutsam angehen.

»Halt! Stopp!« schrie es von draußen, und er setzte die Maschine sofort wieder still und ging dann ebenfalls ins Freie.

»Ich sehe die Kugel«, rief ihm Hegemüller schon von weitem entgegen, »genau auf dem Spalt sitzt sie und am höchsten Punkt der Kuppel.«

Mit ein paar Sprüngen war Thiessen bei ihm und überzeugte sich von der Richtigkeit seiner Beobachtung.

»Ja, was nun«, begann Dr. Stiegel zögernd. »Wenn wir die Kuppel weiter öffnen, saust der Brocken ab ... Gott weiß wohin in den Weltraum.«

»Ruhe, Ruhe, Herrschaften!« beschwichtigte ihn Thiessen. »Erst raten, dann Taten.«

»Man könnte vielleicht versuchen, die Kugel mit einer kräftigen Eisenstange an dem Schlitz entlangzuwälzen«, gab Hegemüller seine Meinung kund. »Nach einer halben Umdrehung müßte sie dann auf den Boden der Grube abstürzen ...«

»Und in der Grube allerlei unkontrollierbaren Unfug verüben«, unterbrach ihn Thiessen. »Außerdem hätten wir dann noch die Arbeit, sie wieder nach oben zu schaffen. Nein, mein lieber Hegemüller, das muß auf eine andere Weise gemacht werden. Wir wollen's uns in aller Ruhe überlegen.«

In stundenlanger Beratung saß Dr. Thiessen mit seinen beiden Assistenten zusammen. Pläne wurden gemacht und wieder verworfen, bis sie endlich das Richtige gefunden zu haben glaubten. Der Chefingenieur Grabbe mußte hinzugezogen werden, weil sie für das, was sie beabsichtigten, Apparaturen und Vorrichtungen benötigten, die in anderen Abteilungen des Werkes hergestellt werden mußten. Mehrere Tage verstrichen, bis alles vorbereitet war, dann endlich konnte der Plan zur Ausführung kommen.

Ein engmaschiges Netz aus daumenstarken Drahtseilen, das in vier mächtige Stahltrossen auslief, wurde an der Stelle, wo die Kugel saß, über den Kuppelschlitz gelegt. Zu vier kräftigen Motorwinden führten die Trossen; auf Betonblöcken waren die Winden unverrückbar verankert.

»Damit werden wir's sicher zwingen«, meinte Dr. Thiessen zuversichtlich.

»Ist auch unbedingt nötig!« unterstrich Grabbe die Bemerkung Thiessens. »Ein zweites Mal darf uns so ein Brocken nicht entkommen. Der erste hat schon genug Malheur in der Welt angerichtet. Wenn die Leute in den USA um die Wahrheit wüßten, könnte unser Werk am Ende noch allerlei Schornsteine und Dächer bezahlen.«

Thiessen schaltete die Motoren ein; langsam gingen die Kuppelhälften Zoll um Zoll auseinander. Vier Augenpaare blickten gespannt nach der Kuppel hin. Nur ein leises Dröhnen der gewaltigen, durch Motorkraft bewegten Stahlmassen war vernehmbar, doch dann plötzlich ein hartes Scharren, wie wenn Metall auf Metall schleift.

Plötzlich stand das Netz straff nach oben gespannt und zerrte an den Haltetrossen. Noch bebend vom jähen Anprall zitterte schimmernd und glänzend eine Metallkugel in ihm, von seinen Maschen gefangen, gehindert an einem jähen Flug in unbekannte Ferne. Chefingenieur Grabbe und Dr. Thiessen eilten zu den in die Trossen eingeschalteten Dynamometern, um zu sehen, was deren Skalen anzeigten. Mit einem Zug von tausend Kilo war jede Trosse belastet; so groß war die Kraft, mit der die strahlende Kugel nach oben strebte.

Zum Scheitern wäre jeder Versuch verurteilt gewesen, sie einfach durch Menschenkraft von ihrem jetzigen Ort in das Laboratorium zu schaffen. Andere, stärkere Mittel mußten dafür in Anwendung kommen. Der Gewalt der Stahlkugel mußte eine noch größere Gewalt entgegengesetzt werden.

Schnell waren sich Grabbe und Thiessen darüber einig, was weiter zu geschehen hatte, und der Chefingenieur gab seine Anordnungen durch das Telefon. Nicht lange brauchte er zu warten. Motorendröhnen erklang, und über den Werkhof rollte einer jener riesenhaften Spezialwagen mit zwanzig Achsen heran, auf denen sonst die hundert und mehr Tonnen wiegenden stählernen Hochdruckkessel transportiert wurden.

»Das Wägelchen wird uns der Bursche nicht mit in die Luft nehmen«, sagte Grabbe, als das Mammutfahrzeug neben der Kuppel hielt. Alle an der Arbeit Beteiligten legten Schutzanzüge an.

Hilfstrossen wurden in das Netz eingeschäkelt und mit dem Chassis des Wagens fest verbunden. Schwere Kettenzüge traten danach in Tätigkeit und holten das Netz mit seinem Inhalt Zoll für Zoll von der Kuppel herunter, während die ersten nun entlasteten Stahldrahtseile gelöst werden konnten. Eine gute Stunde währte das Ganze, dann setzte der schwere Wagen sich in Bewegung, fuhr über den Hof und weiter in die Halle ein, in der sich das Laboratorium befand.

»So weit wären wir glücklich«, meinte Dr. Thiessen mit einem Seufzer der Erleichterung.

»Ich fürchte, mein lieber Thiessen, das dicke Ende kommt noch nach«, warf Grabbe ein. »Sobald wir das Netz lösen, saust uns der Brocken auch hier ab. »Das Dach«, er deutete nach oben, »vermag keinen Widerstand zu leisten.«

»Man müßte die Kugel anbohren, während sie noch im Netz ist«, schlug Dr. Stiegel vor, »eine starke Bohrung, einen soliden zweizölligen Stahlbolzen durchgesteckt. Damit sollte man sie wohl festhalten können.«

»Gut gebrüllt, Löwe!« Chefingenieur Grabbe mußte trotz seiner Sorgen lachen. »Ihre Idee ist gar nicht so übel, aber wie wollen Sie die Bohrung herstellen, wenn Sie das Stück nicht in eine Bohrmaschine einspannen können?«

»Ich habe einen andern Vorschlag«, meldete sich Hegemüller zum Wort, »man braucht die Kugel nur eine halbe Drehung machen zu lassen, dann geht ihre Stoßkraft nicht mehr nach oben, sondern nach unten, und sie muß fest und unverrückbar auf dem Wagenboden liegenbleiben. Man könnte das Netz lüften und die Bohrung an Ort und Stelle vornehmen.«

Dr. Thiessen hob beschwörend die Hände. »Machen Sie lieber keine Vorschläge, Kollege Hegemüller. Ich bin felsenfest überzeugt, daß es auch diesmal wieder eine Katastrophe gibt, wenn wir nach Ihren Ratschlägen handeln.«

Dr. Hegemüller wollte den Beleidigten spielen, als ihm unerwartet in Grabbe ein Helfer erstand. »Ich meine, Herr Doktor«, wandte er sich an Thiessen, »der Vorschlag ist nicht so übel. Wollen wir das nicht doch einmal versuchen?«

Thiessen zuckte die Achseln. »Auf Ihre Verantwortung, Herr Grabbe. Ich sehe noch keinen Weg, wie Sie's machen wollen.«

»Sehr einfach, meine Herren«, begann Hegemüller mit neuem Unternehmungsgeist, »wir stützen die Kugel auf der einen Seite mit einer kräftigen Stahlrolle ab und ziehen das Netz mit den Kettenzügen ein Stück über sie hin, dabei muß sie sich ja drehen.«

Nach einer kurzen Debatte wurde der Vorschlag Hegemüllers angenommen. Was man dazu benötigte, war schnell beschafft. Nach dem Kommando Grabbes begannen sie gleichzeitig an den vier Kettenzügen zu arbeiten, ließen auf der einen Seite die Halteseile aus, zogen sie auf der anderen ebensoviel an, und langsam bewegte sich das Netz quer zur Wagenrichtung. Schon bald war es zu merken, wie der Zug der Kugel nach oben nachließ, während sie sich immer stärker gegen die Stahlrolle preßte. Dann plötzlich ein jäher Fall. Ein schwerer Schlag, der den Bau des mächtigen Kraftwagens in allen Fugen erzittern ließ. Die Kugel lag fest auf dem Chassis; locker war das Netz über ihr zusammengefallen.

Der Chefingenieur trocknete sich die Stirn. »Wieder ein Stück weiter! Das ist geglückt. Jetzt kommt Ihr Rezept an die Reihe, Herr Stiegel, jetzt wird gebohrt.«

»Also der Tragödie zweiter Teil«, versuchte Dr. Thiessen zu scherzen, »oder sagen wir lieber der Komödie zweiter Teil?«

»Das wird davon abhängen, wie die Geschichte ausgeht«, meinte Grabbe, »wir wollen alles, was in unseren Kräften steht, tun, damit es keine Tragödie wird.«

Das besorgte der Chefingenieur dann auch in einer Art und Weise, daß seine Vorsichtsmaßregeln sogar dem bedächtigen Dr. Thiessen fast übertrieben erschienen, denn mehr als vierundzwanzig

Stunden brauchte er für die Vorbereitungen. Dann aber lag die Kugel sicher unterklotzt fest und unbeweglich da, während das Netz für alle Fälle immer noch in geringer Höher über ihr ausgespannt blieb. Nun konnte eine Bohrvorrichtung angebracht werden, und langsam fraß sich ein handgelenkstarker Spiralbohrer in das Metall der Stahlkugel hinein.

Ohne Zwischenfälle verliefen die nächsten Arbeiten. Eine genau auf das Maß der Bohrung abgedrehte Stahlstange wurde durch die Kugel gesteckt. Kräftige Lager, auf einer viele Tonnen schweren Fundamentplatte montiert, nahmen die beiden Enden der Stange auf, und jetzt endlich hatte man die Stahlkugel sicher gefangen, konnte das Netz beiseite ziehen, konnte den ganzen Aufbau von dem Wagen herunternehmen und in Ruhe untersuchen, was sich da nun eigentlich in der Blitzröhre gebildet hatte.

Das Ergebnis bestätigte die Vermutung Dr. Thiessens. Ziemlich genau bis zur anderen Hälfte war das Metall stark strahlend geworden, zur anderen Hälfte bestand es aus einer inaktiven bleiähnlichen Substanz.

»Wie ein Apfel, der eine rote und eine grüne Backe hat«, meinte Grabbe vergleichsweise.

»Wie der Apfel, der Schneewittchen den Scheintod brachte«, führte Dr. Thiessen das Bild weiter, »in unserem Fall ist die strahlende die giftige Hälfte. Wir riskieren mehr als den Scheintod, wenn wir ihr unvorsichtig zu nahe kommen. So lange die Kugel fest lag, hatte es damit keine Gefahr; jetzt, wo wir sie drehbar gelagert haben, ist Vorsicht geboten.«

»Ja ... Vorsicht!« Chefingenieur Grabbe hatte die Worte zerstreut und wie abwesend hingesagt. Über einen Zeichenblock gebeugt, war er dabei, zu skizzieren, Maschinenteile zu entwerfen und eine Konstruktion zu Papier zu bringen. Interessiert verfolgte Thiessen die Arbeit des Chefingenieurs. Er wollte etwas sagen, als Grabbe das Blatt von dem Block abriß und zusammenfaltete.

»Später, Doktor Thiessen«, winkte er ab, »mir ist da eine Idee gekommen. Jetzt ist die Sache noch nicht spruchreif. In den nächsten Tagen wollen wir weiter darüber beraten.«

Als Grabbe bereits die Türklinke in der Hand hatte, wandte er sich noch einmal um. »Was ich noch sagen wollte, Herr Thiessen, lassen Sie die Strahlkugel in die Stahlkammer Ihres Laboratoriums bringen. Ich möchte sie gegen neugierige Augen geschützt wissen.«

In kühner Wölbung stemmt sich im Boulder Cañon des Colorado-Flusses eine riesige Sperrmauer dem Druck der gestauten Wasser entgegen. Wer auf ihrer Krone entlangwandern will, der muß schwindelfrei sein. Nach der einen Seite zwar wogt nur wenige Meter unter seinen Füßen die unabsehbare Fläche des Stausees, nach der anderen Seite fällt sein Blick in eine grausige Tiefe, denn zu doppelter Domhöhe wächst das Betonmassiv der Sperrmauer aus dem felsigen Grund des Cañon empor.

Um die zehnte Vormittagsstunde trat Mac Gray, einer von den Dammwärtern, seinen gewohnten Kontrollgang an. Gemächlich schritt er auf der Mauerkrone dahin, während seine Blicke abwechselnd nach links und rechts gingen. Bald ruhten sie prüfend auf den Pegelschächten auf der Seeseite, bald wieder überflogen sie die Landseite des Sperrdamms. Glatt und grau erstreckte sich das Betonmassiv hier in leichter Schräge nach unten, bis es in der dämmrigen Tiefe des Cañon verschwamm.

Mac Gray war eine nachdenkliche Natur mit einem leichten Hang zur Philosophie, und auch jetzt während seines Weges über die vierhundert Meter lange Dammkrone gingen ihm allerlei Betrachtungen durch den Kopf. Was für ein pompöses Bauwerk, sinnierte er. Nur hier konnte so etwas entstehen ... Spielzeug sind die ägyptischen Pyramiden dagegen. Ein Denkmal für die Ewigkeit hat sich der alte Präsident hier errichtet ... noch nach fünftausend Jahren wird die Hoover-Talsperre stehen ...

Ein Sausen und Zischen, das von Sekunde zu Sekunde stärker wurde, riß den Dammwärter aus seinen Gedanken. Er schaute in die Höhe und wandte den Kopf nach allen Richtungen, um die Ursache des Geräusches zu erspähen. Vergeblich blieb sein Bemühen; nichts Besonderes vermochte sein Auge an dem tiefblauen Frühlingshimmel zu entdecken, während das zischende Pfeifen bereits so gewaltig aufklang, daß er sich unwillkürlich die Ohren zuhielt.

Dann war es ihm, als ob zu seiner Linken ein jäher Blitz vom Himmel niederzuckte. Kein Donner folgte dem Blitz, nur ein dumpfer, klatschender Schlag, und dann sah Mac Gray auf der Landseite des Dammes, etwa fünfzig Meter unter der Krone, einen runden, silbrig schimmernden Fleck, dessen Durchmesser er auf etwa dreißig Fuß schätzte. Eine Zeitlang blieb er stehen, benommen von dem überraschenden Ereignis, dann stieg er vorsichtig auf einer der schmalen eisernen Leitern, die in mäßigen Abständen an der Dammwand angebracht waren, in die Tiefe hinab, um sich den so plötzlich entstandenen Fleck aus der Nähe zu besehen. Bis auf wenige Meter konnte er herankommen und gewann den Eindruck, als ob eine Metallfolie fest auf den Beton des Dammkörpers aufgeklebt oder aufgespritzt wäre. Näheres konnte er infolge der Entfernung nicht feststellen. Eilig kletterte er wieder nach oben und eilte über den Kronenweg zum anderen Cañonufer hin, um in der Office über das Geschehene Meldung zu machen.

Wenn er erwartet hatte, mit seiner Meldung auf Unglauben zu

stoßen, so war das ein Irrtum. Ruhig, ohne ihn zu unterbrechen, hörte der Oberinspektor des Dammes sich den Bericht bis zu Ende an.

»Was kann das gewesen sein, Mr. Dickinson?« schloß der Dammwärter seine Mitteilungen.

»Vermutlich auch ein Sprengstück von dem Meteoriten, old chap«, erwiderte der Oberinspektor, und als er aus dem Mienenspiel Mac Grays erkannte, daß er danach noch ebenso schlau war wie vorher, ließ er sich zu einer genaueren Erklärung herbei.

»Sie haben sicher schon mal etwas von Meteoriten gehört. Sie müssen wissen, Mac Gray, das sind so Bummler aus dem Weltenraum, die gelegentlich auf die alte Erde niederstürzen. So ein Ding ist kürzlich in unserer Atmosphäre in viele Fetzen zerplatzt. An den verschiedensten Stellen sind Brocken davon zu Boden gefallen. Die erste sichere Beobachtung hat man in Washington gemacht. Es war zwar nur ein Bröckchen, das da einem Spaziergänger in seinen Suppentopf fiel, aber der Mann war zufälligerweise ein Naturforscher. Er hat das Stück untersucht und einen dicken wissenschaftlichen Bericht darüber geschrieben. Daher wissen wir genau Bescheid über die Sache.«

Mac Gray machte ein ungläubiges Gesicht. »Sollte das möglich sein . . .?« meinte er, als Dickinson mit seiner Erklärung fertig war.

»Es stimmt, Sir, Sie können sich darauf verlassen. Ich habe mir alles genau gemerkt«, sagte Dickinson weiter. »Seitdem sind noch an verschiedenen anderen Stellen in den Staaten Splitter dieses Meteoriten niedergefallen. Das letzte Mal ist es auf einer Farm in Nebraska geschehen. Jetzt scheinen wir einen Brocken davon abbekommen zu haben. Na, unser Damm ist solide, dem wird's nicht schaden. Heute nachmittag will ich mal 'rausgehen und mir die Sache selber ansehen.«

Damit war die Angelegenheit einstweilen erledigt, und von anderen Geschäften in Anspruch genommen, kam Mr. Dickinson auch am Nachmittag nicht dazu, den Sperrdamm zu besichtigen. Am nächsten Vormittag machte Mac Gray wieder seinen Kontrollgang und verhielt den Schritt, als er die Stelle seines gestrigen Erlebnisses erreichte. Das Aussehen des Fleckes an der Sperrmauer hatte sich geändert. Der metallische Glanz war schwächer geworden und hatte einer dunkleren Färbung Platz gemacht. Eigenartig schwammig und rissig, ähnlich wie Tuffstein sah der Beton dort aus. Der Dammwärter kniff die Lider zusammen, um schärfer zu sehen; ein Zweifel war kaum noch möglich – im Bereiche des Fleckes und noch ein Stück darunter war die Sperrmauer ohne Zweifel feucht.

Nässe an der Außenseite? Es gab Mac Gray einen Stich, als er es feststellen mußte, und noch schneller als am vergangenen Tag eilte er diesmal in die Office. In Hast sprudelte er hervor, was er beobachtet hatte. Ein etwas verwirrter Bericht wurde es, und der Oberinspektor brauchte einige Zeit, um daraus klug zu werden. Dann aber sprang er auf, griff nach seinem Hut und ging zusammen mit Mac Gray zu der Sperrmauer hin.

Nicht viel mehr als eine Viertelstunde war verstrichen, seitdem Mac Gray dort seine Beobachtung gemacht hatte; aber das Bild hatte sich in dieser kurzen Zeit bedeutend weiter verändert. Rund zehn Meter dick war die Sperrmauer an jener Stelle, an der sich der Fleck befand. Durch die ganze Mauerstärke hindurch mußte der Beton eine weitgehende Umwandlung erfahren haben, denn an zahlreichen Stellen spritzten Wasserstrahlen aus der Wand und wurden von Sekunde zu Sekunde fast zusehends stärker. Und jetzt — Dickinson und Mac Gray waren noch etwa hundert Meter entfernt — brachen unter dem Wasserdruck schwere Brocken aus dem Betonmassiv. Polternd rollten sie in die Tiefe, während die Wasserstrahlen, eben noch fingerdick, im Augenblick Arm- und Schenkeldicke gewannen.

Wie unter einem hypnotischen Zwang legte der Oberinspektor die letzte Wegstrecke zurück. Als er oberhalb der Stelle, an der die Katastrophe unaufhaltsam ihren Fortgang nahm, anlangte, war aus den einzelnen Strahlen bereits ein mächtiger Wasserfall geworden. Aus einer fast runden Öffnung, die ziemlich genau der Größe jenes früheren Metallfleckens entsprach, brach das Wasser des Stausees unter gewaltigem Überdruck heraus. In breitem Schwall und Gischt stürzte es an der Außenseite des Dammes hinab; schon strömte dreihundert Meter tiefer auf der Talsohle ein breiter Fluß dahin und umspülte rauschend und schäumend die Fundamente der gewaltigen Kraftwerke. Die waren auf festem Fels gegründet und aus Eisenbeton errichtet. Würden sie dem nagenden Angriff der entfesselten Wasser standhalten, oder würden sie unterwaschen werden, zusammenbrechen und mit ihnen die kostbaren Maschinen, die an dieser Stelle aus dem Kraftwasser der Sperre eine halbe Million Pferdestärken erzeugten?

Das waren Fragen, die Mr. Dickinson bewegten, während er mit zusammengekniffenen Lippen in die Tiefe starrte.

Die Augen Mac Grays gingen indes in die Ferne. Auf eine weite Strecke hin ließ sich von der Krone des Sperrdammes aus der Lauf des Cañon verfolgen, ließ sich beobachten, wie der so plötzlich entstandene reißende Strom auf dem Boden der Schlucht weitereilte, und nun kamen auch dem Dammwärter Gedanken, die ein Handeln verlangten. Er rief den Oberinspektor an, schrie endlich so laut, daß der aus seiner Versunkenheit erwachte.

»Das untere Tal ist bedroht! Wir müssen telegrafische Warnung geben, Mr. Dickinson!«

»Ja, telegrafische Warnung, Mac Gray ... Zehn Milliarden Kubikmeter brechen aus der Sperre ... es wird im unteren Tal eine Überschwemmung geben!« Zuerst noch langsam und eintönig, dann immer kräftiger und schneller hatte der Oberinspektor die Worte gesprochen. Jetzt war er ganz Leben und Tatkraft. So schnell, daß Mac Gray Mühe hatte, ihm zu folgen, eilte er zu seiner Office zurück und vergaß in der Hast, die Tür hinter sich zu schließen. Der Dammwärter, der wenige Sekunden später eintrat, fand ihn bereits am Morseapparat sitzend und sah die Stromtaste in seiner Hand vibrieren.

Schon spielte der Draht und gab die Flutwarnung talabwärts an alle die neuen Farmen und Siedlungen, alarmierte das Land bis tief hinein nach Kalifornien.

»Die Idee ist wieder mal genial; das muß man unserem verehrlichen Herr Chefingenieur lassen!«

»Ja, mein Lieber, gelernt ist gelernt«, meinte Thiessen zu dieser Bemerkung Dr. Stiegel »Sie dürfen nicht vergessen, daß Grabbe erst auf dem Umweg über den Maschinenbau zur Physik gekommen ist und vorher ein paar Jahre als Konstrukteur tätig war. Seine Entwürfe haben Hand und Fuß, das kann ihm niemand bestreiten. Ich bin gespannt, wie die Anlage arbeiten wird.« Dies Gespräch fand während einer kurzen Arbeitspause statt und galt den Zeichnungen zu einem Strahlmotor, die auf einem Tisch in dem Laboratorium Dr. Thiessens ausgebreitet waren.

»Eigentlich doch verblüffend einfach, die ganze Sache«, gab Hegemüller seine Ansicht zum besten, während er mit dem Finger die Linie auf der Zeichnung verfolgte. »Herr Grabbe setzt die Strahlkugel einfach in eine Art Schlitten, der sich in einer Gradführung hin- und herbewegen kann wie der Kolben einer Dampfmaschine im Dampfzylinder. Dann hat er hier noch eine Steuerung vorgesehen, welche Kugel am Ende jenes Hubes um 180 Grad um ihre Achse dreht. Es ist ja sonnenklar, daß die Anlage laufen muß wie eine Dampfmaschine ... mit dem Unterschied, daß an Stelle des Dampfdruckes die Strahlungskraft tritt. Warum sind wir eigentlich nicht selber auf die Idee gekommen, Herr Thiessen?«

»Ja warum, mein lieber Hegemüller? Warum haben die Gegner des Kolumbus das Ei nicht eingeknickt, als sie es auf die Spitze stellen sollten? Einer muß die Idee immer zuerst haben, und nachher wundern sich die andern, daß sie nicht selber darauf gekommen sind. Trösten Sie sich, Kollege; wir werden bei unseren Arbeiten noch auf andere Aufgaben stoßen, an denen Sie Ihren Witz versuchen können.«

»Wann werden die Teile für den Strahlmotor in unser Labor kommen?« wünschte Dr. Stiegel zu erfahren.

»Die Lieferung ist für morgen früh fest zugesagt«, beantwortete Thiessen die Frage. »Herr Grabbe ist mächtig hinterher gewesen und will auch morgen bei der Montage zugegen sein. Wenn alles gutgeht, wird die Maschine morgen mittag laufen können.«

»Morgen früh?« Hegemüller krauste die Stirn. »Morgen früh werde ich dabei nicht mittun können; da erwarte ich die Steinzeugkörper für neue Blitzröhren und würde auch den Kollegen Stiegel gern als Hilfe für den Zusammenbau haben.«

»Wird sich nicht machen lassen, Herr Hegemüller«, wehrte Thiessen ab. »Ihre Röhren laufen Ihnen nicht weg. Wir brauchen alle Hände für die Montage des Strahlmotors. Wenn der glücklich läuft, können wir später mit vereinten Kräften an die neuen Röhren gehen. Immer hübsch eins nach dem anderen, Herr Kollege.« Nach einigem Knurren und Brummen gab sich Hegemüller mit dem Bescheid Thiessens zufrieden.

»Was sagen Sie übrigens dazu, daß unsere beiden Japaner, die Herren Yatahira und Saraku, uns heute früh verlassen haben, um nach Tokio zurückzukehren?« fragte er unvermittelt.

Dr. Thiessen zuckte die Achseln. »Da ist nicht viel dazu zu sagen. Ihre Rückkehr in die Heimat war ja schon seit längerem eine beschlossene Sache. Trotzdem schien mir Lüdinghausen, mit dem ich gestern darüber sprach, etwas befremdet darüber zu sein.«

»Aber der Abschied soll doch in Frieden und Freundschaft stattgefunden haben«, bemerkte Dr. Stiegel dazwischen.

Thiessen nickte. »Das schon, Herr Stiegel. Aber eine leichte Verstimmung scheint doch auf beiden Seiten vorhanden gewesen zu sein. Ich halte es nicht für unmöglich — es ist freilich nur eine Vermutung von mir —, daß die beiden Herren irgendwie Witterung von unseren Fortschritten bekommen haben.«

»Das ist gänzlich ausgeschlossen, Herr Doktor Thiessen«, platzte Hegemüller mit seiner Ansicht heraus, »wir haben uns von niemandem in die Karten gucken lassen, haben auch zu niemandem ein Wort über unsere Arbeiten gesprochen.«

»Gewiß, mein Lieber —«, Thiessen drohte ihm mit dem Finger, »— aber ein bißchen Feuerwerk und Knallerei haben Sie sich geleistet. Glauben Sie, daß die Herrschaften aus dem Fernen Osten nicht auch Augen und Ohren haben? Sehr scharfe sogar, das kann ich Ihnen versichern. Erst das beschädigte Glasdach, danach unsere Arbeiten in der Schleudergrube . . .«

»Die hatten wir doch sicher eingezäunt«, unterbrach ihn Hegemüller.

»Versuchen Sie doch mal, fünf Minuten lang logisch zu denken«, wies ihn Thiessen zurecht. »Plötzlich wird um die Schleudergrube, die bis dahin frei und offen dalag, ein Zaun errichtet. Was wird man daraus schließen? Natürlich doch nur das eine, daß in der Grube Versuche gemacht werden, die geheim bleiben sollen. Zugegeben, Herr Hegemüller?«

Wenn auch widerstrebend, gab Dr. Hegemüller die Richtigkeit dieser Behauptung zu. »Daß in der Schleudergrube nur Versuche gemacht werden, bei denen man mit Explosionen rechnen muß«, führte Thiessen seine Schlußkette weiter, »ist allgemein bekannt. Daß die Arbeiten diesmal nicht von uns gemacht wurden, konnten die Japaner ohne besondere Schwierigkeiten in Erfahrung bringen, und nun steht die Frage offen, was mußten sie daraus schließen? Nun, wenn Sie es nicht sagen wollen, will ich es Ihnen sagen. Sie konnten und mußten nur den einzigen Schluß ziehen, daß wir mit unseren Versuchen zu der Grenze gekommen sind, wo der Atomzerfall eine gefährliche Stärke annimmt, während sie selber immer noch mit verhältnismäßig harmlosen Mischungen experimentierten. Berücksichtigt man weiter, daß wenige Stunden vorher Professor Lüdinghausen noch zu größter Vorsicht und einem langsamen schrittweisen Vorgehen gemahnt hat, so ist es mir wenigstens durchaus verständlich, daß die Japaner sich düpiert fühlten und den Entschluß fassen, nach Hause zu fahren, wo sie nach eigenem Belieben weiterexperimentieren können.«

»Wenn Sie es so auffassen ... hm, ja ... freilich, dann ... ja dann könnte es am Ende so gewesen sein«, stimmt Hegemüller zögernd zu.

»Ich bin sicher, Herr Kollege Hegemüller, daß es so ist, und offen gesagt, bin ich über die Abreise der Japaner durchaus nicht traurig. Es ist ja eine ganz schöne Sache um die internationale wissenschaftliche Zusammenarbeit; doch warum sollen wir dabei immer die Gebenden sein und die anderen die Empfangenden?«

»Na jetzt sind wir nach der Abreise der Japaner ja wieder ganz unter uns«, mischte sich Dr. Stiegel in das Gespräch. »Jetzt kann Kollege Hegemüller nach Herzenslust Explosionen veranstalten.«

»Aber ich schneide ihm die Ohren ab, wenn er sich's etwa untersteht«, sagte Thiessen mit Entschlossenheit.

Schon im Laufe der kommenden Nacht wurden die von Grabbe in Auftrag gegebenen Maschinenteile angeliefert, und unmittelbar danach ging ein Dutzend Werkleute unter der Leitung eines Obermonteurs daran, sie zusammenzusetzen. Als der Chefingenieur Grabbe in Begleitung von Dr. Thiessen am nächsten Morgen in das Laboratorium kam, war alles bis auf den Einbau der Strahlkugel bereit.

Jetzt galt es zunächst, die Kugel mitsamt ihrer schweren Festhaltevorrichtung aus dem Sicherheitsraum zu der neu aufgestellten Maschinerie hinzuschaffen, eine Aufgabe, die mit Hilfe einiger Kettenzüge schnell bewältigt wurde. Dann aber kam der kritische Punkt. Um die Kugel in den Schlitten der Maschine hineinzubringen, mußte man sie von der Festhaltevorrichtung lösen. Über eine kurze Wegstrecke nur, über kaum ein Meter war sie frei zu transportieren, aber wenn etwas schiefging, konnte auf diesem kurzen Wege Unheil genug geschehen.

»Lieber Kollege«, sagte Thiessen nach einem langen nachdenklichen Blick zu Dr. Hegemüller, »wollen Sie mir einen großen Gefallen erweisen?«

Eilfertig sprang Hegemüller herbei. »Aber gewiß! Gern, Herr Thiessen, womit kann ich Ihnen dienen?«

»Tun Sie mir die Liebe, Kollege, gehen Sie auf ein halbes Stündchen ins Kasino. Lassen Sie sich eine Tasse Kaffee und die Morgenzeitung geben. Ich rufe an, wenn wir Sie wieder brauchen.«

Hegemüller war offensichtlich gekränkt und versuchte zu protestieren, doch Thiessen ließ sich nicht erweichen.

»Ich bitte Sie dringend darum«, bestand er auf seiner Anordnung, »ich will die Montage mit Schmidt und Lange allein fertigmachen.«

Mit verdrossener Miene verließ Dr. Hegemüller den Raum. »Der scheint eingeschnappt zu sein«, sagte Grabbe, als Hegemüller draußen war. »Warum haben Sie ihn jetzt weggeschickt?«

»Selbsterhaltungstrieb, Herr Grabbe. Der Kollege Hegemüller ist fleißig und tüchtig und ein guter Kerl, aber bisweilen ein wenig zu . . . sagen wir mal . . . impulsiv . . . oder meinetwegen auch zu quecksilbrig. Wir haben ein paar kritische Minuten vor uns, da ist's mir lieber, wenn er nicht dabei ist.«

Diese Minuten kamen in der Tat, und obwohl Grabbe auch hier wieder durch besondere Vorrichtungen bestmöglich vorgesorgt hatte, waren sie reichlich kritisch. Ein Bleiblock, dessen Vorderseite halbkugelig ausgedreht war und der von einem halben Dutzend schwerer Flaschenzüge sicher gehalten war, wurde an die Kugel herangebracht, bis sie, durch den Strahlungsdruck gehalten, sicher in seiner Höhlung ruhte. Mit kräftigen Hammerschlägen konnte nun der schwere Bolzen, der sie bisher festgehalten hatte, herausgeschlagen werden, und dann kam das kurze Stückchen Weg zu dem Maschinenschlitten hin.

Kaum ein Meter war die Strecke lang, aber Dr. Thiessen behauptete später, sie wäre ihm meilenlang vorgekommen. Gewaltig zerrte der Bleiblock unter dem Druck der Strahlkugel an den Flaschenzügen. Nur mit äußerster Vorsicht konnten diese Millimeter um Millimeter angezogen werden. Ein einziger Fehlgriff . . . nur eine Kleinigkeit zuwenig oder zuviel an der einen oder anderen Seite, und es drohte die Gefahr, daß der Block aus seiner Richtung kam, daß die Kugel dadurch frei wurde und mit elementarer Gewalt ihre eigene Bahn verfolgte. Nur einen knappen Meter betrug die Weglänge, aber es dauerte fast eine halbe Stunde, bis sie glücklich überwunden war und die Kugel langsam in den Schlitten hineinglitt. Das Schwerste war damit überwunden, doch längst noch nicht alles getan. In einem Schneckentempo holten die Flaschenzüge die Kugel Millimeter um Millimeter in den Schlitten hinein, bis sie endlich nach atemraubenden Minuten dessen Mitte erreichte, bis Grabbe und Thiessen gemeinsam den neuen Stahlbolzen einschieben konnte, der sie nun sicher mit dem Schlitten verband.

»So! Die kommt uns nicht mehr weg!« Thiessen sagte es, während er den Hammer aus der Hand legte, mit dem er soeben den Bolzen eingetrieben hatte. Grabbe war indessen damit beschäftigt, jene Steuerung einzubauen, die bereits am vergangenen Tage die Bewunderung von Dr. Stiegel erregt hatte. Eine überraschend einfache Idee lag ihr zugrunde; handelte es sich doch nur darum, am Ende jedes Hubes die Kugel um ihren Bolzen zu drehen. Nun mußte es sich zeigen, ob sich auch betriebsmäßig bewähren würde, was auf dem Papier so überzeugend wirkte. Die letzte Schraube hatte Grabbe angezogen; nun trat er einen Schritt zurück, um sein Werk noch einmal zu überschauen. Schmuck und blinkend stand die Maschine da, aber sie rückte und rührte sich nicht.

»Was ist das?« fragte Dr. Stiegel. »Warum läuft der Motor nicht?«

»Weil er auf dem toten Punkt steht, Kollege«, beantwortete Thiessen die Frage und griff in die Speichen des Schwungrades. Mit Gewalt wuchtete er daran, drehte es um einige Zoll weiter, und dann kam plötzlich Leben in die bis dahin tote Maschinerie. Erst langsam noch, doch gleich danach schnell und immer schneller begann sich das Schwungrad unter der treibenden Kraft der Strahlkugel zu drehen. Schon waren seine dahinwirbelnden Speichen nicht mehr einzeln zu erkennen, waren zu einer schimmernden durchsichtigen Scheibe geworden.

Dr. Thiessen blickte auf den Tourenzeiger. »Der Motor geht uns durch«, wollte er rufen, als Grabbe schon nach dem Regelrad der Steuerung griff. Ein paar Drehungen daran, und der Motor mäßigte sein Tempo und lief, wie es vorgesehen war, mit dreihundert Umdrehungen in der Minute. Hin und her jagte der Strahlkolben in dem Zylinder, in blinkendem Spiel drehte sich das Schwungrad um seine Achse. Regelmäßig wie ein Uhrwerk arbeitete die Steuerung. Lange Zeit standen Grabbe und Thiessen vor der Maschine, ohne ein Wort zu sprechen, bis endlich der Chefingenieur das Schweigen brach.

»Man müßte ihre Kraft ausnutzen«, meinte er jetzt zu Dr. Thiessen. »Ich will sehen, daß ich eine dazu passende Dynamomaschine bekomme.«

»Wissen Sie, was wir dann hier in unserem Labor haben würden?« fragte Thiessen und gab gleich selbst die Antwort auf seine Frage. »Wir hätten hier das erste durch Atomenergie betriebene Elektrizitätswerk. Unser Laboratorium würde in der Geschichte des menschlichen Fortschritts einen besonderen Platz einnehmen. Noch nach Jahrzehnten, ja nach Jahrhunderten würde man es nun als die Stätte betrachten, von der ein neues Zeitalter seinen Ausgang nahm.«

Grabbe hielt es für angebracht, ein wenig Wasser in den Wein der Begeisterung zu gießen, und sprach von harter Arbeit, die noch zu tun bliebe, obwohl er selber von dem Erreichten ebenso stark hingerissen war wie Dr. Thiessen.

In übler Laune war Dr. Hegemüller in das Kasino gegangen, saß dort bei einer Tasse Kaffee und blätterte mißmutig in den ausliegenden Zeitungen. Immer wieder gingen seine Gedanken zu der Halle zurück, wo Thiessen jetzt die letzte Montage machte. Warum hatte der zwei einfache Werkleute für die Arbeit herangezogen und ihn, seinen alten Assistenten, einfach fortgeschickt? Gewiß, er war ein Draufgänger, das mußte er sich selber eingestehen. Öfter als einmal hatte es bei seinen Experimenten Zwischenfälle gegeben; aber hatte er durch sein forsches Vorgehen nicht auch Bedeutendes erreicht? War dieser neue, so wirksame Strahlstoff nicht ihm allein zu verdanken? Er nahm sich vor, das Dr. Thiessen bei nächster Gelegenheit einmal gründlich klarzumachen, und dieser Entschluß wirkte beruhigend auf ihn.

Es gelang ihm danach, seine Gedanken zu sammeln und den Inhalt des Zeitungsblattes, das er immer noch in der Hand hielt, wirklich zu erfassen. Nachrichten aus aller Welt durchflog er und stieß dabei auf einen Bericht über die Vorkommnisse am Boulder-Damm; das Auftreffen und Zerspritzen eines Meteors auf der Dammwand und die Zermürbung des Betons wurden darin gemeldet und weiter von den Verwüstungen erzählt, welche die ausbrechenden Wassermassen in dem Tal innerhalb der Sperrmauer angerichtet hatten. Zwar hatte der telegrafische Alarm, den Oberinspektor Dickinson talabwärts gegeben hatte, das Schlimmste verhütet, so daß Menschenleben nicht zu beklagen waren; doch hatten die ausbrechenden Wassermasser in den neuen Kulturen und Siedlungen gewaltige Verheerungen angerichtet.

Wohnhäuser und Stallungen in großer Zahl waren unterspült und weggerissen worden. Ein Gebiet von zehntausend Hektar war überschwemmt, und es würden Tage und Wochen bis zum Abfließen der Wasser vergehen. Hoch in die Dollarmillionen ging der angerichtete Schaden.

Hegemüller krauste die Stirn, während er es las. »Ein Glück, daß die Yankees nicht wissen, woher der Brocken stammt«, wiederholte er im stillen die neulichen Worte Thiessens. »Entsetzlicher Gedanke, wenn unser Labor das alles bezahlen sollte.«

Ein schwerer Betondamm in kaum vierundzwanzig Stunden so tiefgehend zermürbt . . . nur die scharfe Strahlung, die von diesem neuen Stoff ausging, konnte das vermocht haben. Die Gedanken Dr. Hegemüllers nahmen eine neue Richtung. Was konnte geschehen, wenn diese unheimliche Strahlung nicht nur granitharten Beton, sondern auch Eisen und Stahl zerfraß? Der neue Motor? . . . Eine geniale Idee Grabbes, das stand außer Zweifel. Aber wenn nun die gleiche Energie, die ihn antrieb, ihn auch zerstörte? . . . Wenn die strahlende Kraft die stählernen Glieder, die sie zur Arbeit zwangen, in Kürze bis zum Zerbrechen schwächte? . . .

Dr. Hegemüller versank in tiefes Sinnen. Dreimal, viermal mußte die Telefonglocke läuten, bevor er ihren Klang vernahm und nach dem Hörer griff. Wie aus einem schweren Traum erwachend, vernahm er aus dem Apparat die Stimme Thiessens, die ihn in das Laboratorium rief.

»Ich habe Sie erwartet. Es ist gut, daß Sie kommen«, empfing Hidetawa seine Landsleute Saraku und Yatahira.

»Wir haben die schnellste Flugverbindung benutzt, als wir Ihr Kabel erhielten. Ihr Wunsch, uns bald zu sehen, war uns Befehl«, erwiderte Yatahira mit einer leichten Verbeugung, vor dem weißhaarigen Gelehrten.

Die Begrüßung fand im Universitätsviertel Tokios in einem hochgelegenen Arbeitsraum statt, durch dessen großes, fast eine ganze Wand einnehmendes Fenster sich ein weiter Blick über das Häusermeer der Großstadt bis zur See hin bot.

Kaum etwas in dem Zimmer verriet, daß in ihm ein Mann lebte und arbeitete, dessen Name durch seine Leistungen auf dem Gebiet der Atomphysik weit über die Grenzen seines Vaterlandes hinaus berühmt war. Schriftstücke verschiedener Art bedeckten einen umfangreichen Tisch in der Nähe des Fensters. Mit Büchern gefüllte Regale, die fast bis zur Decke reichten, nahmen den größten Teil der Wandflächen in Anspruch.

Zwischen den Papieren auf dem Tisch stand ein gläsernes, kugelförmiges Gefäß, das auf den ersten Blick nichts anderes als eine Lichtmühle, eins jener altbekannten physikalischen Spielzeuge zu sein schien, denn unablässig kreisten im Innern des Glases mehrere Blättchen um eine senkrechte Achse.

Unwillkürlich blieben die Blicke Yatahiras daran haften. Hidetawa bemerkte es und nahm das Wort zu einer Erklärung.

»Es sind die letzten vier Milligramm des Stoffes, die in dem Glaskolben arbeiten. Durch ein besonderes Verfahren gelang es mir, die winzige Menge gleichmäßig auf die vier Glimmerflügel einer Lichtmühle aufzuspritzen.«

Eine Weile folgten drei Augenpaare dem wirbelnden Spiel der Glimmerblätter, dann begann Saraku:

»Es war nur wenig, was uns durch einen glücklichen Zufall in die Hände geriet. Genügte es, um die Zusammensetzung des Stoffes festzustellen?«

Hidetawa ließ sich nieder und forderte auch seine Besucher dazu auf, bevor er antwortete.

»Es hat genügt. Ich kenne die Zusammensetzung und weiß, daß es eine sehr gefährliche Masse ist. Der Mann, der diesen Stoff in Deutschland herstellte, ist dicht am Tode vorübergegangen. Noch ein wenig mehr von dem Zusatzstoff, und die Wirkung konnte zur Katastrophe werden. Kennt der Mann in Deutschland die Gefahr, in der er sich befunden hat?«

Yatahira antwortete: »Der Mann ist leichtfertig. Er hätte vorsichtiger sein müssen. Wir alle sind von dem Leiter des Werkes nachdrücklich auf die Gefahren aufmerksam gemacht worden, aber der Deutsche hat sich nicht an die Vorschriften gehalten. Es hat Explosionen gegeben. Nur dadurch sind wir in den Besitz dieser Probe gekommen.«

»Explosionen?« unterbrach ihn Hidetawa, »in Ihrem Funkspruch war nur von einer Explosion die Rede.«

»Eine zweite hat sich später ereignet, Herr Hidetawa. Wir hörten den Knall und konnten gerade noch sehen, wie ein Projektil aus dem abgesperrten Gelände, auf dem die Deutschen ihren Versuch machten, in schräger Richtung nach oben schoß. Es streifte einen Betonbunker des Werkes hart an der Kante und verschwand nach dem Anprall mit geändertem Kurs in westlicher Richtung.

Der Bunker lag dicht bei unserem Laboratorium. Wir sahen, wie etwas an der getroffenen Stelle abbröckelte und nach unten fiel. Wir gingen hin und fanden zwischen den abgesprengten Betonbrocken mehrere Gramm eines metallischen Stoffes. Wir haben ihn mitgebracht.«

»Eine Probe von einem zweiten deutschen Versuch?« Hidetawa hatte Mühe, seine Erregung zu verbergen, während er fragte; Erwartung malte sich in seinen Zügen, als Saraku die bleierne Dose, welche die zweite Probe enthielt, auf den Tisch stellte. »Das ist gut, das ist viel mehr als das erste Mal. Das wird uns weiterhelfen!« kam's von den Lippen des Alten, während seine Augen an dem Stückchen strahlender Materie hingen. »Kommen Sie mit in mein Laboratorium, wir wollen es untersuchen.« Längst war die Helle des Frühlingsmorgens der Abenddämmerung gewichen. Schon wurde es notwendig, das Licht einzuschalten, um die Skalen der Meßinstrumente ablesen zu können, doch Hidetawa achtete nicht der fliehenden Stunden, vergaß seine Jahre, vergaß Zeit und Raum über den Untersuchungen der neuen Probe. Mit stiller Bewunderung sahen die beiden Jüngeren, wie er in immer neuen Versuchen nach immer wieder veränderten Methoden analysierte. Die Uhren im Gebäude kündeten die zweite Morgenstunde, als er die letzte Untersuchung beendete und das Ergebnis niederschrieb. Minuten hindurch saß er danach vor dem Geschriebenen, schweigend, grübelnd, bis er zu sprechen anhub.

»An der Tatsache ist nicht zu zweifeln. Auf zehn verschiedenen Wegen sind wir zu dem gleichen Ergebnis gekommen. Trotzdem bleibt es kaum glaublich. Fast möchte ich es ein Wunder nennen . . .«

Gespannt lauschten Saraku und Yatahira den Worten, die immer langsamer und schwerer von den Lippen des greisen Gelehrten fielen.

»Hat den Deutschen ein Schutzengel zur Seite gestanden? Sie haben die explosive Phase übersprungen. Fast doppelt so stark als in der ersten Probe ist der den Zerfall fördernde Zusatz in diesem Stoff. Viel stärker als die erste Probe strahlt der neue Stoff. Aber gleichmäßig, gebändigt verstrahlt die Materie. Wie mögen die Deutschen es geschafft haben, die explosive Phase zu überspringen? Man müßte es wissen, sonst . . .«

Erst nach geraumer Zeit wagte Yatahira das Schweigen zu brechen. »Was wäre sonst, Meister?«

»Sonst werden wir Opfer der entfesselten Naturkraft, Yatahira. Wenn wir den Stoff nicht besiegen, besiegt er uns!«

»Opfer müssen gebracht werden.« Mehr zu sich selbst als zu den anderen hatte Saraku es vor sich hin gesprochen.

»Opfer? Keine unnötigen Opfer, Saraku! Es ist schon spät in der Nacht. Wir wollen ruhen; morgen im Licht des Tages wollen wir weiter darüber sprechen.«

Hidetawa stand auf. Saraku und Yatahira verneigten sich und verließen den Raum. Nachdenklich blickte Hidetawa vor sich hin. Langsam begann er auf und ab zu gehen, während seine Lippen abgerissene Sätze formten. »Sie sind noch jung . . . sie sprechen von Opfern und meinen den Tod . . . Eine geringe Unvorsichtigkeit . . . er käme schneller über sie, als sie es ahnen . . . Zwecklose Vernichtung wäre es, kein Opfer. Für eine Sache sterben? Wenn es ihr dient, ja! Besser ist es, für eine Sache zu leben!« Hidetawa hielt in seinem Selbstgespräch inne, vertiefte sich wieder in die Aufzeichnungen über die letzten Versuche und Analysen, rechnete und plante. Die Strahlen der Frühsonne fielen bereits durch das Fenster, als er das Laboratorium verließ, um für kurze Stunden der Ruhe zu pflegen.

»Wir müssen den gleichen Weg gehen wie die Deutschen.« Wieder und immer wieder mußten Yatahira und Saraku in den nächsten Tagen diese Mahnung hören und zahllose Fragen beantworten, die Hidetawa deswegen an sie richtete. Nebensächlichkeiten, Zufälligkeiten, längst vergessene Dinge mußten sie sich unter dem Zwang seiner Fragen ins Gedächtnis zurückrufen, und wie aus hundert Mosaiksteinchen zusammengesetzt, entstand allmählich ein Bild dessen, was sich vor Wochen und Tagen in dem deutschen Institut ereignet hatte, vor seinem geistigen Auge. Jede Möglichkeit zog Hidetawa in Betracht; jede Gefahrenquelle, auf die er bei seinen Überlegungen stieß, suchte er zu versperren, jede Sicherheitsmaßnahme wahrzunehmen. Eine explosionssichere Grube, wie sie die Deutschen bei ihren letzten Versuchen benutzt hatten, stand ihm nicht zur Verfügung, doch etwas anderes, das ihm ebenso gut zu sein schien, hatte er dafür in Aussicht genommen.

Saraku und Yatahira wunderten sich, als er sie am fünften Tage zu einer Fahrt nach seinem Landhaus an der Tokio-Bucht einlud. Vorbei an grünenden Feldern und blühenden Kirschenhainen ging die Fahrt auf der Landstraße am Meeresufer auf Yokohama zu.

Bald wurde das Gelände zur Rechten hügelig. Die Ausläufer des Hakone-Gebirges, dessen Krönung der feuerspeiende Fujiyama ist, kam in Sicht. Schon trat hier und dort nackter Fels zutage, als der Wagen auf einen Seitenweg abbog und wenige hundert Meter weiter das Besitztum Hidetawas erreichte.

Zu Fuß durchschritten sie einen gepflegten Garten, der nach den Bergen zu einen parkartigen Charakter annahm. Noch ein paar Dutzend Schritte unter hohen Bäumen einen schmalen Pfad entlang, und sie standen vor einer senkrechten Felswand; doch der Weg war hier noch nicht zu Ende, er führte weiter in den Berg hinein. Beim Schein einer Lampe, die Hidetawa aufleuchten ließ, erkannten Yatahira und Saraku, daß sie im Eingang zu einer natürlichen Höhle standen. Zunächst war es nur ein schmaler Felsgang, doch je länger sie darin fortschritten, um so mehr begann er sich zu weiten, bis sie endlich ein domartiges Gewölbe erreichten, dessen Ende nicht zu erkennen war, obwohl Hidetawa den Lichtkegel seiner Lampe nach allen Seiten spielen ließ.

»Hier ist der Platz, an dem wir unsere Versuche machen werden«, begann er. »Hier werden wir die Strahlröhre aufbauen und von draußen her durch Fernsteuerung in Betrieb nehmen. Sollte es Explosionen geben, dann werden sie keinen Schaden anrichten können.

Die Felswände hier sind fest. Sie würden auch einem Ausbruch atomarer Energie standhalten. Sie sind auch verschwiegen, der Schall kann von hier nicht ins Freie dringen. Mag hier geschehen, was da will, draußen wird niemand davon etwas hören; niemand wird etwas von unseren Versuchen erfahren.« Hidetawa hatte geendet, und langsam verebbte das Echo seiner letzten Worte. Fast unheimlich wirkte die Stille, während sie sich zum Gehen anschickten. Erst wenige Schritte hatten sie zurückgelegt, als von neuem ein dumpfes Dröhnen aufkam und sie veranlaßte, noch einmal stehenzubleiben.

»Was war das?« flüsterte Saraku und glaubte im gleichen Moment ein leichtes Zittern des Bodens zu verspüren.

»Es hat nichts zu bedeuten«, beruhigte ihn Hidetawa. »Von Zeit zu Zeit melden sich die Geister des Berges. Bedenken Sie, daß der Fujiyama nicht allzu weit ab ist. Ganz ruhig ist es hier selten, doch bei unsern Arbeiten braucht uns das nicht zu stören.« Noch während er es sagte, ging Hidetawa schon wieder weiter, und wenige Minuten später traten sie aus dem Dunkel der Höhle in den hellen Frühlingstag hinaus. Angesichts des lichtblauen Himmels und der blühenden Bäume wich der Druck, der Saraku und Yatahira im Inneren des Berges befallen hatte, von ihnen; sie vermochten wieder frei zu atmen. Während sie, einer Einladung Hidetawas folgend, in das Landhaus traten, konzentrierten sich ihre Gedanken schon wieder auf die bevorstehenden Arbeiten.

»Wir werden unseren ersten Versuch genau mit dem in der deutschen Probe festgestellten Mischungsverhältnis ansetzen«, begann Hidetawa seine Ausführungen und notierte die dafür erforderlichen Mengen auf ein Blatt Papier. Erst jetzt, als Saraku die Zahlen geschrieben vor sich sah, kam ihm ihre ganze Bedeutung voll zum Bewußtsein, und er erschrak. »Das ist das Zehnfache dessen, mit dem wir in Deutschland zuletzt gearbeitet haben«, brachte er bestürzt hervor. »Das Gemenge wird in der Röhre explodieren.«

»Dies Gemenge nicht mehr«, unterbrach Hidetawa. »Das ist ja das Geniale an der Erfindung, daß sie die explosive Phase glücklich vermeidet. Sie finden etwas Ähnliches übrigens auch anderswo«, fuhr er fort, als er die zweifelnde Miene Sarakus sah. »Nehmen Sie beispielsweise ein Gemenge von Benzingas und Luft. Nur in einem eng umgrenzten Mischungsverhältnis ist es explosiv, in allen anderen nicht. Sie können sicher sein, wenn wir uns genau an das deutsche Rezept halten, haben wir nichts zu fürchten.«

Die nächsten Stunden galten der Besprechung der Vorbereitungen für den geplanten Versuch. Starkstrom stand auf dem Besitztum Hidetawas in genügender Menge zur Verfügung, aber alles andere würde von Tokio hergebracht werden müssen. Die Höchsttransformatoren, die Schaltgeräte, Leitungsmaterial und schließlich die Röhre.

»Wir werden mit fünf schweren Lastkraftwagen auskommen«, legte Hidetawa als Schlußergebnis der Besprechungen fest. »Morgen früh soll der Transport beginnen. In drei Tagen wir unser erster Versuch stattfinden können.«

Die Milliarde Kubikmeter, die am Boulder-Damm ausströmte, war buchstäblich Wasser auf die Mühle von Robert Jones. Er erblickte darin einen neuen unzweifelhaften Beweis für seine Meteoritentheorie. Da mußte ein ganz gehöriger Brocken dieses merkwürdigen strahlenden Metalls eingeschlagen haben, denn anders ließen sich die Zerstörungen an der mächtigen Talsperre doch nicht erklären. Jede Notiz darüber, die er in amerikanischen Zeitungen entdeckte, sammelte er sorgfältig und versuchte mit diesem Material auch Professor O'Neils endgültig zu seiner Ansicht zu bekehren, doch zu seinem Leidwesen hatte er keinen großen Erfolg damit. Alles, was er schließlich erreichte, war ein längerer Urlaub für eine Reise nach dem Boulder-Damm, um die Vorfälle an Ort und Stelle zu studieren.

»Zweck hat Ihre Reise nur«, sagte Professor O'Neils beim Abschied zu ihm, »wenn es Ihnen gelingt, größere Mengen dieses Meteoriten zu sammeln, damit wir sie hier gründlich untersuchen können.«

Mit dieser Weisung bestieg er den Zug und fuhr nach Los Angeles. Von dort brachte ihn ein Kraftwagen in schneller Fahrt nach dem Boulder-Damm. Es war gut für Jones, daß er sich mit Empfehlungen versehen hatte, denn am Staudamm herrschte ein Leben und Treiben wie in einem Ameisenhaufen, und niemand hatte viel Zeit und Sinn für den Wissenschaftler, seine Fragen und seine Forschungen. Erst nach Tagen gelang es ihm, bis zu Mr. Dickinson vorzudringen, und in der Hoffnung, ihn um so schneller wieder loszuwerden, fand sich der Oberinspektor schließlich bereit, mit ihm zum Damm zu gehen und dort die Einschlagstelle zu zeigen.

Ein ohrenbetäubendes Getöse drang ihnen entgegen, als sie die Dammkrone betraten. Viele Dutzende von Preßluftmeißeln waren an der Einschlagstelle in Betrieb. Krachend hieben die schweren Stahlmeißel auf das Massiv des Dammes ein, um den Beton, soweit er angefressen und nicht mehr unbedingt zuverlässig war, zu entfernen. Angeseilt hingen die Werksleute mitsamt ihren Maschinen an der steilschrägen Dammauer über der Tiefe. Jones mußte ein Schwindelgefühl bekämpfen, als er hinter dem Oberinspektor auf einer der schmalen Eisenleitern zu der Arbeitsstelle hinabstieg. Über ein schwankendes Brett führte der Weg dann weiter bis zu dem Ort hin, wo die Wasser durch den Damm gebrochen waren.

Erst als Jones von der Planke herunter war und in der Höhlung auf festem Boden stand, fühlte er sich wieder einigermaßen sicher und vermochte freier um sich zu schauen. Eine Stärke von etwa zwölf Meter hatte der Damm in dieser Höhe. Eine kreisrunde Öffnung von ungefähr der gleichen Größe hatten die ausströmenden Wassermassen in ihn gerissen. Auf der Innenseite stand der Spiegel des Stausees bis an die Sohle dieser Lücke heran.

Der Betonboden, über den sie gingen, war naß, denn ständig rieselte noch Wasser aus dem Stausee durch die Öffnung heraus. »Hier ist es gewesen, Sir«, begann Oberinspektor Dickinson mit seiner Erklärung. »Einer unserer Dammwärter hat gesehen, wie etwas vom Himmel fiel, hier einschlug und zerplitterte. Wir haben es zuerst nicht für gefährlich gehalten. Man hatte in den Staaten schon etwas von einem Meteoriten gehört. Es soll sogar ein Professor ein Buch darüber geschrieben haben. Wir glaubten, da wäre eben auch so ein Stückchen Sternschnuppe gegen unseren Damm gesaust. Freuten uns, daß es dem Brocken schlechter bekommen war als unserem guten Damm, aber am nächsten Tag sehen wir die Bescherung. Das verteufelte Zeug frißt ja noch schlimmer als Schwefelsäure. Der Beton wurde mürbe, das Wasser brach aus. Was es da unten angerichtet hat, das können Sie von hier aus sehen.«

Dickinson deutete talwärts, wo der frühere fruchtbare Wiesengrund auf weite Strecken hin zerwühlt und verschlammt war. Jones wollte eben damit herauskommen, daß er es gewesen war, der über diesen Meteoriten geschrieben hatte, als Dickinson fortfuhr: »Der Professor – ich glaube, es ist sogar ein Berufskollege von Ihnen gewesen – hat leider das Wichtigste in seinem Buch vergessen. Er hätte vor dem Satanstoff warnen müssen. Hätten wir's rechtzeitig gewußt, wäre das gefährliche Zeug sofort mit Preßluftmeißeln abgestemmt worden und das Unglück nicht geschehen.«

Auf diese Worte zog Jones es vor, seine Autorschaft an dem von Mr. Dickinson erwähnten Buch für sich zu behalten, und wünschte nur zu wissen, wo noch etwas von diesem Meteoritenstoff zu finden sein könnte. Dickinson deutete in die Tiefe. »Da unten müssen Sie danach suchen gehen, Sir. Was von dem verdammten Zeug noch auf den Betontrümmern klebte, wurde von den ausbrechenden Wassermassen natürlich mitgerissen und durch das Tal hin verschleppt. Wird keine leichte Sache sein, und vor allen Dingen kein angenehme, Sir, in dem Schlammodder da unten auf die Suche zu gehen; ist aber die einzige Möglichkeit, von dem Kram etwas zu erwischen.«

Die Aussicht, die Oberinspektor Dickinson Jones eröffnete, war nicht sehr erfreulich, doch wenn er nicht unverrichteterdinge zurückkehren wollte, mußte er sich wohl oder übel der Mühe unterziehen. Nach einigem Sträuben besorgte Dickinson ihm zwei Leute, die das untere Tal genau kannten und gegen einen, wie er fand, reichlich hohen Tageslohn bereit waren, für ihn zu arbeiten.

Mr. Dickinson hatte nicht übertrieben, als er das Unternehmen als schwierig und unangenehm bezeichnete. Tagelang watete Jones mit seinen beiden Hilfskräften in dem verschlammten Talgrund umher. Viele Hunderte von Betonbrocken mußten sie aufheben oder umdrehen, um dann wirklich einmal auf das eine oder andere Stückchen zu stoßen, das auf seiner Oberfläche einen metallischen Belag zeigte. Verhältnismäßig leicht ging dagegen das Abheben der Metallschicht vonstatten, da der einst granitharte Beton unter der Schicht schon fast auf einen Fingerdruck hin in Staub und Schlamm zerfiel.

Mit einer kaum vorstellbaren Wucht mußte der Aufprall des Meteoriten auf die Dammwand stattgefunden haben, denn anders ließ es sich nicht erklären, daß das Metall auseinandergespritzt war. Nur dünne Häutchen, Metallfolien, vielfach kaum einen halben Millimeter stark, waren es, die er in mühseliger Sammelarbeit aus den Betontrümmern gewann; aber etwas anderes konnte er dabei noch feststellen, ohne Meßapparate zu Hilfe zu nehmen. Auch jetzt noch mußte dies Metall sehr stark strahlen, denn ein paarmal entglitt ein eben von dem Gestein abgezogenes Stückchen Folie seinen Fingern.

Vorsicht war hier geboten, und Jones beglückwünschte sich dazu, rechtzeitig Vorsorge getroffen zu haben. In der Erinnerung an das Abenteuer in den Vernon Hills und den dort durch die Strahlung zerstörten Rock Watsons hatte er sich noch vor seiner Abreise in Washington einen geräumigen, mit Bleiblech gefütterten Behälter besorgt, der zuverlässigen Schutz gegen die Strahlung bot.

Wie Stanniolpapier zusammengerollt, wanderte ein Stück der gefundenen Folie nach dem anderen in diesen Behälter, und nach vier mühseligen, in dem verwüsteten Tal verbrachten Tagen hatte er eine Menge von mehreren Kilogramm beisammen.

»Sind Sie mit dem Ergebnis Ihrer Expedition zufrieden, Sir?« fragte ihn Mr. Dickinson, als Jones wieder am Boulder-Damm auftauchte.

Dieser sah reichlich abgerissen aus, verschmutzt, unrasiert und ein wenig verhungert. In von ihren Bewohnern längst verlassenen Ruinen hatte er während seines Streifzuges nächtigen und von den mitgenommenen Vorräten leben müssen, aber trotz alledem strahlte er über das ganze Gesicht.

»Ich bin zufrieden«, sagte er zu Dickinson und klopfte auf den gefüllten Behälter. »Ich habe alles gefunden, was ich suchte. Jetzt geht's nach Washington zurück. Ich werde von mir hören lassen.«

»Wollen Sie etwa auch ein Buch über diesen dreimal verdammten Meteoriten schreiben?« fragte Dickinson.

»Ja, das will ich in der Tat«, versicherte er ihm beim Abschied und bestieg dann den Kraftwagen nach Los Angeles.

Mit Interesse studierten Dr. Thiessen und seine Leute die Veröffentlichung des Mr. Robert Jones und lachten während der Lektüre öfter als einmal recht herzlich.

»Ganz vorzüglich, diese Meteoritentheorie«, meinte Dr. Thiessen zu Hegemüller. »Das lenkt die anderen von der richtigen Spur ab. Zweifellos stammt der Brocken, der dort in die Suppe gefallen ist, von Ihrem ersten Streich her.«

Dr. Hegemüller, ebenso wie seine Kollegen in Strahlenschutzkleidung gehüllt, setzte sich in Positur. »Sie wollen sagen, Herr Thiessen, von jenem Versuch, der uns den ersten brauchbaren Strahlstoff erbrachte«, hub er an, aber Thiessen winkte ab.

»Lassen wir das, Kollege. Sie sollen meinetwegen den Ruhm haben, aber eine Patzerei ist's doch gewesen. Wichtiger ist mir das, was Jones über die zerstörende Wirkung der Strahlung schreibt. Nehme ich dazu noch die Ereignisse an der Boulder-Sperre, wo ein starker Betondamm in vierundzwanzig Stunden von der strahlenden Materie zerfressen wurde, so kommen mir doch schwere Bedenken.«

»Sie vermuten, die Strahlung könnte auch den stählernen Bauteilen unseres Motors gefährlich werden?« fragte Dr. Stiegel. Thiessen nickte. »Wir müssen die Maschine dauernd unter Beobachtung halten. Der Gedanke, daß der Stahl plötzlich nachgeben und der Strahkolben seine eigenen Wege gehen könnte, macht mir unruhige Stunden.«

»Ich habe den Motor vor einer Stunde genau untersucht und nichts gefunden«, beruhigte ihn Stiegel. »Ich habe alle der Strahlung ausgesetzten Teile abgeklopft. Der Stahl hat einen vollen, gesunden Klang und läßt den Hammer zurückfedern.«

Während Dr. Stiegel sprach, war Hegemüller an eine Stelle der Hallenwand getreten, die in der Verlängerung des Kolbenweges lag, und kratzte dort mit einem Meißel. Der Beton der Wand stäubte dabei pulvrig auf.

»Sehen Sie, da haben wir die Geschichte«, sagte er zu Dr. Thiessen. »Den Beton greift es an; ebenso wie den am Boulder-Damm. Ich habe schon gestern vorgeschlagen, einen Bleischutz um den Motor zu setzen. Wenn wir's so lassen, wie es jetzt ist, werden wir bald ein hübsches Loch in der Wand haben.«

Die Beweisführung Hegemüllers wirkte so überzeugend, daß die beiden anderen sich ihr nicht verschließen konnten.

»Diesmal haben Sie recht, Kollege«, pflichtete Thiessen ihm bei. »Das ist ja auch nur eine Kleinigkeit; in einer Stunde können wir's gemacht haben.«

Während Dr. Stiegel die Halle verließ, um passendes Bleiblech zu besorgen, ging Hegemüller ein paarmal um den Motor herum und musterte ihn mit kritischen Blicken, bis es Thiessen schließlich auffiel.

»Haben Sie sonst noch etwas an der Maschine auszusetzen?« fragte er schließlich.

Hegemüller nickte. »Allerlei, Herr Thiessen. Die Maschine ist noch nicht das Richtige.«

Thiessen schwankte, ob er sich ärgern oder lachen sollte. »Na, dann schießen Sie mal los, Kollege«, meinte er schließlich belustigt. »Was gefällt Ihnen an unserem Strahlmotor nicht?«

»Erstens schon mal, daß es ein Motor ist. Mit unserem Strahlstoff hätten wir ebenso eine Turbine bauen können.«

Dr. Thiessen horchte interessiert auf. »Hm, eine Turbine? Warum nicht? Sobald wir genügend neuen Strahlstoff hergestellt haben, können wir ja auch mal zur Abwechslung eine Strahlturbine bauen. Gut, Kollege, ich nehme Ihren Wunsch zur Kenntnis. Sind Sie nun zufrieden?«

Hegemüller schüttelte sehr energisch den Kopf. »Nein, Herr Thiessen. Sehen Sie!« Er deutete auf den Motor. »Jetzt ist die Maschine zwar stillgesetzt, aber die Kolbenkugel verstrahlt trotzdem unablässig ihre Energie. Wirtschaftlich macht es keinen Unterschied, ob wir den Motor laufen lassen oder nicht. Das will mir nicht gefallen.«

»Ja, aber lieber Freund« – Dr. Thiessen faßte sich an die Stirn –, »Sie verlangen etwas viel auf einmal. Ich sehe auch nicht die Spur einer Möglichkeit, wie Sie das ändern wollen.«

Hier wurde ihr Gespräch unterbrochen, denn Dr. Stiegel kam zurück, und hinter ihm fuhren zwei Werksleute eine Ladung Bleiblech in die Halle. Es nahm reichlich zwei Stunden in Anspruch, dann aber war der Motor ganz in Blei gekapselt und jede Gefahr, daß seine Strahlung in der Umgebung Schädigungen verursachen könnte, behoben.

»Ist auch besser so für uns«, sagte Dr. Stiegel, als die letzten Fugen verschmolzen waren und sie die Knallgasbrenner ausdrehten. »Jetzt können wir es uns endlich bequemer machen.« Er streifte den schweren, mit Blei gefütterten Kittel ab; Thiessen und Hegemüller folgten seinem Beispiel, zufrieden, sich endlich wieder frei und leicht bewegen zu können.

Ihre nächste Arbeit galt der Aufstellung einer neuen Blitzröhre. Dr. Thiessen bestand darauf, daß sie wieder in der Schleudergrube aufgebaut wurde, obwohl Hegemüller lebhaft protestierte und versicherte, daß man bei der neuen Konstruktion keine Explosionen mehr zu befürchten brauche.

In der Tat unterschied sich die Röhre, die nach den Plänen von Dr.

Hegemüller entstanden war, beträchtlich von den früher verwendeten zerbrechlichen Glasgebilden. Es war ein mächtiger Steingutkörper im Gewicht mehrerer Tonnen, und man mußte kräftige Kräne zu Hilfe nehmen, um ihn in die Schleudergrube hinabzulassen. Hier konnte auch nicht mehr nach Glasbläserart gearbeitet werden, sondern durch eine verschraubbare Luke mußte das Metall der Antikathode in die neue Röhre eingebracht werden. Knarrend und dröhnend schob sich endlich die Metallkuppel über der Grube zusammen. Dr. Hegemüller stand dabei und setzte eine undefinierbare Miene auf.

»Haben Sie schon wieder was auszusetzen, Kollege?« fragte ihn Thiessen, durch seine dauernde Nörgelei gereizt. »Wenn der Versuch gut ausgeht, können Sie sich beim nächsten meinetwegen auf die Röhre setzen.«

Hegemüller stand in Gedanken versunken da und schien die Worte kaum gehört zu haben. Dr. Thiessen wiederholte deshalb seinen Vorschlag noch einmal. »Wenn Sie durchaus Lust zu einer Himmelfahrt haben, Herr Hegemüller, können Sie das nächste Mal in persona auf der Röhre Platz nehmen. Ich bin auch bereit, Sie für Ihre Erben fotografieren zu lassen, bevor wir Strom geben . . .«

»Wie? Sagten Sie etwas, Herr Thiessen?« Hegemüller kam aus seinem Sinnieren wieder zu sich und blickte Thiessen an, als ob er eben aus einem Traum erwache.

»Ich erlaubte mir in der Tat, etwas zu sagen«, gab Dr. Thiessen verdrießlich zurück.

»Ich habe eine Idee«, erwiderte Hegemüller, ohne auf die Tonart des andern einzugehen.

»Schon wieder eine Idee?« Dr. Thiessen schnitt ein Gesicht, als ob er etwas Saures im Munde hätte. »Lieber Freund, Ihre Ideen sind mir, offen gesagt, ein wenig zu explosiv.«

Hegemüller war schon wieder ins Grübeln geraten. Mehr zu sich selbst als zu den anderen sprach er weiter.

»Wenn man die Strahlung speichern könnte . . . einen Akkumulator müßte man haben, der die Energie sammelt, wenn der Motor nicht läuft . . .« Thiessen schlug ihm kräftig auf die Schulter. »Hegemüller! Doktor! Mann, kommen Sie zu sich! Sie reden ja im Fieber! Die Energie der Protonen und Neutronen, die mit Riesengeschwindigkeit durch den Raum sausen, wollen Sie speichern? Wie denken Sie sich das?«

Dr. Hegemüller preßte beide Fäuste gegen die Stirn. Er sprach wie unter einem inneren Zwang.

»Ich weiß es noch nicht, Herr Thiessen . . .« Er schöpfte ein paarmal tief Atem. »Wenn ich's schon wüßte, wäre mir wohler. Ich weiß nur, daß es gehen muß ... Ich sehe den Weg noch nicht klar ... aber finden werde ich ihn.«

Mit einem Kopfschütteln wandte Dr. Thiessen sich ab. Öfter als einmal hatte er sich in der letzten Zeit über seinen Assistenten Gedanken gemacht. Anfangs war er geneigt gewesen, ihn für einen leichtsinnigen Draufgänger zu halten, dem man auf die Finger sehen mußte, und verschiedene Vorkommnisse, bei denen es programmwidrig funkte und krachte, hatten Dr. Thiessen in seiner Meinung bestärkt. Aber je länger, desto mehr glaubte er später doch einen tieferen Sinn, einen verdeckten Plan in den Eigenmächtigkeiten Hegemüllers zu entdecken, und nach jenen letzten Vorkommnissen schließlich, die nach scheinbaren Mißerfolgen den neuen Strahlstoff ergaben, war Thiessen so weit gekommen, sich die Frage vorzulegen: Genie oder Tollheit?

Tollkühn war es von Hegemüller gewesen, die gefährliche Beimengung kurzerhand zu verzehnfachen. Das halbe Werk hätte darüber in die Luft fliegen können, aber der Erfolg hatte die Kühnheit gerechtfertigt. Und nun wieder eine neue Phantasterei, die Strahlung während der Zeit, in der sie nicht benötigt wurde, einfach zu speichern. Im ersten Augenblick schien's nur ein vages Hirngespinst zu sein ... und doch ... je länger Thiessen überlegte, desto mehr gewann der Plan auch für ihn Sinn und Bedeutung. Mit dem ersten kühnen Experiment hatte Dr. Hegemüller den Hahn zur Atomenergie gewissermaßen aufgedreht. Jetzt sann er auf eine Möglichkeit, ihn nach Belieben wieder schließen zu können ... ein verwegenes Projekt ... doch wenn es glückte ... welchen Ruhm würde seine Abteilung, würde das Werk davon haben!

Thiessen bemühte sich, seine Erregung zu verbergen, und wandte sich wieder an seine beiden Assistenten.

»Sind Sie mit den Vorbereitungen fertig?« Er warf einen Blick auf die Schaltung und die Meßgeräte. »Gut, dann wollen wir beginnen. Jetzt muß es sich zeigen, Herr Hegemüller, ob Ihre neue Röhre standhält.«

»Der Teufel soll dazwischenfahren, wenn sie's nicht tut!« platzte Hegemüller 'raus und legte den Schalthebel ein.

Strom kam auf die Röhre, die Zeiger der Meßinstrumente kletterten in die Höhe. Stärker brummten die Transformatoren auf. Gewaltig strömte die hochgespannte elektrische Energie durch die schweren Kabel in die Grube hinab, aber die neue Röhre hielt ihr stand. Nicht wie bisher beendete eine vorzeitige Explosion den Versuch. Ohne Zwischenfälle, wie Dr. Thiessen es verlangt hatte, ging er zu Ende.

Sie hatten den Strom abgeschaltet und die Kuppel über der Grube wieder geöffnet, als Chefingenieur Grabbe kam, um sich nach dem

Ergebnis des Versuches zu erkundigen. Ohne Widerstreben ließ er sich ebenfalls den schweren Bleischutz anlegen, bevor er mit Dr. Thiessen und seinen Leuten in die Grube hinabstieg, und dann standen sie neben der neuen Röhre.

Röhre? Der alte Name war geblieben, den die Physiker des neunzehnten Jahrhunderts einst für ihre von Glasbläsern hergestellten elektrischen Entladungsgefäße geprägt hatten, doch was hatte die unaufhaltsam fortschreitende Hochspannungstechnik im Laufe von vier Menschenaltern aus dem Gerät gemacht! »Ein Mordsding«, staunte Grabbe, als er vor dem mehr als zwei Stockwerke hohen, aus Steinzeug und Edelstahl gefügten Gebilde stand. »So mächtig hätte ich's mir nach der Zeichnung nicht vorgestellt. Tüchtig, Herr Hegemüller, was Sie da gebaut haben. Damit können wir vielleicht bald wieder in Ihr Labor gehen und die Schleudergrube für andere Zwekke frei machen.«

Dr. Thiessen schüttelte zu den Worten Grabbes bedenklich den Kopf, während Hegemüller über das ganze Gesicht strahlte. Dann griffen sie zu den schweren Schraubenschlüsseln, die Luke der Röhre wurde geöffnet, und die Antikathode lag frei vor ihren Blicken. Anders als früher war in der neuen Röhre der Prozeß vor sich gegangen. In seiner ganzen Masse war das Metall aktiviert worden. Nicht mehr nach einer Richtung, sondern gleichmäßig nach allen Seiten hin ging die Strahlung von der Metallkugel aus. Sie zeigte keine Neigung mehr, nach einer Richtung hin fortzufliegen, aber doppelt gefährlich war dafür das Hantieren mit ihr geworden. Nur unter starkem Bleischutz durften auch die Werkleute sich ihr nähern, die die Kugel jetzt mit Hebezeugen aus der Röhre holten und mit einem Kran aus der Grube schafften.

Während das geschah, saß Grabbe mit Thiessen und seinen Assistenten bei einer Beratung im Laboratorium zusammen. Über die Arbeiten, die jetzt vorgenommen werden sollten, wurde gesprochen. Dr. Thiessen erwartete, daß der Chefingenieur Vorschläge für den Bau eines zweiten, größeren Motors mit der neugewonnenen Strahlmasse machen würde, doch der brachte etwas anderes vor.

»Ich habe eine interessante Nachricht aus Tokio bekommen«, begann er. »Der sicherlich auch Ihnen dem Namen nach bekannte Atomforscher Hidetawa hat dort mit einer einfachen Lichtmühle einen beachtenswerten Versuch gemacht . . .«

Grabbe holte einen Brief aus seiner Tasche und las daraus weiter vor.

»Ja also, meine Herren«, fuhr er fort, als er mit der Vorlesung zu Ende war, »genau betrachtet, ist das kleine Ding, das da auf dem Schreibtisch von Herrn Hidetawa seit vielen Tagen ununterbrochen läuft, bereits eine Atomturbine. Wenn wir nicht nachhinken wollen, müssen wir ebenfalls . . .«

»Woher hat der Japaner den Strahlstoff« fiel ihm Thiessen ins Wort.

Der Chefingenieur zuckte die Achseln. »Darüber konnte mein Gewährsmann nichts in Erfahrung bringen. Es war schon viel, daß Hidetawa ihm seinen Apparat zeigte und sich über die Wirkungsweise ausließ.«

Dr. Thiessen saß mit gerunzelter Stirn da. Mehr für sich als für die andern wiederholte er die Frage: »Wie sind die Japaner an den Strahlstoff gekommen?«

»Warum sollten sie ihn nicht auch hergestellt haben?« meinte der Chefingenieur. »Der Weg, auf dem etwas Derartiges erreicht werden kann, ist heute allgemein bekannt. Auch in den japanischen Instituten arbeitet man seit Jahren intensiv an dem Problem.«

Hegemüller stieß Thiessen in die Seite, bis der sich ihm zuwandte. »Was wollen Sie, Kollege?«

»Die plötzliche Abreise der beiden Japaner neulich? Mir schwant etwas.«

»Bändigen Sie Ihre Phantasie, Hegemüller«, wies Thiessen ihn zurecht, als Grabbe, der die leise geführte Unterhaltung doch gehört hatte, sich einmengte.

»Ich werde mit unserem Vertreter in Tokio kabeln. Er soll herausbekommen, wo die Herren Yatahira und Saraku stecken. Wenn die zwei jetzt mit Hidetawa zusammenarbeiten, könnte Ihr Verdacht berechtigt sein, Herr Doktor Hegemüller.«

»Ich würde es auch dann für ausgeschlossen halten«, beharrte Thiessen bei seiner Meinung. »Selber haben die Japaner bei uns keinen Strahlstoff gemacht, und in unser Laboratorium sind sie nicht mehr gekommen, nachdem uns die Herstellung geglückt war. Wenn sie jetzt über etwas Ähnliches verfügen, dürfte es wohl aus dem Laboratorium von Hidetawa stammen. Ich glaube, gegen diese Schlußfolgerung läßt sich nichts einwenden, Herr Grabbe.«

Der Chefingenieur zuckte die Achseln. »Vielleicht, vielleicht auch nicht! Vergessen Sie nicht, Herr Thiessen, daß eine nicht unbeträchtliche Menge des aktiven Metalls aus Ihrem Labor ausgebrochen und in die weite Welt hinausgeflogen ist. Auf diese Weise haben ja auch die Amerikaner etwas davon in die Finger bekommen.«

»Glauben aber Gott sei Dank, daß es sich um einen Meteor aus dem Weltraum handelt«, warf Hegemüller dazwischen.

»Hoffentlich, Herr Doktor Hegemüller, bleiben sie bei dem Glauben«, fuhr Grabbe fort. »Ich habe da noch eine Nachricht bekommen, die Sie vielleicht interessieren wird. Einer von den Assistenten Professor O'Neils's ist nach Los Angeles gereist und hat am Boulder-Damm zusammengeklaubt, was sich von den Resten Ihrer ersten Strahlkugel finden ließ. Wenn jetzt etwa O'Neils auch auf den Einfall käme, die Flügel einer Lichtmühle mit Strahlstoff zu präparieren, so brauchten wir uns nicht den Kopf darüber zu zerbrechen, von wo der den Stoff herhat.«

»Wäre es am Ende nicht möglich, daß auch japanische Agenten am Boulder-Damm waren und sich ebenfalls ... nur etwas geschickter und unauffälliger ... etwas von dem Stoff beschafft haben?« gab Dr. Stiegel zu bedenken.

»Das würde ich immer noch für wahrscheinlicher halten«, pflichtete Thiessen ihm bei, »als daß es den Japanern gelungen sein sollte, hier aus unserem Laboratorium etwas von dem Stoff an sich zu bringen.«

»Wir wollen uns darüber nicht unnütz den Kopf zerbrechen«, beendete Grabbe die Debatte. »Unsere nächste Aufgabe steht fest. Wir müssen eine Strahlturbine bauen. Die Aufgabe ist nicht so einfach, wie es auf den ersten Blick scheint. Ich schlage vor, daß die Herren jeder für sich zunächst einmal Entwürfe machen und daß wir uns dann in den nächsten Tagen ... vielleicht schon übermorgen ... wieder zu einer Besprechung zusammensetzen.«

Grabbe hatte kaum das Zimmer verlassen, als Hegemüller mit einer Frage herauskam. »Ich möchte für mein Leben gern wissen, wo unser Chefingenieur seine Informationen her hat. Er weiß, was bei Hidetawa auf dem Schreibtisch steht; er weiß, daß Mr. Jones am Boulder-Damm gewesen ist. Vermutlich weiß er noch mancherlei anderes, von dem er uns gar nichts gesagt hat.«

Dr. Thiessen lachte. »O Hegemüller, Sie ahnungsloser Engel, haben Sie noch niemals etwas von unserem Informationsbüro und von unserem Nachrichtendienst gehört?«

»Wenig und nichts Bestimmtes, Herr Thiessen. Ich mache meinen eigenen Kram und kümmere mich nicht um das, was andere machen.«

»Ist auch ein Standpunkt, Kollege, aber schließlich nicht immer der richtige. Die Werksleitung muß wissen, was draußen in der Welt vorgeht, und dazu haben wir zunächst mal unser Informationsbüro.«

Hegemüller schüttelte sich. »Ich bin mal durchgekommen. Da saßen eine Menge Leute drin, lasen Zeitungen, schnitten hin und wieder was aus und klebten es auf weiße Blätter.«

Thiessen lehnte sich bequem in seinen Sessel zurück und schickte sich zu einem kleinen Vortrag an.

»Ja, mein lieber Hegemüller, die Leute, die Sie in unserem Informationsbüro gesehen haben, sind keine einfachen Zeitungleser. Die verstehen es, auf einen Blick unter hundert Nachrichten gerade die eine, oft recht unscheinbare, herauszufinden, die für unser Werk Interesse hat. Sie verstehen es außerdem noch, zwischen den Zeilen zu lesen und mit einem erstaunlichen Spürsinn zu rekonstruieren, was der Zeitungsschreiber noch schreiben wollte, aber aus verschiedenen Gründen ... Zensur und dergleichen ... unter den Tisch fallen ließ. Außerdem sind sie noch Polyglotten. Zeitungen in etwa vierzig verschiedenen Sprachen werden in unserem Informationsbüro gelesen, und aus hundert Mosaiksteinchen, die aus den verschiedensten Quellen stammen, entsteht dort auf diese Weise eine Nachricht, die sich fast immer als richtig erweist.«

»Mag alles ganz schön und gut sein«, gab Hegemüller immer noch zweifelnd zu. »Daß ein Mr. Jones am Boulder-Damm war, mag das Büro auf die Manier erfahren haben. Aber was auf dem Schreibtisch Hidetawas steht, darüber hat gewiß in keiner Zeitung etwas gestanden.«

»Ja, mein lieber Freund«, Thiessen legte die Fingerspitzen seiner beiden Hände zusammen. »Man hat auch sonst noch seine Quellen im Ausland. In der Diplomatie nennt man diese Leute Attachés, Militär-Attachés, Marine-Attachés, Handels-Attachés usw. Technik und Forschung haben sich die in der Diplomatie bewährte Einrichtung zum Muster genommen und, soviel mir bekannt, keine schlechten Erfahrungen damit gemacht ... Stopp, Hegemüller! Was Sie jetzt sagen wollen, stimmt nicht. Das ist keine Spionage. Es geht alles ganz loyal zu, aber unsere Gewährsleute sind selbst Wissenschaftler und verstehen es, ihre Augen und Ohren ebenso gut zu gebrauchen wie die ausländischen Besucher, die wir hier bei uns empfangen. Was dabei herauskommt, davon hat Ihnen der Chefingenieur ja eben eine Probe gegeben.«

Hegemüller brummte noch etwas Unverständliches vor sich hin, während Thiessen schon zu einem andern Thema überging. »Geben Sie sich zufrieden, Kollege! Jetzt handelt es sich um den Vorschlag, den Sie vorher schon selbst machten, um die Strahlturbine. Wenn wir übermorgen mit dem Chefingenieur darüber sprechen wollen, müssen wir uns morgen schon unter uns beraten. Also an die Arbeit; die Zeit ist kostbar.«

»Da bin ich, Herr Professor! Gut anderthalb Kilo des Strahlstoffes habe ich zusammengebracht.«

Jones sagte es mit unverhohlener Freude über den Erfolg seiner Reise und stellte eine schwere Bleibüchse vor Professor O'Neils auf den Tisch.

»Gut, mein Lieber, da hat sich Ihre Reise wenigstens etwas gelohnt«, sagte O'Neils, während er den Deckel der Dose abhob. »Wir werden den Stoff untersuchen.«

Betroffen schaute Jones auf. Er hatte lebhaftere Worte der Anerkennung für das von ihm Erreichte erwartet, und das Gefühl der

Ernüchterung verstärkte sich noch in ihm, als O'Neils ruhig weitersprach. »Ich fürchte allerdings, daß wir nicht viel Neues entdecken werden. Die Strahlung unserer alten Probe hat inzwischen derart nachgelassen, daß sie immer weniger meßbar bleibt. Wenn alle Stücke von dem gleichen Material stammen, so dürfen wir von dem neuen Material auch kaum etwas anderes erwarten.«

Jones hatte die Empfindung, als ob er einen Kübel kaltes Wasser über den Kopf bekäme. War das der Dank für seine Bemühungen, für die Reise nach Kalifornien, die er im Interesse der Wissenschaft auf eigene Kosten unternommen hatte? Noch ehe er etwas zu sagen vermochte, sprach Professor O'Neils schon weiter. »Ein Elektroskop wird durch den älteren Stoff überhaupt nicht mehr beeinflußt. Es sollte mich wundern, wenn es hier anders wäre. Wir können gleich einen Versuch machen.«

Er ging zu einem Schrank, nahm ein Goldblatt-Elektroskop heraus und stellte es auf den Tisch, griff dann nach einer Schellackstange, rieb sie an seinem Rockärmel und berührte den Kopf des Elektroskopes damit. Nur einen kurzen Moment zuckten die Blättchen in dem Elektroskop, doch sie spreizten sich nicht auseinander.

O'Neils stutzte. Ein zweites und drittes Mal wiederholte er den Versuch, doch stets mit dem gleichen negativen Ergebnis. »Heaven! Was ist das?« Er nahm das Elektroskop, das unmittelbar neben der geöffneten Bleibüchse stand, brachte es in die entfernteste Ecke des Zimmers und versuchte es zum vierten Mal. Diesmal schlugen die Goldblättchen zwar auseinander, doch sie beharrten nicht lange in dieser Stellung. Nach wenigen Sekunden waren sie bereits wieder zusammengefallen.

Professor O'Neils stand vor einem unerwarteten Phänomen, und sein Forschungseifer wurde rege. Für die nächsten Minuten vergaß er die Gegenwart Jones' und alles andere um sich her. Er lief zu der Bleibüchse und legte den Deckel wieder auf. Er riß alle Fenster auf, um die möglicherweise durch eine Strahlung ionisierte Luft des Zimmers durch Frischluft zu ersetzen. Er begann danach wieder mit dem Elektroskop zu arbeiten, und diesmal beharrten die auseinandergespreizten Blätter in ihrer Lage. Er stellte das Elektroskop dicht neben die Bleibüchse, und die Goldblättchen blieben auseinandergespreizt. Er hob den Deckel von der Büchse ab, und sofort fielen die Blätter zusammen. O'Neils hatte gefunden, was er suchte, und kam wieder zu sich. Er warf sich in einen Sessel, blickte Jones an und sprach zu ihm. »Ihre Meteoritentheorie hat einen schweren Stoß bekommen, der neue Stoff strahlt tausendmal stärker als die alte Probe. Es ist unwahrscheinlich, daß beide den gleichen Ursprung haben.«

Robert Jones versuchte etwas zu erwidern und seine Hypothese zu verteidigen, aber O'Neils wies jeden seiner Einwände unter Berufung auf die eben gemachten Messungen zurück.

»Ich hätte vielleicht lieber nicht nach Kalifornien fahren sollen«, meinte Jones schließlich und brachte dadurch O'Neils erst recht in Harnisch. »Wollen Sie Tatsachen aus dem Wege gehen, weil sie Ihnen unbequem sind?« fuhr dieser ihn an. »Sehr gut war es, ganz vorzüglich war es, daß Sie diese Reise unternommen haben. Was kommt es darauf an, wenn ein paar Theorien oder Hypothesen zusammenkrachen? Die Hauptsache ist, daß wir die Wahrheit ergründen.«

Ebenso schnell, wie Professor O'Neils in Feuer geraten war, beruhigte er sich wieder. »Kommen Sie, Jones«, sagte er in verändertem Ton, »wir wollen das neue Material chemisch untersuchen.«

Der halbe Tag verstrich darüber. Zu dritt waren sie an der Arbeit, reduzierten, chlorisierten und oxydierten, setzten Lösungen an, titrierten und verdampften, bis das Ergebnis mit Sicherheit vorlag.

»Der ersten Probe ähnlich, aber durchaus nicht das gleiche«, faßte O'Neils das Resultat der Analyse in wenige Worte zusammen. »Es ist ebenfalls radioaktives Blei und Kohlenwasserstoff, aber in einem anderen Mengenverhältnis.«

»Könnte es nicht doch von demselben Meteor stammen wie das andere?« versuchte Jones seine alte Theorie zu verteidigen.

»Der Gehalt an einem paraffinähnlichen Kohlenwasserstoff ist rund doppelt so hoch wie bei dem älteren Material«, warf O'Neils ein.

»Man hat schon öfter beobachtet, daß die prozentuale Zusammensetzung eines Meteors von Stelle zu Stelle stark wechselt«, meinte Jones dagegen.

Bisher hatte Watson dem Disput der beiden andern schweigend zugehört. Jetzt nahm er das Wort. »Haben sich die Herren bereits eine Erklärung dafür gemacht, wie Paraffin in einen Meteor hineinkommt?«

O'Neils antwortete mit einer abweisenden Bewegung. »Ich habe diese Meteoritentheorie niemals vertreten.«

Jones suchte nach Worten und redete viel, ohne doch überzeugend wirken zu können. Er kam vom Hundertsten ins Tausendste, bis Watson ihm mit einer Bemerkung dazwischenfuhr. »Ich glaube nicht an deine Meteoritentheorie, Robert! Paraffin ist ein organischer Stoff. Organischer Stoff fliegt nicht im Weltraum umher. Das Material hier«, er wies auf die vor ihm stehenden Analysen, »ist von irdischer Herkunft und ... hörst du, Robert, wenn mich nicht alles täuscht, stammt es aus einem Laboratorium, wo es zusammengemischt wurde.«

Jones wollte aufbrausen, Professor O'Neils hielt ihn zurück. Nüchterne Kritik, fast Abweisung klang aus seinen Worten, als er zu Watson sprach.

»Wieder eine neue Hypothese, fast noch abenteuerlicher als die Ihres Freundes. Beweise dafür müßten erst erbracht werden. Können Sie eine Erklärung für die verschiedene Zusammensetzung der beiden Proben geben, die wir in Händen haben?«

»Selbstverständlich, Professor O'Neils, die beiden Proben stammen von zwei verschiedenen Versuchen ... derselben Versuchsreihe natürlich, bei der man die Paraffinbeimengung von Versuch zu Versuch verändert hat.«

»Nicht übel, mein lieber Watson.« O'Neils wiegte den Kopf nachdenklich hin und her. »Ihre Hypothese könnte in der Tat etwas für sich haben, wenn nicht ... wenn Sie, ja wenn Sie auch dafür noch eine Erklärung hätten, wie diese Stoffe in unsere Atmosphäre gelangt sind, sich über die ganze Erde hin in der Luft herumtreiben und hier bei uns niederfallen.«

»Erinnern Sie sich noch an unsere erste Besprechung, Herr Professor, als wir Ihnen die erste Probe brachten? Damals gaben Sie selbst der Vermutung Ausdruck, daß das Stück durch eine Explosion in die Höhe geschleudert worden sein könnte.«

O'Neils stutzte. Er entsann sich. Ja, das hatte er damals freilich gesagt; hatte sogar Nachforschungen angestellt und bald herausgefunden, daß in der Nähe von Washington keinerlei Explosionen stattgefunden hatten.

»Eine Explosion, die ihre Sprengstücke über den halben Erdball verstreut?« Professor O'Neils begann sich wieder zu ereifern. »Wir sind Wissenschaftler und keine Phantasten, Watson! Wenn Sie mir keine bessere Erklärung geben, muß ich Ihre Theorie ebenso verwerfen wie die Ihres Freundes Jones.«

Watson kannte seinen Chef zur Genüge, um zu wissen, daß ein weiterer Widerspruch ihn nur noch mehr gereizt hätte.

»Ich möchte etwas anderes vorschlagen«, lenkte er deshalb ein. »Wir haben in unserem Institut auch schon radioaktives Blei hergestellt. Wenn man es in Staubform brächte und mit Kohlenwasserstoff vermengte, könnte man vielleicht eine ähnliche Substanz erzeugen wie dies hier. Man müßte eine Versuchsreihe ansetzen, die Beimengung von Fall zu Fall verändern ...«

Bei jedem der letzten Worte, die Watson sprach, hatte O'Neils zustimmend genickt. Jetzt unterbrach er ihn lebhaft.

»Das ist ein Vorschlag, der sich hören läßt. Woher der fremde Stoff stammt, soll uns jetzt nicht weiter kümmern. Selber herstellen wollen wir ihn, das ist das einzig Richtige.«

Das Material für das beabsichtigte Experiment war im Institut vorhanden. Von früheren Arbeiten her lag im Laboratorium noch ein Kilogramm radioaktives Blei, und Paraffin der verschiedensten Sorten war in den Büchsen der Chemikaliensammlung enthalten. Das Ziel hatte Professor O'Neils mit klaren Worten angegeben, nur der Weg zu seiner Erreichung war noch strittig. Tage hindurch berieten sie darüber hin und her, ohne zu einem Entschluß zu kommen, während sie inzwischen bereits alles für die Versuche vorbereiteten. Da stand auf dem Laboratoriumstisch eine schwere Platinschale, in welcher der radioaktive Bleistaub flimmerte und schimmerte. Dicht daneben eine andere, die mit geflocktem Paraffin gefüllt war. Für den Fall, daß man doch mit geschmolzenem Paraffin arbeiten wollte, war auch bereits ein Wasserbad auf dem Tisch aufgebaut und schon so weit betriebsfertig, daß man nur noch die elektrische Beheizung des Wasserbehälters einzuschalten brauchte. Nur noch der letzte Entschluß fehlte, dann konnte das Experiment vonstatten gehen. Wieder war darüber ein Abend hereingebrochen, und O'Neils und seine Gefährten rüsteten sich, ihre Arbeitsstelle zu verlassen. Noch einmal schaute Professor O'Neils nach dem Tisch; dann wanderten seine Blicke über die lange Reihe der Wandschränke, die mit wertvollem chemischen Gerät gefüllt waren, und blieben schließlich an den Fenstern haften. Nachdenklich, zuerst mehr zu sich selbst als zu den anderen, sprach er: »Wir sind hier im Erdgeschoß zuwenig gesichert. Wenn jemand Lust auf unsere Plantintiegel bekäme, könnte er leicht einsteigen. Vor die Fenster müssen kräftige Stahlgitter kommen. Ich wollte es schon längst veranlassen, habe es im Drange der Geschäfte immer wieder vergessen. Erinnern Sie mich morgen daran, Watson, daß ich das in die Wege leite ... und morgen müssen wir auch zu einem Entschluß kommen. So oder so muß morgen ein Versuch gemacht werden!«

Als letzter verließ er hinter den andern den Raum und ließ die Tür ins Schloß fallen. Vor dem Carnegie Building trennten sich ihre Wege; Professor O'Neils ging nach der einen Seite, Watson und Jones nahmen die entgegengesetzte Richtung.

»So oder so – hat O'Neils gesagt«, nahm Jones das alte Thema wieder auf. »Um die Wahrheit zu sagen, Henry, mir graut vor diesem Versuch. Was könnte geschehen, wenn er von zwei Wegen den falschen wählt?«

Watson lachte. »Mache dir keine unnützen Sorgen, Robert. O'Neils ist ein vorsichtiger Mann. Er wird höchstens mit Milligrammen arbeiten. Da ist auch im schlimmsten Fall kaum etwas zu befürchten.« Während er weitersprach, übertrug sich seine Sorglosigkeit allmählich auch auf Jones.

»Alles Gute denn auf morgen, Henry«, sagte er beim Abschied, als sich bei der nächsten Querstraße ihre Wege trennten.

Professor O'Neils lag in festem Schlaf, als sich um die zweite

Morgenstunde das Telefon neben seinem Bett meldete. Geraume Zeit mußte die Glocke schellen, bevor er aus dem Tiefschlaf zu sich kam und nach dem Hörer griff, aber dann war er in einer Sekunde blitzmunter.

»Das Institut brennt!« Die drei Worte ließen ihn mit einem Satz aus dem Bett springen. In fliegender Hast kleidete er sich an, stürmte aus seinem Haus und machte sich, mehr laufend als gehend, auf den Weg. Nicht lange, und der gerötete Himmel zeigte ihm, daß er sich seinem Ziele näherte. Noch ein paar Minuten, und er stieß auf die Kette der Feuerwehrleute und Polizisten, die die Brandstelle absperrten. Man wollte ihn aufhalten, er wies sich aus, und man ließ ihn passieren. Zwischen Schlauchleitungen und Gerätewagen drang er weiter vor, aber nicht mehr allzu weit, denn eine unerträgliche Hitze strahlte das Feuer aus. In eine lodernde Riesenfackel war das Monumentalgebäude des Instituts verwandelt. Schon stürzte der eiserne Dachstuhl in dem Flammenmeer zusammen, weithin eine mächtige Funkengarbe verstreuend.

Wirkungslos schienen die Wassermassen zu bleiben, welche von allen Seiten aus hundert Rohren in die Glut geworfen wurden. Schon jetzt war es klar, daß das Gebäude nicht zu retten war. Die Wehr mußte sich darauf beschränken, die umliegenden Häuser zu schützen, während das Institut bis auf die Grundmauern ausbrannte.

Drei Tage hatte die Wehr mit den Aufräumungsarbeiten zu tun. Schuttmassen waren fortzuschaffen, verkohlte Balken und Bohlen fortzuräumen, Mauern, die einzustürzen drohten, niederzureißen. Am vierten Tage war es soweit, daß Professor O'Neils die Stelle, die einst sein Laboratorium war, wieder betreten konnte. Die gewölbte Betondecke, die den Raum vom Keller trennte, hatte dem Feuer standgehalten und war nicht eingestürzt. Zusammen mit Watson und Jones machte sich der Professor daran, die Schuttreste, die noch auf ihr lagerten, zu durchsuchen, von der Hoffnung getrieben, daß die wertvollen Platingeräte seines Laboratoriums die Hitze des Brandes vielleicht unbeschädigt überstanden haben könnten. Was er suchte, fand er nicht. Dafür stieß er aber in der Mitte des Raumes auf eine zusammengeschmolzene Metallmasse, die dem hohen Gewicht nach wahrscheinlich reines Platin war.

»Hier stand ungefähr der Tisch, auf dem wir unsern Versuch vorbereitet hatten«, meinte Watson. »Das Platin wird von den beiden Platinschalen stammen.«

Jones widersprach. »Nein, Henry, dafür wiegt es viel zu schwer. Das ist ein Mehrfaches von dem Gewicht der beiden Schalen. Wie kommt das hier in die Mittes des Zimmers?«

Währenddessen durchstöberte O'Neils den Schutt an den Wänden, suchte und suchte, bis er seine Bemühungen schließlich als fruchtlos aufgab.

»Es ist wie verhext!« rief er seinen Leuten zu. »Geschmolzenes Glas, Messing und Eisenreste liegen hier, wo die Schränke gestanden haben; keine Spur von den Edelmetallen, von dem Platin und Iridium ist hier zu finden.«

Er stäubte sich ein paar Aschenspuren von seiner Kleidung ab, wandte sich Watson und Jones zu und wunderte sich, als er sah, wie sie die Köpfe zusammensteckten und miteinander flüsterten.

»Haben Sie etwas Neues gefunden?« fragte er, näher herantretend, und schwieg betroffen. Weiße Trümmer hoben sich an der Stelle, auf die Jones und Watson hinstarrten, von dem schwärzlichen Brandschutt ab. Einen hellen, länglichen Fleck bildete das Ganze auf dem dunklen Untergrund. Professor O'Neils berührte es mit dem eisernen Stab, mit dem er den Schutt von der Wand untersucht hatte, da fielen Teile des fremdartigen Gebildes in sich zusammen, schneeweiße Asche wirbelte auf. O'Neils bückte sich, griff vorsichtig mit den Fingern hinein und hob etwas auf, das ihm federleicht in der Hand lag.

»Kalk? Kalzinierte Knochen?« murmelte er vor sich hin, während er das Stückchen näher an seine Augen brachte. »Ein Fingerknochen ... der Knochen von einer menschlichen Hand könnte es sein ...« Zu den andern gewandt sprach er weiter: »Ein Mensch hat bei dem Brand den Tod gefunden. Wer kann es sein? Der Wächter? Nein! Der konnte sich ja noch retten. Ist mit leichten Brandwunden davongekommen ... Wer aber kann es gewesen sein?«

Ein neues Rätsel, eine neue Frage, die der Brand im Carnegie Building den mit der Untersuchung betrauten Behörden aufgab. Der Mann, der allein auf alle diese Fragen eine bündige Antwort hätte geben können, weilte nicht mehr unter den Lebenden.

Zu früher Morgenstunde war er in das Laboratorium O'Neils' eingedrungen und hatte sich im Schein der Blendlaterne über den Inhalt der Wandschränke hergemacht. In Eile stopfte er alles Gerät, das ihm wertvoll erschien, in einen Sack und wollte den Raum schon wieder verlassen, als er die beiden Platinschalen auf dem Tisch erblickte. Er griff danach und warf sie zu den übrigen im Sack. Erst dabei bemerkte er, daß sie mit irgendwelchen Pulvern gefüllt waren, stutzte und wollte einen Fluch ausstoßen.

Er kam nicht mehr dazu. Mit einem Schrei ließ er den Sack fahren, dessen Stoff schon in seiner Hand hell aufflammte, stand einen Augenblick starr. Schon selber brennend, wollte er sich zur Flucht wenden, kam aber nicht mehr dazu. Stürzte zu Boden und verging in dem Flammenmeer, das bald den ganzen Raum erfüllte.

Die Besprechungen im Laboratorium von Dr. Thiessen verliefen reibungslos, denn die vier Beteiligten waren bereits ganz unabhängig zu dem gleichen Endergebnis gekommen. Bei den bekannten Eigenschaften des Strahlstoffes gab es nur die eine Möglichkeit, den Rotor der Turbine als ein vierflügeliges Rad zu gestalten.

»Herrgott ja! Es ist die einzige Möglichkeit, aber die Sache gefällt mir noch nicht«, rief Chefingenieur Grabbe mißmutig und warf den Bleistift auf die vor ihm liegende Zeichnung. »Das Ding sieht so primitiv aus wie ein Rad der alten Wassermühlen von Anno dazumal, aber nicht wie eine Turbine.«

»Sie denken an die vielen Lauf- und Leiträder unserer Dampfturbinen«, äußerte sich Dr. Thiessen dazu. »Ich verstehe, daß Sie gern etwas Ähnliches haben möchten, aber hier haben wir es mit einer ganz anderen Antriebskraft zu tun. Wir müssen ja nicht mit Heißdampf oder Wasserkraft, sondern mit unserem Strahlstoff arbeiten. Die Tatsache, daß wir alle zu der gleichen Lösung gekommen sind, spricht doch dafür, daß wir uns auf dem richtigen Wege befinden.«

»Jedenfalls auf einem gangbaren Wege«, gab Grabbe widerstrebend zu. »Die erste Turbine wollen wir nach den Plänen hier bauen. Es wird immerhin ein Anfang sein, und wir wollen hoffen, daß sich an den Anfang eine glückliche Weiterentwicklung schließen wird.«

Durch die Worte des Chefingenieurs war die Angelegenheit entschieden, und viele Hände begannen sich zu regen, um seinen Entschluß in die Tat umzusetzen. In feuerfeste Formen strömte gutflüssiges Eisen; unter den Backen einer Schmiedepresse wurde rotwarmer Edelstahl gedrückt und geknetet, bis er die auf den Zeichnungen für die Turbine vorgesehenen Formen annahm. Auf Werkzeugmaschinen erhielten die rohen Guß- und Schmiedeteile ihre weitere Bearbeitung, und alle diese Einzelteile formten sich dann in dem Laboratorium von Dr. Thiessen zusammen. »Wenn man's recht erwägt«, meinte Hegemüller, der die Einzelteile kritsch betrachtete, »dann ist's im großen nichts anderes als das Ding, das sich bei Hidetawa auf dem Schreibtisch dreht. Vier Flügel auf einer Achse, die von dem Strahlstoff in Bewegung gesetzt wird.«

»Sehr richtig bemerkt, Kollege.« Thiessen lachte und schlug Hegemüller kräftig auf die Schultern. »Etwas größer wird das Ding hier bei uns.« Er deutete, während er es sagte, auf das gut fünf Meter im Durchmesser haltende Flügelrad. »Und da, mein lieber Freund, da beginnt die Schwierigkeit. Hidetawa hat den Strahlstoff einfach auf die Flügel seiner winzigen Lichtmühle aufgespritzt. Wir werden hier eine andere Befestigungsweise wählen müssen, sonst könnte uns die ganze Geschichte bei einer gewissen Tourenzahl um die Ohren fliegen.«

»Aufschrauben, Herr Thiessen! Aufnieten! In Nuten eingießen!« Ein Dutzend verschiedener technischer Möglichkeiten sprudelte Hegemüller heraus.

»Halt, Freund Hegemüller! Nicht so hitzig. Zügeln Sie Ihre Fantasie!« unterbrach Dr. Thiessen den Redefluß seines Assistenten. »Setzen Sie sich an Ihren Tisch und berechnen Sie mir eine zuverlässige Befestigung. Dann wollen wir weiter über die Sache reden.«

»Gut, Herr Thiessen, soll geschehen«, sagte Hegemüller und machte sich an die ihm aufgetragene Arbeit. Dr. Thiessen begab sich in den Sicherheitsraum, um die Menge des inzwischen fertiggestellten und dort aufbewahrten Strahlstoffes zu überprüfen.

So wie sie aus den neuen Röhren gekommen waren, lagen die gewichtigen Metallkugeln aufgestapelt. Wie Thiessen es schnell überschlug, genügend Stoff, um die Schaufeln des Turbinenrades mit einer fingerstarken Schicht zu belegen. Er wollte den Raum wieder verlassen, als ihm etwas auffiel. An einer Kugel fehlte ein Stück. Wie man etwa einem Apfel mit einem Messer etwas abschneidet, so war hier von der Kugel ein Segment abgetrennt. Nach der Beschaffenheit der Schnittfläche zu schließen, mußte es mit einer Metallsäge geschehen sein. Dr. Thiessen stutzte. Gedanken an Spionage, Sabotage und ähnliches gingen ihm blitzschnell durch den Kopf, um ebenso schnell wieder verworfen zu werden. Es war ja ausgeschlossen, daß ein Unbefugter in den Sicherheitsraum eindringen konnte. Aber wer hatte sich dann an dem Strahlstoff vergriffen? Wer hatte ein Stück davon an sich genommen, dessen Gewicht Thiessen auf mehrere Kilogramm schätzte?

Nur jemand, der einen Schlüssel zu dem komplizierten Schloß der Panzertür besaß, konnte es sein. Stiegel? Hegemüller? Ein Verdacht keimte in Thiessen auf. Dem quecksilbrigen, stets neuen Ideen und Möglichkeiten nachjagenden Hegemüller war es viel eher zuzutrauen als dem ruhigen, in sich gekehrten Stiegel. Dr. Thiessen entschloß sich, auf den Busch zu klopfen.

»Sagen Sie mal, Herr Kollege, wofür haben Sie den Strahlstoff gebraucht?« fragte er Hegemüller kurzerhand. Dr. Hegemüller fuhr aus seinen Berechnungen empor. Thiessens Frage kam ihm völlig unerwartet.

»Welchen Strahlstoff, Herr Thiessen?«

Die Verlegenheit war Hegemüller anzusehen, aber Thiessen ließ sich durch diese Gegenfrage nicht irremachen.

»Das Segment meine ich, Kollege, das Sie von einer Strahlkugel im Sicherheitsraum abgeschnitten haben.«

»Ach so, das meinen Sie ... ja, ich brauchte den Stoff für eine Untersuchung.«

»Hm, für eine Untersuchung, Kollege? Gleich ein paar Kilogramm? Scheint mir etwas reichlich zu sein. Darf man wissen, was Sie untersuchen wollten?«

Hegemüller druckste noch eine Weile, bis er sich entschloß, mit der Sprache herauszukommen. »Ich will es Ihnen sagen, Herr Thiessen, aber Sie dürfen mich nicht auslachen. Ich versuche, die Strahlung zu speichern.«

»Die Strahlung speichern?! Sie sprachen schon einmal davon, Herr Hegemüller, und ich habe Ihnen damals schon gesagt, daß Sie keinen Hirngespinsten nachjagen sollen. Wir brauchen unsere Zeit für bessere Dinge.«

»Es geht aber doch, Herr Doktor«, trumpfte Hegemüller auf.

»Bilden Sie sich keine Schwachheiten ein, Kollege.« Thiessen machte eine Bewegung, als ob er die Bemerkung Hegemüllers wegwischen wollte.

»Nein, es geht!« beharrte der bei seiner Meinung. »Sie haben das Fehlen des Strahlstoffes leider etwas zu früh entdeckt. In ein paar Tagen wäre ich von selber zu Ihnen gekommen, um Ihnen meine Ergebnisse zu zeigen.«

»Ihre Ergebnisse? Ja, Mann, bilden Sie sich denn wirklich ein, daß es ein Mittel gibt, den Zerfall unseres Strahlstoffes nach Belieben aufzuhalten?«

»Es gibt ein Mittel, Herr Thiessen, und sogar ein sehr einfaches. Man braucht die Strahlung nur zu paralysieren, dann kommt der Prozeß zur Ruhe. Die Atomzersetzung hört auf.«

Dr. Thiessen blickte nachdenklich zu Boden. Langsam, zweifelnd kamen die Worte aus seinem Mund. »Eine ganz schöne Theorie, Kollege. Aber . . . wie steht es mit der Praxis?«

»Ich hätte gern noch ein paar Tage gewartet, Herr Thiessen, meine Versuche sind noch nicht ganz abgeschlossen, doch wenn Sie es wünschen, will ich Ihnen heute schon zeigen, was ich gefunden habe.«

Erwartungsvoll folgte Dr. Thiessen Hegemüller zu einem Schrank, und Enttäuschung malte sich in seinen Zügen, als ihm der Assistent seine Versuchsanordnungen zeigte.

»Auf diese simple Manier wollen Sie es schaffen?« meinte er wegwerfend.

»Das Einfachste ist meist das Beste, Herr Thiessen. Und einfach ist meine Methode. Das will ich Ihnen gern zugeben. Sehen Sie hier . . .« Er nahm ein in kräftige Schraubzwingen eingespanntes Metall aus dem Schrank. »Ich habe einfach eine ebene Platte unseres Strahlstoffes zwischen zwei Platten aus inaktivem Blei unter möglichst starkem Druck eingespannt, das Ganze sich selber überlassen und nur alle vierundzwanzig Stunden die Strahlung gemessen.«

»Und was haben Sie gefunden, Herr Kollege?«

»Es ist so, wie ich es erwartete, Herr Thiessen. Nach kurzer Zeit kommt das System ins Gleichgewicht und damit zur Ruhe.«

Hegemüller holte ein Protokollbuch, in das er seine Meßergebnisse eingetragen hatte, und mit wachsendem Interesse studierte Thiessen die langen Zahlenreihen.

»Nicht übel, mein lieber Hegemüller«, meinte er zum Schluß anerkennend. »Nur wird es sich praktisch schwer anwenden lassen. Sie haben Ihre Metallplatten hier unter einem Mordsdruck zusammengepreßt. Wie soll man das aber bei Strahlmaschinen im Betrieb machen? Ich sehe keine Möglichkeit dafür.«

»Aber verehrter Herr Doktor Thiessen, das wird sich später alles finden«, kämpfte Hegemüller gegen die Zweifelsucht Thiessens an. »Mir ging es darum, erst überhaupt mal einen Weg zu suchen, und den habe ich gefunden. Ob er bequem oder unbequem ist, ob es noch andere, bessere Wege nach dem gleichen Ziel gibt, das halte ich vorläufig wenigstens für Fragen zweiter Ordnung.«

»Fragen aber, Kollege, die gelöst werden müssen, wenn Ihre Entdeckung fruchtbar werden soll. Für die nächsten Tage nimmt uns alle der Zusammenbau der Strahlturbine in Anspruch. Wenn die neue Maschine erst läuft, werden wir weiter über die Sache reden.«

Drei Tage harter Arbeit kamen und gingen, dann konnte Dr. Thiessen den Sperrhebel der Turbine lösen. Erst langsam, dann schnell und immer schneller drehte sich das große Flügelrad, und zusammen mit ihm rotierte auch der Anker der mit der Strahlturbine gekuppelten Dynamomaschine. Elektrischen Strom lieferte die Maschine, der sich in zehntausend Lampen ergoß und sie hell aufleuchten ließ. Zu nutzbringender Arbeit war durch die neue Konstruktion der in den Atomen des Strahlstoffes vor sich gehende Zerfall gezwungen, nach menschlichem Willen mußte atomare Energie leuchten oder wärmen, mußte überall dort dienstbar sein, wohin sie durch den Draht geschickt wurde.

Lange standen Professor Lüdinghausen und Chefingenieur Grabbe vor der neuen Strahlturbine, sahen zu, wie Thiessen damit manövrierte, sie bald stärker, bald schwächer belastete, und steckten dann die Köpfe zusammen. Über die Frage, ob man schon Patente anmelden und über die Art dieser Patente flogen Rede und Gegenrede zwischen ihnen hin und her, ohne daß sie zu einem Entschluß zu kommen vermochten.

»Es ist vielleicht noch zu früh«, meinte Lüdinghausen. »Aber wenn uns irgendein anderer zuvorkäme«, warf Grabbe ein, der in diesem Augenblick an Hidetawa und seine Lichtmühle dachte. »Wir wollen Doktor Thiessen hören«, entschied Lüdinghausen und winkte ihn heran. Zu dritt verließen sie die Halle und gingen nach dem Direktionsgebäude hinüber.

»Der Hohe Rat zieht sich zu einem Konsilium zurück.« Hegemüller, der ihnen durch ein Fenster nachschaute, sagte es zu Dr. Stiegel. »Ich glaube, die Herren werden über die Patentfrage sprechen«, meinte der.

»Dann wird es voraussichtlich eine lange Sitzung werden. Ich schlage vor, Kollege Stiegel, wir benutzen die Zeit und gehen frühstücken. Kommen Sie mit ins Kasino?«

Eine halbe Stunde mochte vergangen sein, als Dr. Stiegel auf die Uhr blickte und Hegemüller ermahnte: »Es wird Zeit, wieder an unsere Arbeit zu gehen.«

»Ach was, wir haben noch Zeit«, lehnte der die Aufforderung ab. »Für die nächste Stunde sitzt Thiessen noch bei der Direktion.«

Hegemüller schickte sich eben an, eine Zigarette anzuzünden, als das Telefon neben dem Tisch klingelte. Er griff nach dem Apparat, hörte einen Moment, deckte ihn dann mit der Hand ab und flüsterte zu Stiegel:

»Den Teufel auch! Lüdinghausen will mich sprechen. Woher weiß der schon wieder, daß wir hier im Kasino sitzen?«

Bevor Dr. Stiegel etwas antworten konnte, sprach Hegemüller schon wieder in den Apparat.

»Jawohl, Herr Professor, ich komme sofort.«

Was kann der Alte von mir wollen? ging's Hegemüller durch den Kopf, während er den Hörer wieder auf die Gabel legte.

Einen ähnlichen Gedanken mochte auch Stiegel hegen, der dem Davoneilenden noch nachrief: »Na, was wird's geben? Einen Lobstrich oder einen Tadelstrich?«

Hegemüller hörte die letzten Worte nicht mehr, doch Stiegel spann den Gedankengang für sich allein weiter, indem er Vergleiche zwischen sich und Hegemüller anstellte. Er selbst, das Zeugnis durfte er sich mit gutem Recht ausstellen, fleißig und gewissenhaft, stets bemüht, sich an die Vorschriften zu halten und unerwünschte Zwischenfälle zu vermeiden, die sich bei der Art ihrer Arbeiten nur allzu leicht einstellen konnten. Der andere ein Quirlkopf, stets neuen Ideen nachjagend, draufgängerisch.

Öfter als einmal hatte der bei seinen Versuchen ganz gehörig Scherben gemacht. Dr. Stiegel entsann sich eines Falles vor Jahresfrist, wo die Stellung seines Kollegen im Institut nach einem solchen Vorfall fast unhaltbar geworden zu sein schien. Aber immer wieder war er mit einem blauen Auge davongekommen. Mit einer unbegreiflichen Nachsicht war Professor Lüdinghausen über die Dinge hinweggegangen, für die, nach seiner, Stiegels Meinung, zum mindesten ein scharfer Verweis, wenn nicht die Entlassung am Platze gewesen wäre. War jetzt die Geduld des Professors vielleicht doch zu Ende? Würde er Hegemüller in eine andere Abteilung stecken, in der er weniger Gelegenheit hatte, Unheil anzurichten? Nach einigen Äußerungen Thiessens schien es Dr. Stiegel nicht ausgeschlossen zu sein. Während er die Möglichkeit in Betracht zog, bedauerte er sie auch schon, denn es kam ihm zum Bewußtsein, daß er doch Jahre angenehmer Zusammenarbeit mit Hegemüller verbracht hatte.

»Nehmen Sie Platz, Herr Doktor.« Professor Lüdinghausen wies auf einen vierten leeren Stuhl am Tisch und musterte Hegemüller mit einem langen, prüfenden Blick.

Was will der Alte von mir? wiederholte Hegemüller in Gedanken die Frage, die er vorher im Kasino laut geäußert hatte. Dabei liefen seine Augen schnell über den Tisch und die an ihm Sitzenden. Er sah, daß die Schreibblöcke vor Thiessen und Grabbe kreuz und quer mit Bleistiftstrichen bedeckt waren, aus denen ein Kundiger vielleicht irgendeine Konstruktion enträtseln konnte. Er blickte in die Gesichter und glaubte die Zeichen einer Erregung darin zu entdecken. Gespannt wartete er auf die weiteren Worte Lüdinghausens.

»Herr Doktor Thiessen hat uns berichtet«, begann der Professor, »daß Sie sich mit einem Problem beschäftigen, dessen baldige Lösung auf das äußerste erwünscht ist.«

»Eine Lösung habe ich bereits gefunden, Herr Professor.«

»Wissen wir, Herr Doktor Hegemüller. Ihre Lösung ist theoretisch interessant; ob sie sich auch praktisch anwenden läßt, darüber sind wir noch im Zweifel.«

Hegemüller zuckte die Achseln. »Ich sagte schon zu Herrn Doktor Thiessen, daß es erst ein Anfang ist, Herr Professor. Selbstverständlich wird man hart und verbissen arbeiten müssen . . .«

»Hart und verbissen; sehr richtig, Herr Doktor Hegemüller. Trauen Sie sich die Arbeit zu?«

»Gewiß, Herr Professor, aber es wird Zeit kosten. Die andern Aufgaben im Laboratorium nehmen mich stark in Anspruch.«

»Davon wollen wir Sie befreien, Herr Hegemüller. Wir sind zu dem Entschluß gekommen, Ihnen ein besonderes Laboratorium zu geben, in dem Sie Ihre Arbeitskraft ausschließlich dem Problem der Strahlungsspeicherung widmen sollen. Herr Doktor Thiessen entbehrt Sie nur ungern, aber er stimmt mit mir darin überein, daß diese Regelung für die Sache selbst die beste ist.«

Je weiter Lüdinghausen sprach, um so wilder wirbelten die Gedanken Hegemüllers durcheinander. Wenn er sich auch mit unbefangener Miene von seinem Kollegen Stiegel im Kasino getrennt hatte, um dem Ruf Lüdinghausens zu folgen, so war er innerlich doch nicht ganz so ruhig gewesen. Auf dem Wege über die Treppen hatte er noch einmal in Eile sein Sündenregister überschlagen und dabei gefunden, daß sein Gewissen zum mindesten nicht so rein war wie etwa das seines Kollegen Stiegel.

Es hätte ihn nicht wundergenommen, wenn Professor Lüdinghausen ihm eine kleine Standrede über allerhand Eigenmächtigkeiten gehalten und ihn zu größerer Zurückhaltung ermahnt hätte, und nun kam es ganz anders. Anerkennung für das, was er getan hatte, klang aus den Worten Lüdinghausens. Ein eigenes Laboratorium würde ihm zur Verfügung gestellt werden, einen Stab von Mitarbeitern würde er sich zusammenstellen dürfen. Frei von allen andern Verpflichtungen, würde er sich ganz der einen großen Aufgabe widmen dürfen, auf deren Lösung er seit Wochen brannte.

Dr. Hegemüller hätte im Überschwang der Freude laut aufjubeln mögen, doch die nächsten Worte Lüdinghausens stimmten ihn wieder ernst. Von den Pflichten sprach der Professor jetzt, die das neue Amt ihm, Hegemüller, auferlegte, und von dem, was die Werksleitung von ihm erwarte.

»Ich danke Ihnen, Herr Professor«, antwortete er, als Lüdinghausen geendet hatte. »Ich verspreche Ihnen, mein Möglichstes zu tun. Alles, was an mir liegt, soll geschehen, um den Erfolg zu erzwingen.«

Lüdinghausen streckte ihm die Rechte hin, und Hegemüller schlug kräftig ein. »Ich nehme Ihr Versprechen an, Herr Doktor«, sagte der Professor. »Als Arbeitsstelle bekommen Sie die neue Halle neben der Abteilung Thiessen. Alles Weitere wird Ihnen Herr Grabbe mitteilen.«

Wie im Traum stieg Hegemüller die Treppen wieder hinab. Während er langsam Stufe für Stufe nahm, schmiedete er im Geiste schon Pläne, wie er sein Laboratorium einrichten, welche Arbeiten er zuerst in Angriff nehmen würde.

Im Laufe einer knappen Woche hatte die Höhle bei dem Landhaus Hidetawas ein verändertes Aussehen bekommen. Wo vordem ewige Dunkelheit herrschte, erhellten jetzt elektrische Lampen das mächtige Gewölbe bis in die letzten Winkel. Transformatoren waren aufgebaut und Blitzröhren betriebsbereit. In Schränken und auf Tischen standen alle Chemikalien, die man vielleicht benötigen würde. Darüber hinaus aber war noch etwas geschehen. Jene weichen Bastmatten, auf deren Fertigung sich das Inselvolk des Fernen Ostens so meisterhaft versteht, waren in großer Anzahl an den Höhlenwänden aufgehängt und dämpften den vorher so störenden Widerhall bis zum Verschwinden. So war aus einer unwirtlichen, ja fast unheimlichen Grotte in kurzer Zeit ein behaglicher Raum geworden, in dem es sich wohl arbeiten ließ.

Schon am frühen Morgen hatten Yatahira und Saraku sich hier

eingefunden, aber vergeblich warteten sie auf ihren Meister Hidetawa, während die Stunden verrannen. Um über die Zeit hinwegzukommen, begannen die beiden ein gleichgültiges Gespräch; doch ohne es zu wollen, kamen sie dabei schnell zu den Dingen, um die sich all ihr Denken drehte.

»Was halten Sie von dem Brand des physikalischen Institutes in Washington?« hatte Yatahira gefragt, und fast zwangsläufig kam die Antwort Sarakus.

»Ich glaube, daß er mit dem Strahlstoff zusammenhängt, den man am Boulder-Damm gesammelt hat.«

»Es ist möglich, daß Ihre Vermutung zutrifft, Saraku, aber das wird sich niemals mehr feststellen lassen, denn das Institut ist bis auf die Grundmauern niedergebrannt. Man hatte in Washington keine Erklärung dafür, wie das Feuer entstanden ist. Man weiß nur, daß es unheimlich schnell um sich gegriffen hat. Ein Angestellter des Institutes soll von den Flammen überrascht und zu Tode gekommen sein.«

Ein leichtes Lächeln glitt über die Züge Sarakus, während er antwortete. »Denken Sie an unsere Erfahrungen in Deutschland. Nur ein Milligramm des Stoffes hatten wir mit einem anderen Stoff vermischt und mußten schwer gegen die Atomglut kämpfen. Vielleicht haben die Männer in Washington denselben Versuch mit einer größeren Menge gemacht.«

»Sie haben recht, Saraku. Das würde den Ausbruch des Brandes erklären. Vielleicht . . ., wahrscheinlich ist es so gewesen. Ein bitterer Verlust ist es für die amerikanische Wissenschaft.«

»Für uns eine nützliche Warnung, Yatahira, wenn wir durch unseren eigenen Versuch nicht schon genügend gewarnt wären. Man darf den Strahlstoff nachträglich nicht mehr vermischen. Die Deutschen sind auf dem richtigen Weg, wenn sie zuerst eine Mischung herstellen und dann das Gemenge in der Blitzröhre aktiv machen.«

Sie brachen ihr Gespräch ab, denn durch die Stollen her kam in diesem Augenblick Hidetawa in die Höhle. Seine ersten Worte waren eine Entschuldigung für sein verspätetes Kommen.

»Ich erhielt heute nacht Strahlstoff vom Boulder-Damm und habe ihn sofort analysiert«, fügte er erklärend hinzu. Als er die Überraschung der beiden andern bemerkte, fuhr er fort: »Durch einen amerikanischen Mittelsmann bekam ich die Proben. Sie haben genau dieselbe Zusammensetzung wie der Strahlstoff, den Sie mir aus Deutschland mitgebracht haben. Ich halte es für sicher, daß der Stoff in beiden Fällen aus der gleichen Quelle stammt.«

»Sie glauben, Meister?« Saraku sprach zögernd, fast ungläubig. »Die Kugel, die wir aus dem deutschen Werk entfliehen sahen, wäre weitergeflogen ... über das Westmeer ... über den amerikanischen Kontinent bis zum Boulder-Damm hin?«

Hidetawa lächelte. »Mit einigen Zwischenlandungen, Saraku. Die eigenartigen Vorkommnisse der letzten Wochen ... ich schreibe sie sämtlich der aus dem deutschen Werk entflogenen Strahlkugel zu. Wer kann wissen, ob sie nicht bis zu unsern Inseln gekommen wäre, wenn nicht der Sperrdamm in Amerika ihrem Irrflug ein Ende gesetzt hätte?«

»Bis zu unseren Inseln?« Zweifelnd wiederholte Yatahira die Worte Hidetawas. »Ein Flug um mehr als die Hälfte des Erdballes?«

Hidetawa nickte. »Das ist nicht viel für den Strahlstoff. Eine etwas andere Richtung beim Abflug, und die Kugel könnte in den Fernen des Weltraumes verschwinden. Einmal der anziehenden Kraft unserer Erde ... unserer Sonne entronnen, könnte sie im endlosen Raum treiben ... Jahre ... Jahrzehnte ... bis ihre letzte Kraft verstrahlt wäre ... bis vielleicht eine andere Sonne ihren ausgebrannten Rest an sich risse ...«

Schweigend lauschten Yatahira und Saraku dem greisen Gelehrten, der von seinen eigenen Worten hingerissen zu sein schien. Selten ... sehr selten nur geschah es, daß Hidetawa über die strengen Gesetze nüchterner Wissenschaft hinausging und solchen fantastischen Möglichkeiten Ausdruck gab. »Möglichkeiten einer fernen Zukunft ...« Er fuhr mit der Hand über seine Augen, als wolle er Bilder verjagen, fortwischen, und ging unvermittelt zu etwas anderem über. »Unsere Arbeit ruft. Wir wollen Strahlstoff nach dem deutschen Verfahren herstellen. Ist alles für den Versuch vorbereitet?«

»Es steht alles bereit.« Saraku gab die Antwort und geleitete ihn in eine Nebenhöhle, in der die Apparatur aufgebaut war.

Saraku und Yatahira hatten ihre Zeit in dem deutschen Werk nicht verloren und aus den dort begangenen Fehlern gelernt. Obwohl sie die neue Röhre Dr. Hegemüllers, die erst nach ihrem Fortgang gebaut wurde, niemals gesehen hatten, stand hier in dieser Grotte ein massives Gebilde, das ihr nicht unähnlich war.

»Unsere Röhre wird unter dem Druck der strahlenden Masse nicht zerbrechen«, erklärte Yatahira mit dem Stolz des erfolgreichen Erfinders.

»Und wenn sie zerbräche, könnte uns der Stoff doch nicht entfliehen. Die Höhle hält ihn sicher fest«, fügte Saraku hinzu.

Die Arbeit begann. So wie Yatahira und Saraku es schon getan hatten, mischten sie die Stoffe, formten sie unter hydraulischem Druck und brachten sie in die Röhre. Elektrische Hochspannung pulste durch die Kabel, traf den Stoff in der Röhre, erschütterte seine Atome und ließ ihn radioaktiv werden.

Kein Zwischenfall störte die Versuche. Genauso, wie sie es erwarteten, vollzogen sich die Umwandlungen in der Röhre, und ebenso wie in dem Werk auf der anderen Seite des Erdballes lag auch hier in der Grotte Hidetawas bald eine Reihe von Strahlkugeln, bereit für eine weitere Verwendung.

Überrascht hatten Saraku und Yatahira zunächst feststellen müssen, daß diese Strahlkugeln gar keine Neigung zeigten, nach irgendeiner Richtung zu entfliehen. Entmutigt glaubten sie zuerst, daß ihre Versuche mißlungen wären, aber Hidetawa belehrte sie schnell eines Besseren. Er wies eine starke Strahlung nach, zeigte ihnen, daß der Stoff durch seine ganze Masse hindurch aktiv geworden war, und sorgte dafür, daß sie sich durch starken Bleischutz gegen die gefährliche Strahlung wappneten.

Drei Tage verstrichen in unablässiger Arbeit. Es wurde kräftig geschafft, aber trotzdem war Hidetawa nicht befriedigt.

»Wir müssen jetzt aus eigener Kraft weiterkommen, neue Versuchsreihen ansetzen, die Eigenschaften des Strahlstoffes unter veränderten Bedingungen studieren. Nur so können wir einen Fortschritt erzwingen.«

Willig hörten Yatahira und Saraku die Ausführungen ihres Meisters an. Nur einmal widersprachen sie ihm, als er die Möglichkeit erwog, den fertigen Strahlstoff noch weiter zu vermischen, und erreichten durch ihre Warnungen, daß er den Gedanken vorläufig aufgab.

In langen Beratungen stellten sie danach zu dritt ein neues Arbeitsprogramm auf. Viele andere Metalle noch außer dem Blei sollten in die Blitzröhre gebracht und andere Beimengungen ihnen zugefügt werden. Tage hindurch fuhr der Lastkraftwagen zwischen Tokio und Hidetawas Landsitz hin und her, um die benötigten Chemikalien heranzubringen. Viele Flaschen hatte das Fuhrwerk geladen, die in Staubform alle bekannten Metalle vom Uran bis zum Lithium enthielten. Andere mit flüssigen Kohlenwasserstoffen gefüllte Gefäße, große Glasballons zum Teil, schleppte es auf den folgenden Fahrten heran. Hidetawa beaufsichtigte selbst das Ausladen der wertvollen Fracht und stand dabei, als Hunderte von Flaschen und Ballons in die Höhle gebracht und in eine Nebengrotte getragen wurden, in der bereits ein halbes Hundert inzwischen fertiggestellter Strahlkugeln lagerte. Befriedigt blickte er auf die gestapelten Vorräte, nachdem der Wagen seine letzte Fahrt gemacht hatte.

»Das gibt uns Arbeit für Monate, vielleicht für Jahre«, sagte er zu seinen beiden Gehilfen. »Morgen ist ein Feiertag, übermorgen wollen wir mit den Arbeiten beginnen. Jedes Metall werden wir in die Blitzröhre bringen. Die Mischungen der Metalle unter sich mit den

Zusatzstoffen werden wir strahlend machen. Wir werden Neues entdecken. Wenn das Schicksal uns günstig gesinnt ist, werden wir noch Größeres schaffen.«

Ein Feiertag im Frühsommer. Ein Volksfest für die japanische Hauptstadt; ein Tag der Ruhe und Sammlung für Hidetawa und seine Gehilfen. Schon stand die Sonne im Westen, als ein unterirdisches Grollen den Boden erzittern ließ. Ein leichter Erdstoß, ein schwaches Beben. Auf dem vulkanischen Boden der Inseln Nippons war ein derartiges Vorkommnis keine Seltenheit. Solange die Kräfte der Tiefe sich nicht stärker regten, kümmerte sich das Millionenvolk der Hauptstadt nicht allzusehr darum, und bald kam der zitternde Boden auch wieder zur Ruhe.

Viel stärker aber war die Erschütterung südwärts der Metropole nach Yokohama hin in dem Küstenstrich, wo das Besitztum Hidetawas lag. Bebenfest war das Landhaus des greisen Gelehrten nach Plänen erbaut, die er selbst entworfen hatte. Ein in sich fest vernietetes stählernes Fachwerk, fast so widerstandsfähig wie ein massiver Block, bildete das Gerippe des Hauses und trug die elastischen leichten Wandungen. Auch schwere Erdstöße konnten diesem Bau kaum etwas anhaben. Mit einem so jähen Ruck und so stark bebte jetzt aber der Boden, daß Hidetawa gestürzt wäre, wenn nicht Saraku hinzugesprungen und ihn aufgefangen hätte.

In langen Schwingungen pendelte die Ampel an der Decke des Gemaches, polternd stürzte eine schwere Porzellanvase um und rollte auf dem Fußboden hin und her, als ein zweiter und dritter Erdstoß folgte. Behutsam ließ Saraku, von Yatahira unterstützt, Hidetawa auf eine Matte gleiten, die den Fußboden bedeckte; ließ sich selbst neben ihm nieder und schaute besorgt um sich; halblaut sagte er zu Yatahira: »Draußen wird größere Sicherheit sein. Wollen wir den Meister ins Freie bringen?«

Hidetawa hatte es gehört und gab ihm Antwort. »Mein Haus ist sicher, Saraku. Die Erde müßte sich unter ihm spalten, wenn es ...« Er brach jäh ab. Ein anderer Gedanke war ihm gekommen. »Die Höhle, Saraku! Die Strahlkugeln! Wenn sie auch ins Rollen gekommen sind. Unsere Flaschen und Gefäße ...« Er raffte sich empor und stand aufrecht vor den beiden. »Wir müssen hin! Kommen Sie!«

Er wandte sich nach der Tür hin, schritt eilig auf sie zu. Eilig folgten ihm Saraku und Yatahira, von Sorge erfüllt, daß ein neuer Erdstoß den Alten zu Boden werfen könnte. Doch die Erde blieb ruhig, die Gewalt der unterirdischen Kräfte schien sich in drei heftigen Stößen erschöpft zu haben.

Sie kamen ins Freie. Mit schnellen Schritten eilte Hidetawa durch den Garten den Weg entlang, der zu den Bergen führte. Jetzt hatte er den Stollenmund erreicht, wollte hinein und taumelte wieder zurück. Ein heißer Schwaden fegte ihm entgegen. Luft drang aus dem Höhlengang so glühend, daß sie ihm im Augenblick die Brauen versengte, ja sogar seine Kleidung in Brand gesetzt, wenn Saraku ihn nicht jäh zur Seite gerissen hätte.

Weiter zur Seite und noch immer weiter, denn wie aus einem Vulkankrater schossen jetzt die feurigen Gase aus dem Stollen; ein wildes Gemenge von Rauch und Flammen, das jeden Baum und Strauch, den es erreichte, im Nu verdorren und verbrennen ließ. Schritt für Schritt mußten die drei sich immer weiter zurückziehen, bis sie endlich in Sicherheit haltmachen konnten.

Wie mochte es in der Höhle selbst aussehen? Das war die Frage, die sie alle gleichmäßig bewegte. Fast hundert Meter lang und mehrfach gewunden war der Stollen, der zu ihr führte. Welche Energien mußten in der Tiefe des Berges entfesselt sein, wenn es hier noch zu solchem gewaltsamen Ausbruch kam?

Auf halbem Wege zwischen der Bergwand und dem Landhaus befand sich an einer Böschung eine Rasenbank. Am Arm Sarakus ging Hidetawa bis dorthin und ließ sich niedersinken, erschüttert von dem jähen Schlag, den seine Pläne und Arbeiten durch ein Elementarereignis erlitten hatten. Schweigend verharrten Saraku und Yatahira an seiner Seite, kaum weniger bewegt als Hidetawa selbst.

Während die Minuten verrannen, überdachten sie das Geschehene und erkannten mit Grauen die Gefahr, der sie nur durch einen Zufall entgangen waren. Wären die Erdstöße etwas früher oder später gekommen, zu einer Zeit, da sie sich in der Höhle befanden . . . im Bruchteil einer Sekunde wären sie vernichtet, in stiebende Asche verwandelt worden. Unvorstellbare Gefahren barg der neue Strahlstoff. Heimtückisch bedrohte er jeden, der seine Eigenschaften nicht kannte. Traumhaft kamen den beiden Gehilfen Hidetawas Erinnerungen an Sprengstoffexplosionen, an Katastrophen vergangener Zeiten, da Dynamitwerke und Nitroglyzerinfabriken mit der gesamten Belegschaft in die Luft geflogen waren. Das mochte wohl der Blutzoll sein, den die Natur so oft forderte, wenn menschlicher Forscherdrang es unternahm, ihr ein Geheimnis zu entreißen.

Die Stimme Hidetawas riß sie aus ihrem Sinnen. Er hatte seine Schwäche überwunden. Straff aufgerichtet schaute er nach den Bergen hinüber, während die Worte von seinen Lippen kamen: »Der Ausbruch hat aufgehört, wir wollen noch einmal hingehen.«

Es schien in der Tat so zu sein. Die Stelle, an der sie sich befanden, etwa hundertfünfzig Meter von der Bergwand entfernt, bot einen freien Ausblick auf den Eingang zu der Höhle. Wie ein schwarzes Loch gähnte jetzt wieder der Stollenmund, aus dem noch vor kurzem die entfesselte Energie hervorgebrochen war. Rötlichgrau hob sich der Fels um die Mündung herum ab. In etwa fünfzig Meter

Höhe ging der steile Hang in ein begrüntes Plateau über, an das sich erst in größerer Entfernung wieder eine Steigung anschloß. Einen malerischen Hintergrund für den Parkgarten bildete der Fuß des Gebirges; eine sichere Arbeitsstätte hatte der Berg ihm für seine Arbeiten gewähren sollen, und nun war alles plötzlich so ganz anders geworden. Wenn auch jetzt Ruhe zu herrschen schien, so sprachen doch die verdorrten und verbrannten Bäume in der Umgebung des Höhlenschlundes eine beredte Sprache und erzählten von der Katastrophe, die sich hier abgespielt hatte.

»Wir wollen hingehen«, wiederholte Hidetawa seine Aufforderung und erhob sich von der Rasenbank, wollte den Fuß vorsetzen, verhielt aber seinen Schritt wieder, wie gebannt von dem, was seine Augen sehen mußten. Eine Baumgruppe auf dem Plateau oberhalb des Stolleneingangs geriet ins Wanken. Die Stämme erzitterten, die Laubkronen neigten sich gegeneinander . . . und dann waren die Bäume plötzlich wie weggewischt, von der Fläche verschwunden, zusammen mit dem Boden, auf dem sie standen, in die Tiefe gestürzt. Der Fels war in sich zusammengebrochen. Viele tausend Tonnen Gesteins, die das Dach der Höhle bildeten, waren in sie hineingestürzt und füllten sie mit Trümmermassen.

Dröhnend, polternd und krachend drang der Lärm des Bergsturzes zu Hidetawa und seinen Begleitern. Zitterte die Erde schon wieder unter ihren Füßen? Kam ein neues Erdbeben auf? Nein! Es war nur die Erschütterung durch die stürzenden Felsmassen, die sie verspürten. Die Erde blieb ruhig. Die entfesselte Energie des Strahlstoffes hatte die Zerstörung bewirkt. Als wollte die Natur eine Bestätigung dafür geben, brachen jetzt Qualm und Flammen aus dem Einsturzkrater auf der Plateaufläche hervor. Das Schauspiel war noch nicht zu Ende. In der Tiefe des Berges raste die Atomkraft weiter.

Eine Stunde verstrich und noch eine. Der Abend sank herab. Schon wurden die ersten Sterne am Himmel sichtbar. Ein dämonisches Bild bot der neue Krater nun in der einfallenden Dunkelheit. Hell strahlte seine Glut den Nachthimmel an; gespenstisch zuckten Flammen aus ihm empor. Wie Raketen schossen hin und wieder glühende Brocken aus dem brodelnden Schlund pfeilgerade in die Höhe.

Viel wußten die japanischen Zeitungen in der nächsten Zeit von einem Vulkan zu berichten, der bei dem letzten Erdbeben in der Nähe der Straße von Tokio nach Yokohama entstanden war. Für mehrere Wochen lieferte das ungewöhnliche Naturereignis ihnen Stoff für ihre Spalten, denn Wochen hindurch dauerte es, bis die Atomenergie sich erschöpft hatte und der Berg wieder zur Ruhe kam.

Chefingenieur Grabbe hatte mit Professor Lüdinghausen in dessen Zimmer eine Besprechung, als der Institutsdiener eine Besuchskarte hereinbrachte. Lüdinghausen murmelte etwas von unerwünschter Störung, als er sie in Empfang nahm, doch seine Miene veränderte sich, sowie er einen Blick darauf geworfen hatte,

»Was halten Sie davon?« fragte er, während er sie Grabbe hinhielt. Auch der war überrascht, als er den Namen darauf gelesen hatte.

»Was, unser alter Freund Saraku meldet sich wieder? Ich denke, der sitzt in Tokio und arbeitet mit Hidetawa zusammen.« »Der Herr ist unten in der Anmeldung«, sagte der Diener. »Er will den Herrn Professor nicht lange stören, er hätte nur persönlich einen Brief abzugeben.«

»Es ist gut, führen Sie den Herrn hierher«, befahl Lüdinghausen. Kaum hatte der Diener die Tür hinter sich zugezogen, als der Professor sich kopfschüttelnd an Grabbe wandte. »Die Sache ist mir unverständlich.«

»Mir ebenfalls, Herr Lüdinghausen. Ich hatte seinerzeit den Eindruck, daß Saraku und sein Landsmann Yatahira etwas verschnupft von hier fortgegangen seien; ich habe keine Ahnung, weshalb er jetzt wiederkommt und was für einen Brief er uns zu bringen hat.«

»Nun, das werden wir ja gleich erfahren.« Noch während Lüdinghausen es sagte, kam der Diener zurück und führte Saraku in den Raum.

Eine kurze höfliche Begrüßung von beiden Seiten, dann begann Saraku sofort mit dem Zweck seines Besuches.

»Ich habe die Ehre, Herr Professor, Ihnen ein Schreiben meines Lehrers, des Herrn Hidetawa, zu übergeben, und bin befugt, eine Antwort von Ihnen entgegenzunehmen.«

Lüdinghausen nickte.

»Es ist mir eine Ehre und ein besonderes Vergnügen, ein Schreiben Ihres berühmten Landsmannes zu empfangen.«

Er öffnete den Briefumschlag, entfaltete die Einlage und begann zu lesen. Je weiter er mit der Lektüre kam, desto bewegter wurde sein Mienenspiel.

»Gestatten Sie, Herr Saraku«, sagte er, während er das Schriftstück dem Chefingenieur Grabbe reichte.

»Ein Vorschlag, über den sich vielleicht reden läßt«, meinte er, nachdem er das Schreiben gelesen hatte. »Für uns neu ist die Mitteilung über die Amerikaner. Es war uns unbekannt, daß sie mit einem ähnlichen Strahlstoff arbeiten. Herr Hidetawa führt den Brand in der Howard-Universität auf einen durch diese Arbeiten verursachten Energieverbrauch zurück. In den Zeitungsmeldungen war von einem Kurzschluß die Rede, aber ... wir wissen ja, was man nicht definieren kann, das sieht man für 'nen Kurzschluß an.«

»Es war kein Kurzschluß, weder in Washington noch in unserem Laboratorium an der Straße von Yokohama. In beiden Fällen waren es Ausbrüche atomarer Energie.«

Saraku hatte es leise, aber bestimmt gesagt.

Chefingenieur Grabbe pfiff durch die Zähne. »An der Straße nach Yokohama? Wo ein neuer Vulkan entstanden ist? Sprechen Sie davon, Herr Saraku?«

»Jawohl, Herr Grabbe. Durch eine unglückliche Verkettung von Zufällen kam dort der Strahlstoff mit anderen Substanzen in Berührung. Das Gemenge, das sich dabei bildete, explodierte wie Dynamit ... nur hunderttausendmal stärker. Meinen verehrten Lehrer veranlaßte das Vorkommnis zu der in seinem Schreiben enthaltenen Anregung. Herr Hidetawa glaubt, daß ein ständiger Erfahrungsaustausch zwischen den beteiligten Stellen — eine Art von Interessengemeinschaft, wenn ich es so nennen darf — die Gefahren verringern könnte.«

»Wir kennen diese Gefahren recht genau, Herr Saraku.« Etwas wie Ablehnung klang aus den Worten Grabbes.

»Wir wissen das, Herr Chefingenieur«, beeilte sich Saraku zu erwidern. »Herr Hidetawa sprach mit viel Bewunderung von Ihren Arbeiten. Er hob besonders hervor, wie geschickt Sie bei der Änderung der Mischungsverhältnisse die explosive Phase übersprungen hätten ...«

»Ja, was wissen Sie denn davon?« fiel ihm Grabbe verwundert ins Wort, »wir haben die Mischungsverhältnisse niemals bekanntgegeben.«

»Sie vergessen, Herr Grabbe, daß mehrfach Strahlstoff aus Ihrem Werk entwichen ist. Wer etwas davon fand und analysierte, konnte die Mischung ergründen. Am Boulder-Damm haben die Amerikaner Stoffproben gesammelt ... und wir auch. Die Zusammensetzung Ihre Strahlstoffes ist kein Geheimnis mehr.«

Für eine kurze Zeit schwiegen die drei, während jeder seinen eigenen Gedanken nachging. Verflucht, daß die andern unsere Mischung kennen! dachte Chefingenieur Grabbe ärgerlich.

Was hat der Japaner eben von einer explosiven Phase gesprochen? Davon ist uns noch nichts bekannt. Hidetawa scheint mehr von diesen Dingen zu wissen als wir, ging es Lüdinghausen durch den Sinn, während Sarakus Gedanken nach Washington schweiften.

»Man müßte wissen, wie die Amerikaner sich dazu stellen.« Unvermittelt warf Grabbe die Bemerkung hin.

»Mein Freund Yatahira ist zu dieser Stunde bei Professor O'Neils, um ihm den gleichen Vorschlag zu machen. Ich erwarte heute noch Drahtnachricht von ihm.«

Lüdinghausen war inzwischen mit seinen Überlegungen ins reine gekommen. Jedes Wort langsam abwägend, begann er jetzt zu sprechen.

»Herr Hidetawa schlägt einen Austausch von Erfahrungen vor, um uns vor Katastrophen zu schützen. Wenn wir überhaupt zu einem Abkommen gelangen, werden wir meines Erachtens noch einen Schritt weiter gehen müssen.«

Erwartungsvoll blickte Saraku auf ihn, als er fortfuhr.

»Wir werden wirklich eine Interessengemeinschaft — Sie erwähnten das Wort bereits, Herr Saraku — aufbauen müssen. Ich verstehe darunter nicht nur einen Austausch von Erfahrungen, sondern von Patentrechten und Patenten, die sicher bald zu nehmen sein werden.«

Chefingenieur Grabbe zog die Stirn bedenklich in Falten, als die Worte Patent und Patentrechte fielen. Lüdinghausen bemerkte es und fuhr fort: »Ich halte es für richtig, Herr Grabbe, daß wir ganze Arbeit machen. Das Abkommen, an das ich denke, würde jedes Gegeneinanderarbeiten und jede unnütze Doppelarbeit ausschließen und für alle Teile das Vorteilhafteste sein.«

»Aber die Amerikaner?« warf Grabbe ein.

»Wir werden abwarten, wie sich die Leute in Washington zu dem Vorschlag des Herrn Hidetawa stellen. Wenn sie klug sind, nehmen sie ihn an und erweitern ihn auch in dem von mir angedeuteten Sinne. Im Augenblick, Herr Saraku, können wir nichts anderes tun als abwarten.«

Die Wartezeit währte nicht allzulange. Noch am gleichen Nachmittag konnte Saraku Lüdinghausen melden, daß O'Neils dem Vorschlag Hidetawas wohlwollend gegenüberstand, und nun begann der Draht zwischen Gorla und Washington zu spielen, während gleichzeitig Funksprüche zwischen Saraku und Hidetawa hin- und herflogen.

Es lag auf der Hand, daß ein Abkommen wie das hier geplante nicht von heute auf morgen zustande gebracht werden konnte. Aber die Verhandlungen ließen sich beschleunigen, und das geschah in diesem Falle mit allen Mitteln. Die Juristen der drei Partner wurden aufgeboten und gingen daran, vielparagraphige Verträge zu schmieden. Chiffrierte Texte flogen durch den Äther und kamen mit kleineren oder größeren Abänderungen zurück. Arbeitsgebiete wurden abgegrenzt, vorhandene Rechte bewertet und für die Verteilung der noch zu erwerbenden ein Schlüssel vereinbart. Schon nach wenigen Tagen war es klar, daß die Interessengemeinschaft sicher zustande kommen würde.

Daß die Partner so schnell ihre Bereitwilligkeit erklärten, war der geschickten Taktik Yatahiras zu verdanken. Der Japaner schilderte O'Neils nicht nur die noch zu erwartenden Gefahren in starken Farben, sondern verstand es auch, den Wert der bereits auf diesem Gebiet gewonnenen Erfahrungen ins rechte Licht zu setzen.

»Das hätte sich vermeiden lassen, Herr Professor«, meinte er, als ihr Weg sie an der Brandstätte des Instituts vorbeiführte, »wenn wir schon vorher zusammengegangen wären. Es ist genau das gleiche, was wir erlebten. Eine unserer wichtigsten Vorschriften verbietet es uns grundsätzlich, den Strahlstoff und die Zusatzstoffe in demselben Raum aufzubewahren. Ein unglücklicher Zufall, der die Stoffe durcheinanderbringt, ist immer möglich, und dann ist die Katastrophe da.«

»Bei uns, Herr Professor, erfolgte der Ausbruch in einer Felshöhle, die wir als Arbeitsstätte eingerichtet hatten, und es entstand ein feuerspeiender Berg.« Yatahira sprach weiter und berichtete von dem gewaltigen Energieausbruch auf Hidetawas Landsitz, während O'Neils mit steigender Ergriffenheit zuhörte. »Ein zweites Mal wird uns das nicht passieren. Heute sind wir gewarnt«, schloß Yatahira seinen Bericht und konnte kurz danach bereits an Saraku funken, daß der Amerikaner zu einem Abkommen bereit sei.

Zurückhaltend verhielten sich zunächst noch Thiessen und Hegemüller. Sie vertraten beide den Standpunkt, daß sie bisher die Hauptarbeit geleistet hätten und die andern sich nun in ein gemachtes Bett legen wollten. Doch die letzte Entscheidung lag bei Lüdinghausen, und der hatte seinen Entschluß längst gefaßt.

»Na, denn man los!« meinte Dr. Thiessen danach resigniert zu seinen Leuten. »Dann werden die Herren von der Direktion mir hier wohl einen Amerikaner und einen Japaner ins Labor setzen. Dafür können Sie beide ins Ausland gehen. Was meinen Sie, Hegemüller . . . so als Austausch-Professor nach Tokio?«

Hegemüller fuhr ärgerlich empor. »Ich denke gar nicht daran, Herr Thiessen. Schicken Sie meinethalben den Kollegen Stiegel dorthin. Ich sitze hier an meiner neuen Aufgabe . . .«

»Die Sie bald gelöst haben werden, wenn Sie so weitermachen wie bisher«, unterbrach ihn Dr. Thiessen lachend. »Haben Ihnen heute vormittag nicht die Ohren geklungen?«

»Ich wüßte nicht, warum«, brummte Hegemüller.

»Weil Lüdinghausen sich zu Grabbe und mir überaus anerkennend über das von Ihnen in so kurzer Zeit Erreichte äußerte. Der Professor meinte, daß man an Hand Ihrer Ergebnisse bald an die fabrikmäßige Herstellung von Strahlmotoren und Strahlturbinen gehen könnte.«

»Mag er meinetwegen, wenn's ihm Spaß macht«, knurrte Hegemüller, immer noch mißgelaunt. »Ist ja schon richtig so. Wir entwickeln die Maschinen, nehmen die Patente darauf, und unsere neuen Vertragsfreunde haben den Nutzen davon.«

»Lieber Kollege, jetzt werden Sie ungerecht«, erwiderte Thiessen mit Entschiedenheit. »Sie wissen vielleicht nicht, daß auch Hidetawa bereits mit Erfolg an Motoren und Turbinen gearbeitet hat. Ich war selber überrascht, als mir Lüdinghausen gestern die Pläne und Berechnungen zeigte, die Saraku ihm zu treuen Händen überlassen hatte. Wir werden uns sehr dranhalten müssen, sonst können uns die Japaner am Ende noch überflügeln.«

»Das soll den Herrschaften aber verdammt schwerfallen!« rief Hegemüller und schnitt eine Grimasse, als ob er den ersten Japaner, der ihm in Reichweite käme, mit Haut und Haar verschlingen wollte.

»Schaffen Sie sich eine bessere Laune an, Kollege«, meinte Thiessen und ging in sein eigenes Büro.

Eine Weile blieb Hegemüller über seine Zeichnungen gebeugt am Tisch sitzen; dann sprang er auf und begann im Zimmer hin und her zu laufen, während er halblaut Worte und abgerissene Sätze vor sich hin murmelte.

»Die Herrschaften in Tokio wollen Turbinen bauen ... War von Hidetawa zu erwarten ... Stellt sich die Sache wohl einfacher vor, als sie ist ... Ist aber ein langer Weg von einer winzigen Lichtmühle bis zu einer anständigen Turbine, alter Freund ... Wirst dich noch über allerhand dabei zu wundern haben ...« Er blieb stehen, starrte zur Decke empor und sprach weiter. »Baut meinetwegen, soviel ihr wollt! Verzettelt euch damit! ... Der Strahlstoff bietet noch ganz andere Möglichkeiten ... Gott sei Dank, daß ihr davon keine Ahnung habt.«

In einer längeren Unterredung mit dem Chefingenieur Grabbe hatte Dr. Hegemüller durchgesetzt, was er wollte. Mit dem Argument »es spart uns Zeit und Geld, Herr Grabbe« hatte er schließlich die letzten Bedenken Grabbes überwunden und die Erlaubnis erhalten, sich die Versuchskammer aus dem Laboratorium C III für einige Wochen auszuleihen.

Nur widerwillig hatte die Abteilung C III sich dem Befehl von oben gefügt.

»Nur auf vierzehn Tage, Herr Doktor! Für jede Beschädigung müssen Sie mir geradestehen!« rief der Leiter der Abteilung Hegemüller noch nach, als der das strittige Objekt durch seine Leute aufladen ließ, um es in sein eigenes Labor zu schaffen.

»Keine Sorge, Herr Kollege!« winkte Hegemüller lachend ab. Wer hat, hat, dachte er bei sich, als er mit seiner Beute abzog.

Nun stand die Versuchskammer in seiner Abteilung. Es war ein aus daumenstarkem Eisenblech zusammengenieteter Zylinder von doppelter Manneshöhe mit einem Durchmesser von rund zwei Metern. Vier kleine runde Fenster, etwa den Bullaugen der Seeschiffe vergleichbar, gestatteten einen Einblick in das Innere, eine luftdicht verschließbare Eisentür war für den Zugang vorhanden. Diese Kammer war, wie ihr Name besagte, für Versuche bei verschiedenem atmosphärischem Druck bestimmt. Der Experimentierende war dabei in ihr von der Außenwelt hermetisch abgeschlossen; doch sorgten Sauerstoffbehälter und andere Vorrichtungen dafür, daß die Luft in dem Zylinder auch bei Dauerversuchen stets atembar blieb.

Von Strahlungsmessungen, die er in seiner isolierten Atmosphäre vornehmen müsse, hatte Hegemüller dem Chefingenieur allerlei erzählt, aber in Wirklichkeit hatte er etwas ganz anderes vor.

Wie ein wertvolles, mühsam errungenes Beutestück betrachtete er die Versuchskammer, ging mehrmals um sie herum, streichelte ihre eisernen Wände mit der Hand und griff dann nach einem Schreibblock, dessen oberstes Blatt mit einer technischen Skizze bedeckt war. Er nahm weiter ein Stück Kreide und begann auf der zylindrischen Wandung der Kammer nach den Angaben der Skizze hier und dort kleine Kreise zu malen und allerlei Linien anzureißen.

Ein Techniker, der dem Dr. Hegemüller dabei über die Schulter gesehen hätte, würde wohl bald erkannt haben, daß der zylindrische Körper auf der Skizze die Versuchskammer darstellen sollte, aber er wäre vielleicht auch über die Änderungen erschrocken gewesen, die nach eben dieser Zeichnung nun noch weiter daran vorzunehmen waren. Unbeschädigt wollte die Abteilung C III ihre Kammer zurück haben, aber jeder der kleinen Kreise, die Hegemüller auf ihre Wandungen zeichnete, bedeutete nach der Skizze eine Bohrung, geradeheraus gesagt also ein Loch, und die Aussichten von C III, das Leihobjekt unversehrt wiederzubekommen, mußte danach verschwindend gering erscheinen. Doch das scherte Dr. Hegemüller sehr wenig. Er verfolgte einen schon seit langem gefaßten Plan und hatte nur den einen Wunsch, daß ihm niemand vorzeitig in die Karten sah.

Von Thiessen hatte er kaum etwas zu befürchten, denn der war voll und ganz mit der Entwicklung der Strahlturbine beschäftigt. Aber Chefingenieur Grabbe liebte es leider, zu unerwarteter Stunde in den Laboratorien seiner Abteilung aufzutauchen, und selbst vor Professor Lüdinghausen war man niemals ganz sicher. Solchen unerwünschten Überraschungen mußte vorgebeugt werden, und Hegemüller fand einen geeigneten Weg dafür.

Die Räume, die ihm für seine Arbeiten zugewiesen waren, lagen in einem Hallenbau, von dem senkrecht ein anderer abging. Der Winkel, der dadurch entstand, war durch einen hohen Bretterzaun abgeschlagen; auf diese Weise hatte man einen ziemlich geräumigen, gesicherten Platz gewonnen, auf dem wetterfeste Maschinen und Geräte, wenn sie nicht im Laboratorium gebraucht wurden, abgestellt werden konnten. Gewöhnlich lagerten dort Transformatoren, Kabel und ähnliches. Jetzt kam auch die Versuchskammer dorthin und war auf diese Weise den Blicken aller derjenigen, die in Hegemüllers Laboratorium kamen, entzogen.

Aber es war ihr nicht vergönnt, dort ein so geruhsames Dasein zu führen wie die anderen auf dem Abstellplatz lagernden Geräte. Maschinen wurden angesetzt und bohrten ein reichliches Dutzend zollstarker Löcher in die Wandungen der Kammer. Danach aber wurden Teile herangeschafft, die inzwischen nach den Zeichnungen von Dr. Hegemüller an anderen Stellen des Werkes fertiggestellt worden waren. Eine Montage begann, die das Aussehen der Versuchskammer so stark veränderte, daß die Abteilung C III ihr Eigentum so leicht nicht wiedererkannt hätte.

Luftdichte Stopfbuchsen wurden aus den Bohrlöchern, durch die kräftige Stahlstangen führten. Außen trugen die Stangen größere Flächen aus starkem Eisenblech, im Innern der Kammer endeten sie in Handgriffen, so daß man die Stangen und somit auch die an ihnen befestigten Flächen drehen konnte. Schließlich aber wurden die außen befindlichen beweglichen Flächen auf einer Seite noch mit einer Bleiplatte und darüber einer starken Schicht Strahlstoff belegt.

Möglichst geräuschlos und gewissermaßen nebenher ließ Dr. Hegemüller diese Arbeiten ausführen, während er selbst im Labor über den ihm vom Werk übertragenen Aufgaben saß und sich nur hin und wieder für Minuten auf dem Lagerplatz zeigte, um dort nach dem Rechten zu sehen. Etwa eine Woche war darüber verstrichen; auf etwa zwei Tage schätzte Hegemüller die Zeit, die noch nötig sein würde, um das, was er plante, ganz zu Ende zu bringen, als die Leute von C III bei ihm anriefen. Sie brauchten ihre Versuchskammer für eine dringliche Arbeit selber.

»Augenblicklich ganz unmöglich«, lehnte Hegemüller das Begehren ab, »gerade jetzt benötige ich die Kammer jede Stunde und jede Minute.«

Vergeblich wurde die Stimme am anderen Ende der Leitung immer dringender. Hegemüller blieb unerbittlich und verschanzte sich hinter der Autorität des Chefingenieurs, auf dessen Anordnung hin er die Kammer erhalten hatte. C III wurde grob am Apparat, Dr. Hegemüller ließ alles von sich ablaufen und warf schließlich den Hörer auf die Gabel.

Eine verdammte Geschichte! Hegemüller fuhr sich nachdenklich über die Stirn. Für heute – es war bereits um die vierte Nachmittagsstunde – würde er vor der Gesellschaft Ruhe haben; aber morgen? . . . Dr. Schneider, der Chef der Abteilung C III, war ein zäher

Kunde. Morgen würde er bestimmt bei Grabbe Sturm laufen, um die Versuchskammer zurückzubekommen.

Hegemüller versuchte es sich vorzustellen, wie die Dinge dann weitergehen würden. Der Chefingenieur würde den Dr. Schneider natürlich zunächst abweisen. Der würde aber nicht lockerlassen, und schließlich . . . so um die Mittagsstunde herum etwa . . . würde der Chefingenieur zu ihm, Hegemüller, kommen und einen Kompromißvorschlag machen. Dabei aber würde er auch wahrscheinlich die Versuchskammer sehen wollen, und — und dann war Holland in Not.

Als Dr. Hegemüller in seinen Überlegungen soweit gekommen war, sprang er von seinem Stuhl auf und ging im Zimmer hin und her, angestrengt auf einen Ausweg sinnend. Verhindern ließ sich die Entwicklung, die er so klar voraussah, nicht. Nur eine Möglichkeit gab es, der Sache die Spitze abzubrechen. Grabbe mußte vor eine vollendete Tatsache gestellt werden. Wenn er sah, was hier in aller Stille geschafft worden war, würde der Chefingenieur sich vielleicht auf seine Seite stellen.

Hegemüllers Entschluß war gefaßt. Er rief die Leute, die mit der Montage der Versuchskammer beauftragt waren, zusammen und eröffnete ihnen mit kurzen Worten, daß sie diese Nacht durcharbeiten müßten. Morgen früh müsse die neue Maschinerie für eine Besichtigung fertig sein.

Als die Werkuhren die fünfte Morgenstunde schlugen, war die Montage beendet. Die Werkleute packten ihr Handwerkszeug zusammen und verließen die Halle, um sich wohlverdienter Ruhe hinzugeben; Dr. Hegemüller blieb allein zurück.

Im Frühlicht des neu heraufkommenden Tages ging er auf den Abstellraum hinaus. Noch einmal überprüfte er diese wunderliche, nach seinen Ideen und Plänen an die Versuchskammer angebaute Maschinerie, öffnete die Tür der Kammer und betrat ihr Inneres. Verschiedene Hebel und Handgriffe betätigte er drinnen und stellte fest, daß sie leicht jedem Druck gehorchten. Mit zufriedener Miene verließ er nach einiger Zeit die Kammer wieder und ging in sein Arbeitszimmer. Eine Weile blieb er dort noch an seinem Schreibtisch sitzen, und seine Gedanken begannen zu wandern.

Was er erstrebte, hatte er erreicht. Die wenigen Minuten in der Versuchskammer hatten ihm Gewißheit darüber gegeben. Mochte dieser Tag nun bringen, was er wollte. Dr. Hegemüller war bereit, dem Kommenden entgegenzutreten. Er griff nach Hut und Stock. Dem verschlafen aufblickenden Nachtportier vergnügt einen guten Morgen wünschend, trat er durch das Portal auf die Straße hinaus. Jetzt nach Hause gehen und sich noch einmal ins Bett legen? Er verspürte keine Lust dazu; er zog es vor, sich die Zeit bis zum Werkbeginn durch einen Spaziergang zu vertreiben. Über taufrische Wiesen, durch im Frühsommerlaub stehenden Wald wanderte er dahin, bis es Zeit wurde, wieder ins Werk zu gehen.

Fast genauso, wie er es vorausgesehen, spielten sich die Ereignisse im Laufe des Vormittags ab. Ein Anruf von C III ... nochmalige schroffe Weigerung Hegemüllers ... wiederum eine Weigerung, und dann – es war um die elfte Morgenstunde – erschien Grabbe selbst in der Abteilung Hegemüllers.

Offensichtlich lag dem Chefingenieur daran, die Dinge zu einem friedlichen Ende zu bringen. Nur mit halbem Ohr hörte er die Einwendungen Dr. Hegemüllers an, während seine Blicke in der Halle hin und her gingen.

»Wo haben Sie die Kammer?« unterbrach er ihn.

»Auf dem Abstellplatz, Herr Grabbe. Es schien mir nicht zweckmäßig, die Versuche hier vorzunehmen, wo möglicherweise ein Unbefugter davon Kenntnis bekommen könnte.«

»Auf dem Abstellplatz? ... Hm ... eigenartig ... Ich möchte die Kammer einmal sehen, Herr Dr. Hegemüller.«

»Bitte sehr, Herr Chefingenieur«; Hegemüller sagte es scheinbar ruhig, obwohl sein Herzschlag in diesen Sekunden beträchtlich schneller als vorher ging.

Seite an Seite verließen sie die Halle und kamen auf den Abstellplatz.

»Ja, zum Teufel, wo steht denn die Kammer?« fragte der Chefingenieur, nachdem er sich vergeblich nach allen Seiten umgeschaut hatte.

»Bitte hier, Herr Grabbe.« Es war begreiflich, daß der Chefingenieur das Streitobjekt nicht erkannte, obwohl er direkt davorstand. Er hatte die Versuchskammer als einen glatten, aufrecht stehenden Zylinder in Erinnerung, hier aber sahen seine Augen etwas ganz anderes. Reichlich ein Dutzend teils größerer, teils kleinerer, teils senkrecht, teils waagerecht angeordneter Stahlblechflächen, auf den ersten Blick ein unübersehbares Gewirr, verschleierten die Zylinderform bis zur Unkenntlichkeit. Es dauerte ein Weilchen, bis Grabbe die Versuchskammer als den tragenden Kern dieser Konstruktion erkannte. Kopfschüttelnd schritt er um das absonderliche Bauwerk herum, blieb dann von Hegemüller stehen.

»Sie sagten mir, Herr Doktor Hegemüller, daß Sie die Kammer für Strahlmessungen nötig hätten. Unter der Bedingung, daß Sie diese unbeschädigt zurückgeben, wurde sie Ihnen leihweise überlassen. Mit keinem Wort war von derartigen Umbauten die Rede. Was hat das da ...« er wies auf die von Grund auf veränderte Kammer, »mit Messungen zu tun?«

»Messungen des Strahlungsdruckes, Herr Grabbe. Darf ich Sie

bitten, mir zu folgen.« Hegemüller öffnete, während er es sagte, die Tür zu der Kammer, nötigte den Chefingenieur mit einer einladenden Handbewegung einzutreten, folgte ihm und schloß die Tür wieder. Verwundert blickte der Chefingenieur auf die mannigfachen Hebel und Handgriffe im Innern der Kammer, während Hegemüller in seiner Erklärung fortfuhr.

»Ich kenne das Gewicht der Konstruktion, Herr Grabbe. Das Gewicht von uns beiden kann ich schätzungsweise mit hundertfünfzig Kilogramm in Rechnung stellen. Es fragt sich nun, welche Größe genügt, um diese Gewichte durch den Strahlungsdruck zu kompensieren. Da habe ich nun Flächen angebracht, die jetzt noch senkrecht stehen und sich ihre strahlenden Seiten zukehren. Wenn ich sie aber mehr oder weniger waagerecht stelle . . . sehen Sie, durch diese Hebel hier, Herr Grabbe, dann kann der Strahlungsdruck frei wirken . . .«

Noch während er es sagte, bewegte Hegemüller die Hebel aus ihrer Lage, und im gleichen Augenblick ging ein leichtes Schüttern durch die Kammer.

»Hegemüller! Was machen Sie? Sind Sie toll geworden?« Grabbe stieß die Worte heraus, während sein Blick an einem der Kammerfenster hing. Durch das Glas hindurch sah er draußen die Hallenwand sich langsam nach unten bewegen. Schon glitt die Oberkante eines der hohen Fenster vorüber. Jetzt kam die Dachtraufe in Sicht, als Hegemüller wieder in die Hebel griff.

Sofort verlangsamte sich der Aufstieg der Kammer und kam in der nächsten Minute ganz zum Stehen. In umgekehrter Folge glitten die Einzelheiten der Hallenwand wieder vor Grabbes Augen vorüber. Die Dachkante, das Fenster. Immer langsamer wurde der Fall der Kammer nach unten, während Dr. Hegemüller die Hebel kaum merklich verstellte. Ein leichtes Scharren, ein kaum fühlbarer Stoß zum Schluß. Sie stand wieder fest auf dem Boden, Hegemüller öffnete die Tür.

Kein Wort war während der kurzen Fahrt mehr aus Grabbes Mund gekommen. Mit zusammengepreßten Lippen, jeden Muskel gestrafft, hatte er durch das Fenster gestarrt. Jetzt entspannten sich seine Züge wieder, er wollte sprechen, aber Hegemüller kam ihm zuvor.

»Ich wollte jetzt bei Tageslicht nicht höher gehen, Herr Chefingenieur. Unbefugte hätten dabei die Strahlrakete sehen können, das Geheimnis wäre nicht mehr gewahrt geblieben.«

Jetzt erst kam Grabbe zu Wort. »Sie sind des Teufels, Hegemüller!« war das einzige, was er hervorzubringen vermochte. Noch suchte er nach Worten, als Dr. Hegemüller weitersprach.

»Wir können schneller steigen. Die Strahlenplatten waren nur um dreißig Grad auseinandergeschwenkt. Den vollen Auftrieb liefern sie erst bei hundertachtzig Grad.«

»Hören Sie auf!« fuhr ihm Grabbe dazwischen, aber Hegemüller ließ sich in seinem Vortrag nicht stören.

»Der Mond ist fast voll. Wie denken Sie über einen kleinen Nachtflug in die Stratosphäre?«

»Danke für die freundliche Einladung, Herr Doktor Hegemüller.« Abweisende Ironie klang aus den Worten Grabbes. »Ich möchte meine Knochen nicht unnötig riskieren. Ich will Ihnen sogar glauben, daß Sie mit Ihrer improvisierten Strahlkutsche bis in die Stratosphäre kommen . . . aber sicher zurückkommen werden Sie kaum. Es fehlt Ihnen ja die Orientierung nach unten.«

»Verzeihen Sie, Herr Grabbe, das ist ein Irrtum.« Mit dem Fuß schob Hegemüller eine Bodenklappe beiseite. Glas kam darunter zum Vorschein, die Scheibe eines in den Boden eingesetzten Fensters.

»Hm! So, so! Daran haben Sie auch gedacht. Nicht übel. Na, Schneider wird sich freuen, wenn er seine Kammer wieder zu Gesicht bekommt.«

»Die kriegt er nicht wieder, Herr Grabbe.« Hegemüller sagte es so überzeugungstreu, daß Grabbe trotz seiner Erregung lachen mußte. »Auch gut, meinetwegen!« lenkte er ein. »Wir werden Herrn Schneider eine neue Kammer bauen müssen; aber auch Sie, Verehrtester, werden mir mit diesem provisorischen Vehikel hier keine halsbrecherischen Versuche mehr anstellen. Was Sie da gemacht haben, Herr Hegemüller, ist gut. Daß es mal wieder gegen alle Werksbestimmungen verstößt, sind wir nachgerade von Ihnen gewöhnt. Jetzt wollen wir die Sache aber mal vernünftig und mit den richtigen Mitteln angreifen. Kommen Sie mit in mein Büro. Wir müssen die Angelegenheit besprechen.«

Als Hegemüller in seinem Arbeitszimmer seinen Hut vom Haken nahm, klingelte das Telefon. »Sofort . . . einen Augenblick.« Er reichte dem Chefingenieur den Hörer. »Herr Doktor Schneider möchte Sie sprechen.«

»Hat mir gerade noch gefehlt!« Grabbe sprach eine Minute in das Mikrophon und warf den Hörer auf die Gabel zurück.

»Ein verfluchter Kerl, der Hegemüller«, sagte am anderen Ende der Leitung Dr. Schneider ärgerlich zu dem Physiker Krause.

»Wie ist's? Will er die Kammer nicht 'rausrücken?« fragte er ihn.

»Kein Gedanke daran. Er braucht sie noch. Herr Doktor Hegemüller geruht unsere Kammer noch auf unbestimmte Zeit zu gebrauchen.«

»Aber das geht doch nicht, Herr Schneider. Das ist ganz unmöglich. Was sollen wir denn da machen?«

»Wir sollen uns eine andere bauen, hat der Chefingenieur dekretiert. Eine andere bauen. Verstehen Sie, Herr Krause? Aber wie lange das dauert, danach fragt er nicht. Ich finde es hanebüchen!«

»Ich finde es großartig, Herr Doktor Schneider.«

»Großartig?! Wieso?«

»Wir wollten schon längst eine bessere und größere Kammer haben, Herr Doktor. Eine bessere Gelegenheit, billig dazu zu kommen, gibt es gar nicht. Jetzt können wir bauen, was wir uns schon lange wünschten; der Chefingenieur wird die nötigen Summen anweisen, ohne ein Wort darüber zu verlieren.«

Zu derselben Zeit, in der dies Zwiegespräch in der Abteilung C III stattfand, sagte Grabbe zu Hegemüller:

»Hoffentlich geben die Kerls sich zufrieden. Ich habe ihnen gesagt, daß sie sich eine neue Kammer bauen sollen, denn die hier können sie natürlich nicht wiederbekommen.«

In Grabbes Büro gab es danach eine lange Besprechung zwischen ihm und Hegemüller. Viele Einwände hatte Grabbe zu machen, viele Bedenken auszusprechen; doch fast stets konnte Hegemüller sie widerlegen. In der Tat hatte er an alle Möglichkeiten gedacht, und aus dem unvollkommenen Mittel, das die Versuchskammer für diesen Zweck ja schließlich nur war, das Bestmögliche gemacht.

»Trotz allem, mein lieber Hegemüller«, beendete Grabbe die Unterredung, »wollen wir nicht unnötig Gefahr laufen, sondern neu bauen, wie wir es eben besprochen haben. Machen Sie die Zeichnungen dafür fertig und bringen Sie diese mir. Ich werde die einzelnen Teile an verschiedenen Stellen anfertigen lassen, damit das Geheimnis gewahrt bleibt.«

Als Hegemüller am nächsten Morgen in das Werk kam, galt sein erster Gang dem Abstellraum. Verdutzt rieb er sich ein paarmal die Augen, aber es blieb so, wie er es auf den ersten Blick gesehen hatte. Der Platz, auf dem die so stark veränderte Versuchskammer gestanden hatte, war leer. Seine Strahlrakete war spurlos verschwunden.

Was Thiessen einmal kurz nach der Schließung des Paktes zwischen Washington, Tokio und Gorla mehr im Scherz als im Ernst gesagt hatte, war nicht eingetroffen, denn Dr. Stiegel und Dr. Hegemüller waren in dem deutschen Institut geblieben; der eine bei Thiessen, der andere in seiner eigenen Abteilung, aber ausländischer Besuch war vorhanden. Noch immer hielt sich Saraku in Gorla auf und arbeitete mit Thiessen an der Entwicklung der Strahlturbine. Außerdem war Henry Watson mit Aufträgen und Vorschlägen O'Neils vor einigen Tagen von Washington hier eingetroffen und hatte in der Hauptsache ebenfalls in der Abteilung Thiessens zu tun.

Durch den Brand in der Howard-Universität waren die Amerikaner in ihren Arbeiten stark behindert, doch mit bemerkenswerter Energie hatte es O'Neils verstanden, provisorische Arbeitsstellen zu schaffen, so daß auch in Washington die Forschung auf dem neu erschlossenen Gebiet kräftig weiter vorgetrieben werden konnte. Die Ergebnisse, die O'Neils aus Washington und Hidetawa aus Tokio fast täglich drahteten, erwiesen sich für die Arbeiten in Gorla als wertvolle Förderungen. Auch Thiessen, der anfangs nicht besonders für das Dreierabkommen eingenommen war, mußte das anerkennen, und dementsprechend war auch sein Verhalten gegenüber den beiden ausländischen Gästen seiner Abteilung freundlicher geworden. Er zeigte sich ihnen gegenüber weniger zugeknöpft als in den ersten Tagen, wenn er auch in seinem Inneren immer noch einen kleinen Rest von Mißtrauen bewahrte.

»Ich halte die beiden für unbedingt ehrlich und zuverlässig«, meinte Dr. Stiegel, dem gegenüber er sich einmal vertraulich äußerte. »Von dem Japaner glaube ich es auch«, pflichtete Thiessen seinem Assistenten bei, »aber Mr. Watson ist mir etwas zu neugierig. Haben Sie einmal seine Augen beobachtet? Keinen Augenblick bleiben sie ruhig, unaufhörlich gehen seine Blicke hin und her, als ob sie etwas Neues erspähen, irgend etwas Wichtiges entdecken wollten . . .«

»Das ist nun einmal seine Art«, versuchte Dr. Stiegel ihn zu beruhigen. »Ewig quecksilbrig, aber es steckt nichts dahinter.«

»Hoffen wir, daß Sie recht haben«, schloß Thiessen die Unterhaltung.

Dr. Thiessen hatte gut beobachtet. In der Tat waren die Augen Watsons überall und sahen manches, was andern entging. Sie erblickten auch die Strahlrakete Hegemüllers während der kurzen Sekunden, die sie über den Bretterzaun bis zur Dachtraufe der anderen Halle emporschwebte, um dann wieder zurückzusinken. Und ebenso wie die Augen waren die Gedanken Watsons, als er jetzt das in einem kurzen Moment Erhaschte zu verarbeiten begann.

Etwas Neues hatte Dr. Hegemüller, der grundsätzlich keinem Fremden Eintritt in seine Arbeitsstätte gewährte, dort gefunden und weiterentwickelt, so weit schon, daß seine Konstruktion stieg . . . eine neue Art von Flugschiff, nicht mehr durch Motorkraft, sondern durch Strahldruck der neuen Substanz getrieben. Ein Fortschritt von grundlegender Bedeutung, das erkannte Watson im Augenblick. Aber kein Wort war bisher darüber verlautet. Hielt Gorla trotz seines Abkommens mit wichtigen Dingen hinter dem Berg? Dann verstieß er gegen den Vertrag und dann . . . ja dann mußte man sich eben auf anderem Wege Kenntnis davon verschaffen. So schnell wie Watson diese Erkenntnis kam, war auch sein Plan gefaßt. Kurz vor Werkschluß in einem unbeobachteten Augenblick in einem sicheren Versteck verschwinden, die Nacht abwarten und sich dann die Sache in aller Ruhe besehen.

Daß das unter keinen Umständen fair war, daß es einen Mißbrauch der ihm gewährten Gastfreundschaft bedeutete, beunruhigte ihn nur wenig. Er setzte sich darüber mit dem Gedanken hinweg, daß Gorla zuerst unfair gehandelt hätte, und führte seinen Plan so aus, wie er ihn sich vorgenommen hatte.

»Unser Mr. Watson ist heute früher als sonst verschwunden«, sagte Dr. Thiessen zu Stiegel, als sie sich anschickten, das Werk zu verlassen.

»Ja, Herr Thiessen, er schien es heute eilig zu haben«, meinte Stiegel, während sie auf dem Wege zum Werkportal an einem Kellerhals vorüberkamen, in dem, vor unerwünschten Blicken sicher geborgen, derjenige steckte, von dem sie gerade sprachen. »Weiß der Teufel, was Mr. Watson im Ort so Wichtiges zu tun hat«, brummte Thiessen, als sie durch das Portal auf die Straße traten. Watson hatte die Worte vernommen, die Dr. Stiegel im Vorbeigehen zu Thiessen sprach, und sich daraufhin noch enger in seinem Winkel zusammengekauert. Während draußen der Werklärm verebbte und die Wächter begannen, ihre Runden abzugehen, mußte er die Entdeckung machen, daß das von ihm gewählte Versteck mancherlei zu wünschen übrig ließ. Noch herrschte draußen die volle Helligkeit eines Julinachmittags, und ein Wächter, der pflichtgemäß in den Kellerhals hineinschaute, vielleicht sogar einige Stufen die Treppe hinabstieg, mußte ihn unfehlbar entdecken.

Jetzt war es eben siebzehn Uhr, und erst in drei Stunden war mit einfallender Dunkelheit zu rechnen. Bei dem Gedanken daran war es Watson nicht wohl zumute. In dem Dämmerlicht, das hier unten herrschte, ertastete er eine hölzerne Tür, erfaßte die Klinke und drückte sie nieder. Die Tür war unverschlossen, sie gab nach, und Watson sah vor sich einen fast leeren, durch ein paar kleine Luken nur schwach erleuchteten Kellerraum. Schnell trat er ein, schloß die Tür hinter sich und schob den Riegel vor. Ein Gefühl der Erleichterung überkam ihn, fürs erste war er hier in Sicherheit.

Noch drei Stunden bis zum Einbruch der Dunkelheit. Eine kurze Frist, wenn man im Büro über seiner Arbeit saß, eine endlose Zeit, wenn man sie hier tatenlos verbringen mußte. Seine Augen hatten sich inzwischen an das schwache Dämmerlicht gewöhnt. Er blickte sich in dem Raum um und entdeckte in einer Ecke einen Stapel von Plantüchern, die wohl zum Verpacken von Maschinen und Geräten gedient hatten, kein allzu bequemes Lager, aber immerhin ein Lager, auf dem er sich niederlassen und die vom langen Kauern und Stehen steif gewordenen Glieder strecken konnte.

Mr. Watson tat es; auf dem Rücken liegend, die Hände unter dem

Kopf gefaltet, starrte er zur Decke empor und versuchte seine Lage zu überdenken. Unmerklich fielen ihm darüber die Augen zu, und ehe er sich's versah, war er eingeschlafen. Ein klingendes Dröhnen, das Schlagen der Werkuhren, drang an sein Ohr und rief ihn in das Bewußtsein zurück. Er brauchte Minuten, um sich zu ermuntern, denn lange und fest hatte er geschlafen. Volles Dunkel war um ihn, als er die Augen aufschlug. Er ließ seine Taschenlampe aufleuchten, erkannte in ihrem Schein die ungewohnte Umgebung, den Keller, die Plandecken, auf denen er lag; jäh kam ihm wieder ins Bewußtsein, warum er hierhergegangen war und was er vorhatte.

Er warf einen Blick auf seine Uhr. Zweiundzwanzig Uhr. Fünf Stunden hatte er geschlafen. Noch war nichts verloren . . . Er hatte noch reichlich Zeit für sein Vorhaben. Jedes Geräusch vermeidend, schob er den Riegel der Tür zurück, öffnete sie, sah die Treppe vor sich im Mondlicht liegen. Schnell huschte er sie hinauf, suchte Schattendeckung an einer gegenüberliegenden Wand und bewegte sich vorsichtig in der Richtung auf den Abstellplatz zu.

Weit und breit war niemand zu erblicken; es war wohl gerade die Zeit zwischen zwei Wächterrunden. Ungesehen erreichte er den Zaun, der den Abstellplatz umgab. Die Tür war verschlossen. Gut doppelte Mannshöhe hatte der Zaun, aber Watson war ein geschickter Turner. Schnell hatte er das Hindernis überklettert. Leicht ließ ihn das Mondlicht weiter seinen Weg finden, und bald stand er vor dem, was er suchte. Da war sie, die Strahlrakete Hegemüllers, das Geheimnis, das die Deutschen nicht preisgeben wollten.

Staunend betrachtete Watson das Gebilde. Er wußte nichts von einer Versuchskammer, glaubte, daß Dr. Hegemüller das alles von Grund auf geschaffen hätte, und bewunderte es desto mehr. Ein paarmal umschritt er die Rakete und betrachtete sie mit Blicken, als ob er sie verschlingen wollte. Keine Einzelheit entging ihm, jede der Triebflächen, die aus dem Zylinder herausragten, untersuchte er fachkundig, dabei Worte und Sätze murmelnd, die Anerkennung für den Schöpfer der Konstruktion bedeuteten.

Nun war er damit zu Ende. Sollte er jetzt wieder gehen? Nach Hause eilen, das Ganze dort nach dem Gedächtnis aufzeichnen? . . . Nein, es war noch nicht genug. Auch das Innere der Rakete mußte er sehen. Er öffnete die Tür, trat in den Zylinder, schloß die Tür halb unbewußt wieder hermetisch hinter sich. Gering nur war jetzt das Licht, das durch die vier Luken hereinfiel. In dem ungewissen Schein erkannte er zwei Hebel, die sicherlich zum Verstellen der Haupttriebflächen dienten. Schon lagen seine Hände daran, schon hatten sie die Hebel herumgelegt, viel weiter ausgedehnt, als Dr. Hegemüller es bei dem kurzen Versuch am Vormittag getan hatte. Im gleichen Moment spürte er einen Ruck, hatte das Gefühl, daß sein

Körpergewicht sich verdoppelte; seine Knie gaben nach, er stürzte zu Boden.

Die Zeit verstrich, viele Sekunden ... eine halbe Minute, bevor es ihm gelang, sich wieder emporzuraffen, denn schwer lastete der Beschleunigungsdruck der steil zum Himmel emporjagenden Rakete auf ihm. Endlich hatte er seine Glieder wieder in der Gewalt, stand aufrecht auf seinen Füßen und erschrak bis ins Mark, als sein Blick durch eins der Fenster ins Freie glitt.

Weithin dehnte sich tief unter ihm die mondbeschienene Landschaft. Wie verstreutes Spielzeug lagen Dörfer und Weiler zwischen Äckern, Wiesen und Waldungen. Watson war häufig geflogen und vermochte die Höhe ungefähr zu taxieren, vier Kilometer ... fünf Kilometer ... vielleicht schon sechs Kilometer ... ging es ihm durch den Sinn, während er nach den Hebeln griff und sie in die alte Stellung zurückbrachte.

Augenblicklich wich der schwere Druck von ihm; ja noch mehr geschah. Sein Körper wurde gewichtslos. Eine leichte, kaum merkliche Bewegung seiner Füße, und er schwebte plötzlich frei im Raum, wäre frei schwebend geblieben, wenn er nicht noch die Hände an den Hebelgriffen gehabt hätte und sich so wieder zum Boden der Rakete niederziehen konnte.

Watson war Physiker und wußte die eigenartige Erscheinung zu deuten. Durch die Zurückstellung der Hebel hatte er den Auftrieb von der Rakete wieder fortgenommen. In freiem Fall stürzte sie jetzt nach unten. Mit Geschoßgeschwindigkeit würde sie bald ... sehr bald auf dem Erdboden aufschlagen und zersplittern, wenn er den Fall nicht rechtzeitig bremste.

Langsam zog er die Hebel wieder auseinander, vorsichtig bewegte er sie Zentimeter um Zentimeter und fühlte, wie sein Körper wieder Gewicht gewann.

In Eile und Heimlichkeit hatte Dr. Hegemüller seine Rakete zusammenbauen müssen, und mancherlei fehlte noch. Ein Höhenanzeiger war nicht vorhanden, und so war Watson jetzt bei seinem abenteuerlichen Flug lediglich auf sein Gefühl angewiesen. Nur nach seinem Körpergewicht konnte er schätzen, ob die Rakete Beschleunigung nach oben oder nach unten hatte. Fühlte er sich schwerer als gewöhnlich, so ging es mit beschleunigter Fahrt nach oben, fühlte er sich leichter, ging es im Sturz nach unten. Glaubte er sein natürliches Gewicht zu haben, dann durfte er zwar annehmen, daß weder eine Beschleunigung noch eine Verzögerung stattfand, aber die gleichmäßige Geschwindigkeit, mit welcher die Fahrt vor sich ging, wußte er auch dann noch nicht. Nur das wußte er, daß seine Lage mehr als kritisch war.

Nach unten mußte er, das war ja klar. Aber gefährliche Geschwindigkeiten hieß es dabei vermeiden, und den einzigen Anhaltspunkt, den er dafür hatte, konnte ihm nur die Beobachtung der Landschaft draußen geben. Ein Stück tiefer war er inzwischen schon wieder gekommen, denn enger war der Horizont, größer waren die Häuser der Weiler und Dörfer geworden. Nur noch auf etwa tausend Meter schätzte er jetzt die Flughöhe, wenige Minuten später nur noch auf fünfhundert Meter. Die Rakete war also in einem verhältnismäßig langsamen Fall begriffen. Es mochte noch ein bis zwei Minuten so weitergehen, bevor es Zeit wurde, den Fall noch mehr zu verlangsamen. Doch etwas anderes erfüllte ihn jetzt mit Besorgnis. Das Gorlawerk lag nicht mehr unter ihm, sondern so weit seitlich ab, daß er es durch eine der Seitenluken sehen konnte.

Die Bodenluke, durch die er das Gelände direkt unter sich hätte beobachten können, hatte er bei dem schwachen Licht nicht entdeckt. Die Bedeutung der anderen Hebel, durch die eine Steuerung der Rakete in seitlicher Richtung möglich war, hatte er noch nicht ergründet. Ausgeschlossen war es danach für ihn, zu dem Abstellplatz zurückzukehren, von dem er abgeflogen war. Nur überhaupt wieder mit heilen Gliedern die Erde zu erreichen, war der einzige Wunsch, der ihn bewegte.

Auf Kirchturmhöhe schätzte er jetzt noch den Abstand zur Erde. Laubwälder erblickte er zu allen Seiten unter sich. Mehrere Kilometer weit bis zu einem in der Nähe von Gorla stehenden Buchenwald war die Rakete seitlich abgetrieben. Wieder griff er in die Hebel, bremste den Fall vorsichtig ab, sah Laub und Zweige an den Fenstern vorübergleiten, vernahm ein Scharren und Kratzen, als starke Äste die Wandungen der Rakete streiften, spürte gleich darauf einen schwachen Stoß. Sein Gefährt war zum Stillstand gekommen.

Sekundenlang verharrte Watson regungslos, dann öffnete er die Tür und sah Zweige und Laub um sich; die Rakete hatte sich in der Krone einer Buche verfangen. Zögernd setzte er den Fuß auf einen Ast, ging, sich an den Seitenzweigen entlangtastend, ein paar Schritte voran und konnte nun seine Lage übersehen.

Zwischen vier starken Ästen, in die sich die Baumkrone an dieser Stelle gabelte, hatte der zylindrische Körper der Rakete sich eingeklemmt. So fest und sicher stand sie hier, daß selbst ein Sturm sie kaum losgerissen hätte; so hoch über dem Erdboden hatte das eigenwillige Projektil sich einen Ruheplatz gesucht, daß Watson nichts von ihm erblicken konnte.

Mit einem schnellen Entschluß warf er die Tür zu und begann behutsam von Ast zu Ast nach unten zu klettern. Doch bald war es damit zu Ende. Er hatte die untersten Zweige der Krone erreicht. Glatt wie eine Säule verlief der Baumstamm nach unten, und immer noch befand er sich reichlich zehn Meter über dem Erdboden. Unmöglich, den starken Stamm mit seinen Armen zu umfassen, an ihm hinabzuklettern. Schon beim ersten Versuch wäre er rettungslos in die Tiefe gestürzt. Was sollte er tun?

Noch einmal nach oben steigen, noch einmal in die Rakete gehen? Sie noch einmal aufsteigen lassen und die Landung an einer anderen, günstigeren Stelle versuchen? Es schauderte ihn bei dem Gedanken, sich dem unheimlichen Gefährt noch einmal anzuvertrauen. Hier oben warten, bis der Tag anbrach? Ausharren, bis vielleicht Menschen in die Nähe kamen, die ihm Hilfe bringen konnten? Wie würde er hinterher dastehen? Mit Schimpf und Schande würde er das Werk danach verlassen müssen. Ein anderer Ausweg mußte gefunden werden, und nach langem Grübeln fand er ihn.

Ohne ein Opfer ging es dabei freilich nicht ab. Seine Kleidung mußte dabei herhalten. Watson entsann sich der Tatsache, daß die Eingeborenen die hohen, glatten Stämme der Dattelpalmen mit Hilfe von Stricken erklommen. Was sonst unmöglich erschien, ging bei Benutzung dieses Hilfsmittels überraschend schnell und sicher vonstatten, und er war überzeugt, daß es auch hier gute Dienste tun würde. Aber wenigstens zwei Stricke waren dazu notwendig. So spielte sich im Laub der Baumkrone zunächst einmal eine Entkleidungsszene ab. Als sie beendet war, trug Henry Watson seinen Anzug auf der bloßen Haut; zu Stricken zusammengewürgt, um den Baumstamm herumgeworfen, mit seinen Händen und Füßen verbunden, gab ihm der Rest seiner Garderobe jetzt die Möglichkeit, ohne unmittelbare Lebensgefahr an dem glatten Stamm hinabzugleiten. Ohne verschiedene Schrammen und Schrunden ging es freilich nicht ab, und er sah ziemlich mitgenommen aus, als er den festen Boden endlich wieder unter seinen Füßen fühlte.

Jetzt schleunigst fort von hier war sein einziger Wunsch, als er wieder zu Atem kam. Der Mond war inzwischen tief herabgesunken. Eben noch vermochte Watson sich danach zu orientieren, dann verschwand das Gestirn unter dem Horizont. In der einfallenden Dunkelheit machte er sich auf den Heimweg. Als er nach langer Wanderung glücklich vor seiner Tür stand, schlugen die Uhren bereits die zweite Morgenstunde. Sein Unternehmen hatte länger gedauert, als er angenommen hatte.

Noch lange blieb er wach, ging unruhig in seinen Räumen hin und her und überdachte die voraussichtlichen Folgen seiner Tat. Natürlich würde man die Rakete vermissen. Zweifellos würde man auch nach ihr suchen, aber finden würde man sie so leicht nicht. Sie steckte ja sicher verborgen in der dichten Krone eines hohen Baumes. Später, im Herbst vielleicht, wenn das Laub fiel, würde man auf ihre Spur kommen. Einstweilen würde man sich vergeblich den Kopf zerbrechen, auf welche Weise sie abhanden gekommen war, würde hin und her raten und hundert Möglichkeiten erwägen; auf ihn, Watson, würde aber wohl kaum jemand verfallen. Vor einer Entdeckung glaubte er sich sicher. Mit einem Gefühl der Beruhigung warf er sich in einen Sessel ... und fuhr im nächsten Augenblick wieder auf, denn etwas anderes fiel ihm ein. In dem Drang, schnell von der Landungsstelle fortzukommen, hatte er die aus seinen Kleidungsstücken zusammengedrehten Stricke achtlos in das Unterholz geworfen. Wenn man sie fand ... wenn man die Zeichnung in den Wäschestücken las – die Buchstaben H. W. –, ihm wurde schwül bei dem Gedanken daran. In der Übereilung hatte er hier einen Fehler begangen, der verhängnisvoll werden konnte.

Noch einmal zurückkehren? Die Stelle wieder aufsuchen, die verräterischen Stücke an sich nehmen? Schnell verwarf er den Gedanken wieder. Jetzt in der Dunkelheit hätte er den Platz schwerlich wiedergefunden, wäre überdies zu spät in das Werk gekommen. Für heute war es auf jeden Fall unmöglich, doch vielleicht später.

Er nahm sich vor, es morgen oder übermorgen bei Tage zu versuchen, obwohl er sich klar darüber war, daß es auch dann nicht leicht sein würde, den abseits von Weg und Steg zwischen Hunderten von seinesgleichen stehenden Baum wiederzufinden.

Professor O'Neils war in bester Laune und hatte auch Grund dazu, denn in erfolgreicher Zusammenarbeit mit Robert Jones war es ihm nicht nur geglückt, den neuen Strahlstoff weiter zu verbessern, sondern darüber hinaus beherrschte er die Herstellung jetzt so sicher, daß plötzliche Ausbrüche atomarer Energie und ähnliche unliebsame Zwischenfälle kaum noch zu befürchten waren.

»Unsere Zusammenarbeit mit Gorla und Tokio trägt ihre Früchte«, meinte er während einer Arbeitspause zu Jones, »ich bin stolz darauf, daß wir dabei nicht nur die Empfangenden, sondern auch Gebende sind ...« Er brach ab, weil ein Bote hereinkam und ihm einen Brief brachte. Das Schreiben kam von Watson, und O'Neils machte sich sofort darüber her.

Neue Nachrichten aus Gorla. Seit mehreren Tagen war dort eine tausendpferdige Strahlturbine in Betrieb und bisher tadellos gelaufen. Man hatte daraufhin die Weiterentwicklung eines Strahlmotors mit hin- und hergehendem Kolben einstweilen zurückgestellt.

O'Neils nickte, als er das las, denn er war der gleichen Meinung. Wozu einen Motor bauen, wenn man den gewollten Zweck mit einer Turbine einfacher und besser erreichen konnte? Sehr bald würde auch er sich diesem Problem zuwenden und mit dem verbesserten Strahlstoff vielleicht noch etwas Vollkommeneres schaffen.

Weiter lief sein Blick über die Zeilen, und seine Lippen preßten sich zusammen, als er zu den nächsten Seiten des Briefes kam. Man beschäftigte sich in Gorla also bereits mit dem Raketenproblem. Gut! Früher oder später würde man sich auch in Washington und Tokio damit befassen. Seit man über den Strahlstoff verfügte, war es ja nur noch eine reine Konstruktionsaufgabe, bei der es sich lediglich darum handelte, bereits Bekanntes und Erforschtes richtig zu verwerten.

O'Neils ließ das Schreiben sinken, und seine Gedanken begannen in die Zukunft zu wandern. Ein neues Zeitalter sah er im Geiste heraufziehen. Strahlraketen sah er an Stelle der bisherigen Motorschiffe ihre Bahnen durch den Äther ziehen, sah die Luftflotte kommender Jahrzehnte sich über die Stratosphäre hinaus in den freien Weltraum erheben. Weiter schweiften seine Gedanken. Wie in einer Vision sah er unentdeckte Welten, von anderen Lebewesen bewohnt ...

Er raffte sich zusammen, verscheuchte die Bilder und Gedanken, griff wieder nach dem Brief Watsons und vertiefte sich in die ihm beigefügte Zeichnung. Wie er aus ihr und dem zugehörigen Text ersah, hatte man in Gorla in aller Stille mit primitiven Mitteln eine Strahlrakete gebaut. O'Neils hatte begreiflicherweise keine Ahnung von dem eigenmächtigen Vorgehen Hegemüllers und wunderte sich, wie man in Gorla etwas derartig Unvollkommenes zusammenbringen konnte, anstatt von Anfang an sorgfältig und mit dem Einsatz aller verfügbaren Mittel zu konstruieren. Dr. Hegemüller hätte wahrscheinlich einen roten Kopf bekommen, wenn er die Beurteilung gehört hätte, die Professor O'Neils seiner Strahlrakete zuteil werden ließ. Der Amerikaner fuhr in seiner Lektüre fort und erschrak, als er nun das Husarenstück Watsons las ... bei Nacht ... heimlich ... in eine fremde Abteilung eingedrungen ... eine Rakete untersucht ... skizziert ... O'Neils bedauerte, daß er nicht, wie er es anfangs wollte, Jones an Stelle Watsons nach Gorla geschickt hatte. Sein Entschluß, diesen Fehler schleunigst wiedergutzumachen, wurde noch fester, als er in den nächsten Zeilen lesen mußte, daß sein Assistent mit der Rakete sogar einen Flug gewagt und die Maschine nicht wieder an ihren Platz zurückgebracht hatte. Lebhaft malte er sich die Aufregung aus, die wegen der verschwundenen Rakete jetzt in dem Werk herrschen mochte. Mit Schrecken dachte er an die Folgen, die sich für Watson ergeben mußten, wenn die Deutschen hinter seine Schliche kamen. Unverzüglich ging er daran, den Brief zu beantworten. Sein Schreiben enthielt den strikten Befehl für Watson, zurückzukommen. In einem anderen Brief an Professor Lüdinghausen motivierte er den beabsichtigten Personalwechsel so sachlich und überzeugend, daß Lüdinghausen nicht anders konnte, als seine Zustimmung zu geben.

Die Vermutung O'Neils', daß das Verschwinden der Rakete in Gorla schwere Aufregung verursachen würde, traf zu. Wie außer sich stürzte Hegemüller zu Grabbe ins Zimmer.

»Die Rakete ist weg!« Er schrie es so laut in den Raum, daß der Chefingenieur vor allen Dingen erst einmal die offenstehenden Fenster schloß.

»Unmöglich, Herr Doktor!« wandte er sich an Hegemüller, doch der wurde dadurch nur noch aufgebrachter.

»Sie ist weg, Herr Grabbe! Verschwunden! . . . Gestohlen!«

Nur mit Mühe gelang es Grabbe, den Aufgeregten so weit zu bringen, daß er ihm einen zusammenhängenden Bericht über das gab, was er gesehen und festgestellt hatte. Zu zweit machten sie sich auf den Weg zum Abstellplatz.

»Es ist ja unmöglich«, wiederholte Grabbe im Gehen seine schon einmal geäußerte Ansicht. »Die Rakete wog fast tausend Kilogramm. Wie hätten die Täter sie fortbringen sollen?«

Seine Worte waren für Hegemüller Anlaß, sich von neuem zu erhitzen. »Fortgeflogen ist der Dieb damit!« brach er los. »Ich könnte mich selber ins Gesicht schlagen. Ich habe es ihm ja leicht gemacht, habe den Türschlüssel steckenlassen!«

»Zu welcher Tür, Herr Doktor?« warf Grabbe dazwischen.

»Zu der Tür der Versuchskammer. Der Mensch konnte ohne weiteres in das Innere gelangen; brauchte nur einen Hebel zu bewegen, und die Rakete flog davon.«

Während Hegemüller so seinem Herzen Luft machte, wurde er etwas ruhiger, doch dafür sprang die Erregung jetzt auf den Chefingenieur über. Ein Unbekannter, ein Fremder mit der Rakete davongeflogen? Das war ein Fall, der sofort Professor Lüdinghausen gemeldet werden mußte. Kaum eine Minute hielt er sich auf dem Abstellplatz auf, auf dem es ohnehin nichts von Belang zu sehen gab. Die Rakete war eben verschwunden, und nur schwache Eindrükke in dem ziemlich harten Boden verrieten die Stelle, wo sie gestanden hatte. Fußspuren, nach denen der Chefingenieur sich noch umsah, waren nirgends zu entdecken und bei der Bodenbeschaffenheit auch nicht zu erwarten.

»Kommen Sie mit zu Professor Lüdinghausen!« entschied er sich kurz. »Wir müssen die Angelegenheit mit ihm besprechen.«

Auch Lüdinghausen wurde ernst, als er den Bericht Grabbes gehört hatte. Seit Jahr und Tag war kein Fall von Werkspionage in Gorla mehr vorgekommen, und der Vorfall, der sie jetzt beschäftigte, sah doch stark danach aus.

»Es ist kaum ein Zweifel möglich«, begann Lüdinghausen, jedes Wort sorgfältig abwägend, »daß sich eine oder mehrere Personen in unserem Werk befinden, die sich für Dinge interessieren, die sie nichts angehen. Es ist unsere Aufgabe, diese Leute zu finden.«

»Es braucht auch bloß einer zu sein, und der ist mit meiner Rakete längst über alle Berge«, polterte Hegemüller dazwischen.

»Wenn er sich nicht inzwischen das Genick gebrochen hat«, warf Grabbe ein, »ich halte es für ein ungeheures Wagnis, mit dieser Erstkonstruktion einen größeren Flug zu riskieren.«

»Ich traue den Fremden nicht«, mischte sich Hegemüller wieder ein. »Wir haben verschiedene Ausländer im Werk. Wer weiß, ob es nicht einer von denen gewesen ist?«

»Halt, Herr Doktor! Keine haltlosen Verdächtigungen!« unterbrach ihn Lüdinghausen. »Auf diese Weise kommen wir nicht weiter. Wir müssen logisch und systematisch vorgehen, wenn wir etwas erreichen wollen. Als sicher nehme ich zunächst an, daß es bei unserer scharfen Kontrolle für einen nicht zur Belegschaft Gehörenden unmöglich ist, sich in das Werk einzuschleichen. Daraus folgt, meine Herren?«

»Daß der Täter ein Mitarbeiter sein muß«, beantwortete Chefingenieur Grabbe die Frage Lüdinghausens.

»Richtig, Herr Grabbe. Also werden wir weiter festzustellen haben, wer von unserer Belegschaft heute unentschuldigt fehlt. Der Betreffende, sei er, wer er wolle, könnte der Tat verdächtig sein.«

Weder Grabbe noch Dr. Hegemüller konnten gegen die Schlußfolgerung Lüdinghausens etwas einwenden. Der griff zum Apparat und telefonierte mit verschiedenen Stellen im Werk, wobei er sich Notizen machte.

»Kein Grund zu einem Verdacht«, sagte er nach Beendigung des letzten Gesprächs. »Alle, die gestern im Werk waren, sind auch heute wieder zur Arbeit gekommen. Die wenigen, die fehlen, sind schon seit Tagen krank geschrieben. Daraus läßt sich nur der eine Schluß ziehen . . . nun, meine Herren, was muß man daraus folgern?«

Langsamer als zuvor fand Grabbe eine Antwort. »Man müßte daraus schließen, Herr Lüdinghausen, daß der Täter sich jetzt im Werk befindet . . . wenn uns in unseren Voraussetzungen kein Fehler unterlaufen ist.«

Lüdinghausen machte eine abwehrende Bewegung. »Unsere Voraussetzungen sind stichhaltig, Herr Grabbe. Der Schluß, den Sie daraus gezogen haben, ist richtig. Aber das ist noch nicht alles. Es läßt sich noch mehr daraus folgern. Kommt keiner von Ihnen darauf?«

Er wartete vergeblich auf eine Antwort und sprach selbst weiter. »Wenn der Täter heute früh wieder zur rechten Zeit ins Werk gekommen ist, so kann er seinen Flug nicht allzu weit ausgedehnt haben; also muß sich auch Ihre Rakete, Herr Doktor Hegemüller, noch in der näheren Umgebung von Gorla befinden ...«

»Ja, aber wo, Herr Professor?« platzte Hegemüller heraus.

»Das ist die Frage, um die es sich dreht, Herr Doktor Hegemüller.« Ein kaum merkliches Lächeln glitt über die Züge Lüdinghausens, während er es sagte. »Wenn wir den Ort wüßten, würden wir sie schnell haben. Gehen wir weiter logisch vor. Angenommen, der unbekannte Täter wäre um Mitternacht mit der Rakete aus dem Werk geflogen und eine halbe Stunde später gelandet, dann blieben ihm gerade noch acht Stunden Zeit bis zum Werkbeginn. Nehmen wir weiter an, daß er den Rückweg zu Fuß machen mußte, so kann die Rakete kaum weiter als dreißig Kilometer von hier entfernt sein ...«

»Oh, oh!« Grabbe kratzte sich die Stirn. »Ein Kreis mit einem Radius von dreißig Kilometer. Das gibt eine Fläche von beinahe dreitausend Quadratkilometern. Eine verteufelte Aufgabe, auf einem solchen Riesenareal unsere Rakete wiederzufinden.«

»Nicht ganz so schwierig, Herr Grabbe, wie es auf den ersten Blick scheint«, fuhr Lüdinghausen fort; »wir müssen zwei Fälle unterscheiden. Entweder ist die Maschine auf freiem Feld niedergegangen oder in bewaldetem Gelände. Auf freiem Feld ist sie weithin sichtbar; steckt sie irgendwo in einem Gehölz, ist der Fall schwieriger.«

Während Lüdinghausen kühl und klar dozierte, als ob er auf dem Katheder stünde, war Hegemüller von Sekunde zu Sekunde unruhiger geworden. Jetzt hielt er nicht länger an sich.

»Wenn sie auf freiem Feld gelandet ist, wenn irgendein wandernder Handwerksbursche oder Ackerknecht sie entdeckt, aufmacht, 'reingeht, an den Hebeln spielt ... es ist ja kaum auszudenken, was dann noch alles passieren kann.«

»Ruhig, Doktor! Verlieren Sie Ihre Nerven nicht«, versuchte ihn Grabbe zu beschwichtigen, während Lüdinghausen schon wieder zum Telefon griff. Er sprach mit verschiedenen Stellen der Kreisverwaltung, und der Chefingenieur konnte nicht umhin, ihn zu bewundern, denn mit diplomatischer Meisterschaft verstand es Lüdinghausen, die von ihm angerufenen Behörden auf das zu suchende Objekt scharf zu machen, es als gefährlich und unter Umständen explosiv hinzustellen, ohne doch von seiner Raketennatur etwas zu verraten.

»So!« sagte Professor Lüdinghausen, während er den Hörer wieder auflegte, »die Landjägerschaft ist auf die Spur gesetzt. Was könnten wir jetzt noch tun?«

»Selber im Flugzeug losgehen und nach der Rakete suchen«, schlug Hegemüller vor.

»Gut, Herr Doktor.« Wieder griff Lüdinghausen zum Apparat.

»Unser Pilot steht Ihnen mit dem Werksflugzeug zur Verfügung«, wandte er sich nach Beendigung des Gesprächs an Hegemüller. »Nehmen Sie ein paar von Ihren Leuten, die an der Rakete gearbeitet haben, mit und fliegen Sie die Gegend ab. Geben Sie mir Bericht, wenn Sie von Ihrem Flug zurück sind.«

Während Hegemüller das Zimmer verließ, um sich zum Flugzeug zu begeben, holte Lüdinghausen eine Karte von der Umgebung Gorlas heraus und breitete sie vor sich aus. »Die Sache wird schwieriger, wenn die Rakete in dichtem Gehölz steckt«, meinte er zu Grabbe. »Wir wollen uns mal überlegen, wo sich etwas Derartiges hier in der Gegend befindet.«

Grabbe trat neben ihn, gemeinsam studierten sie die Karte und mußten schnell feststellen, daß es fast ein Dutzend Waldungen innerhalb des Gebietes gab, die für den Verbleib der Rakete in Betracht kommen konnten.

»Dumme Geschichte«, brummte Grabbe, »es wird Tage, wenn nicht Wochen beanspruchen, alle diese Plätze gründlich abzusuchen.«

»Hilft nichts, Herr Grabbe«, entschied sich Lüdinghausen. »Wenn wir die Rakete nicht im freien Feld entdecken, müssen wir uns der Mühe unterziehen.«

Zu derselben Zeit ging der Bauer Gustav Schanze durch eins der Gehölze, deren Lage Lüdinghausen und Grabbe gerade auf der Karte betrachteten. Er hatte wenig Sinn für den Buchenwald, in dessen Kronen die schrägen Strahlen der Morgensonne in grüngoldenen Reflexen spielten; seine Gedanken waren vielmehr bei seinem am Rande der Waldung gelegenen Haferfeld, in dem Sperlinge und Wildtauben es reichlich arg getrieben hatten. Wenn Bauer Schanze von seinem Acker überhaupt noch etwas in die Scheune bringen wollte, dann mußte jetzt etwas gegen die gefiederte Plage geschehen, und deswegen hatte er sich auf den Weg gemacht. Während er so durch den Wald dahintrollte, sah er seitwärts vom Wege etwas Weißes in dem Unterholz schimmern. Unwillkürlich verhielt er den Schritt, schaute schärfer hin und ging schließlich darauf zu.

Beim Näherkommen erkannte er, daß es sich um zusammengewürgte Wäschestücke handelte. Schanze machte sich keine Gedanken darüber, wie das Zeug wohl hierhingeraten sein mochte, doch eine andere Idee war ihm bei dem Anblick gekommen. Aus den Lumpen ließ sich sicherlich eine Vogelscheuche herstellen, die seinen bedrohten Hafer schützen könnte.

Ohne langes Besinnen griff er zu, drehte das Leinen auseinander und hielt zu seiner Verwunderung Stücke einer feinen Leibwäsche in seinen Händen; eigentlich noch viel zu schade für eine Vogelscheuche, wenn sie nicht an mehreren Stellen zerrieben und zerfetzt gewesen wäre. Moos und Rindenteile hafteten an den schadhaften

Stellen, als ob jemand damit gewaltsam einen Baum abgewischt hätte. Für ihn selber war sie doch nicht mehr zu gebrauchen, stellte Schanze mit Bedauern fest und zog mit seiner Beute zu dem Feld hin, um dort einen Spatzenschreck daraus zu fabrizieren.

Gegen elf Uhr vormittags lief bei Lüdinghausen die Meldung ein, daß die Landjäger bei ihren Streifen nichts entdeckt hätten, auf das die gegebene Beschreibung passen könnte. Eine halbe Stunde später kam Hegemüller von seinem Erkundungsflug zurück. Auch er hatte von seiner Rakete nichts gesehen.

»Dann steckt das vertrackte Ding also doch in einer der Waldungen«, sagte Lüdinghausen durchs Telefon zu Grabbe. »Wir werden sie der Reihe nach absuchen müssen.« Die Antwort Grabbes vernahm er nicht mehr. Der hatte den Hörer schon wieder aufgelegt, als ein kräftiges »Schweinerei, verfluchte!« seinen Lippen entfuhr.

Vielleicht hatte der Chefingenieur die Fenster doch nicht schnell genug geschlossen, als Hegemüller mit seiner ersten Meldung von der entflogenen Rakete zu ihm kam, vielleicht hatte auch der eine oder andere von den Werkleuten Hegemüllers ein Wort zuviel gesagt, jedenfalls hub schon in den Morgenstunden ein Wispern und Raunen unter der Belegschaft des Werkes an, und es wurde nicht schwächer, als man bald darauf Dr. Hegemüller mit dem Werkflugzeug starten sah.

Von einer Rakete wurde gemunkelt, von einer entflogenen Rakete ... bald darauf von einer gestohlenen und wenig später sogar von einer geraubten Rakete. Von Halle zu Halle, von Labor zu Labor schwirrte das Gerücht und wurde dabei nicht kleiner. Als es in die Abteilung von Thiessen gelangte, der mit Dr. Stiegel und Saraku eben beschäftigt war, eine Verbesserung an der tausendpferdigen Strahlturbine zu erproben, da wollte es bereits von einem nächtlichen Einbruch ausländischer Spione wissen, die sich gewaltsam einer Strahlrakete bemächtigt hätten und damit ungehindert über die Grenze entkommen wären.

Ein Bote, der die zweite Post in die Abteilung Thiessen brachte, hielt sich länger als notwendig auf und hatte etwas mit dem Laboratoriumsdiener zu flüstern. Einem andern wäre es vielleicht kaum aufgefallen, aber Watson merkte es und pirschte sich vorsichtig näher heran, um etwas von dem Gespräch zu erhaschen. Übernächtig, fiebrig erregt, von Zweifeln hin und her gerissen, war er an diesem Morgen in das Werk gekommen. Mit Mühe hatte er nach außen hin eine gleichmütige Maske zur Schau getragen, jeden Augenblick darauf gefaßt, daß von irgendwoher Alarm kommen könnte, und fast unerträglich war die Spannung für ihn geworden.

Längst mußte man ja das Fehlen der Rakete gemerkt haben. Zweifellos mußte auch der Sicherheitsdienst des Werkes schon unterrichtet sein und Maßnahmen eingeleitet haben. Bei jedem Blick, der ihn traf, bei jedem Wort, das an ihn gerichtet wurde, mußte Watson sich zusammennehmen, um nicht durch eine ungewollte Gebärde oder ungeschickte Antwort sein Schuldbewußtsein zu verraten. Zum hundertsten Male verwünschte er es im stillen, daß er sich auf das Abenteuer eingelassen hatte ... und jetzt tuschelten die beiden, der Bote und der Diener, so verdächtig in einer Ecke ... warfen, wie er sich einbildete, hin und wieder forschende Blicke nach ihm. War man ihm etwa auf der Spur?

Er strengte seine Ohren an, horchte gespannt und fing Bruchstücke des Gespräches auf. »Landjägerei alarmiert ... Umgebung von Gorla wird abgesucht ... Dr. Hegemüller mit Flugzeug unterwegs ...«

Es verschlug Watson den Atem, als er es hörte. Vom Flugzeug konnte man die Baumkronen einsehen ... Wenn Hegemüller die Rakete entdeckte? ... Man würde die Landjäger nach der Stelle schicken, sie würden die mit seinen Initialen gezeichneten Wäschestücke finden ... Er mußte sich gegen die Wand stützen, hörte mit geschlossenen Augen weiter ... Ausländer sollen es gewesen sein ... Man hat auch schon einen bestimmten Verdacht, geht einer gewissen Spur nach ... Wenn das Glück günstig ist, werden die Räuber noch heute vormittag gefaßt.

Watson fühlte seinen Herzschlag aussetzen. Wie im Traum vernahm er die Worte des Boten: »Mach's gut, Karl, ich muß weiter.« Dann hörte er eine Tür klappen. Nur allmählich kam er wieder zu sich, ging leicht wankend mit verstörtem Gesicht zu seinem Tisch und sank auf einen Stuhl.

»Ist Ihnen nicht gut, Kollege?« Die Stimme Dr. Stiegels klang an sein Ohr. Mit letzter Anstrengung riß er sich zusammen. Nur jetzt nicht schwach werden, sich nicht verraten!

»Nichts von Bedeutung, Herr Doktor Stiegel. Eine Magenverstimmung; ich fürchte, ich habe gestern abend zuviel von dem schwarzen Brot gegessen.« Er strich sich über den Leib, als ob er dort Schmerzen spürte.

»Gehen Sie ins Kasino und lassen Sie sich einen handfesten Weinbrand geben, Kollege«, riet ihm Stiegel.

»Ich will Ihren Rat befolgen.« Watson verließ das Laboratorium. Erst draußen in der frischen Luft wurde ihm etwas leichter ums Herz. Im Kasino ließ er dem ersten Weinbrand bald einen zweiten folgen, überlegte dabei noch einmal Wort für Wort, was er soeben gehört hatte, und merkwürdigerweise kam es ihm jetzt nicht mehr ganz so schlimm vor. Als er eine Viertelstunde später wieder in die Abteilung Thiessen zurückkehrte, war ihm die überstandene Schwäche nicht mehr anzumerken.

Chefingenieur Grabbe starrte verdrießlich auf den Deckel eines vor ihm liegenden Aktenstückes. Er kam nicht dazu, es zu lesen, denn immer wieder kehrten seine Gedanken zu der verschwundenen Rakete Hegemüllers zurück. Fast zwei Wochen waren nun seit diesem aufregenden Ereignis ins Land gegangen, und keinen Schritt war man weitergekommen. Nach wie vor blieb die Rakete verschwunden, obwohl man die Nachforschungen nach ihr viele Tage hindurch eifrig betrieben hatte. Keinen Schuldigen, ja nicht einmal einen Verdächtigen, vermochte der Sicherheitsdienst des Werkes zu ermitteln, obwohl er sich redlich darum bemühte. Zweifel überkamen den Chefingenieur. Hatte Lüdinghausen mit seiner Theorie recht — und Grabbe konnte keine schwache Stelle in der Beweisführung des Professors entdecken —, dann mußten der oder die Täter, welche die Rakete weggenommen hatten, nicht nur zur Gefolgschaft gehören, sondern sich auch jetzt noch im Werk befinden. Ein unbehagliches Gefühl überkam ihn bei dem Gedanken daran; unwillkürlich liefen ihm Namen und Personen durch den Sinn, die möglicherweise verdächtig sein konnten und die es nun zu finden galt.

Für sich allein versuchte er jetzt das, was Lüdinghausen in einer oft bildhaften Ausdrucksweise »mit Zirkel und Lineal konstruieren« nannte. Zwei Möglichkeiten stellte er gegeneinander. Die erste: Der Täter war ein Deutscher, der im Solde irgendwelcher Agenten handelte. Dann mußte es in der Tat sehr schwer, wenn nicht unmöglich sein, ihn aus der großen Zahl der Werksangehörigen ausfindig zu machen; oder aber zweitens: Es war einer von den wenigen Ausländern, die in dem Institut tätig waren. Dann war er doch wohl nur unter denen zu suchen, die um den neuen Strahlstoff wußten und selbst mit ihm zu tun hatten. Watson oder Saraku? Fast ohne es zu wollen, hatte er die beiden Namen vor sich hin gesprochen.

Der Amerikaner? Schon vor Tagen hatte er auf Wunsch O'Neils' Deutschland verlassen, war längst wieder in Washington, während sein Landsmann Jones in dem deutschen Institut arbeitete. Der kam also überhaupt nicht mehr in Betracht. Der andere, der Japaner? Grabbe hielt ihn ebenso wie Watson für einen grundanständigen Menschen, wollte keinem von den beiden die Tat zutrauen und war nun in seinen Überlegungen doch auf sie gestoßen, grübelte und sinnierte weiter und kam mit seinen Gedanken nicht mehr zurecht. Hegemüller hatte ja seine Sache ganz im geheimen betrieben. Weder Watson noch Saraku konnten darum wissen. Während er noch nach einer Lösung suchte, meldete sich das Telefon auf seinem Tisch. Saraku bat um eine Unterredung.

»Ja, es ist mir recht. Ich bin im Augenblick frei. Sie können gleich kommen, Herr Saraku.« Grabbe legte den Hörer wieder auf, dachte dabei: Ich werde gesprächsweise die Strahlrakete erwähnen und ihn dabei genau beobachten. Wenn er in die Sache verwickelt ist, wird er sich vielleicht doch verraten ... obwohl ... die Söhne Nippons haben sich in der Gewalt ...

Ein Klopfen an der Tür unterbrach seine Betrachtungen. Saraku kam herein und ging nach einer höflichen Begrüßung sofort auf den Zweck seines Kommens los.

»Ich bekam Nachrichten von meinem verehrten Lehrer Hidetawa, Herr Chefingenieur«, sagte er und legte einen großen Briefumschlag vor sich hin.

»Von unserem Freunde Hidetawa?« fragte Grabbe. »Hat er neue Vorschläge wegen der Strahlturbine zu machen?«

Saraku machte eine verneinende Bewegung. »Nein, Herr Chefingenieur. Er kommt mit einem anderen Vorschlag, der ihn, wie er schreibt, schon seit Wochen beschäftigt. Er schickt Pläne zu einer Strahlrakete.«

Grabbe biß sich auf die Lippen, um Worte zu unterdrücken, die ihm auf der Zunge lagen.

»Von einer Strahlrakete? Das ist interessant.« Er brachte es scheinbar gleichmütig heraus, obwohl seine Gedanken wild durcheinanderwirbelten. »Herr Hidetawa hat bereits Pläne entworfen?«

»Hier sind sie, Herr Grabbe.« Saraku zog mehrere Bogen aus dem Briefumschlag, faltete sie auseinander und breitete sie vor dem Chefingenieur aus. Dessen Augen gingen wechselweise zwischen den Zeichnungen und dem Japaner hin und her. Auf den ersten Blick erkannte er, daß die Entwürfe Hidetawas schon weit ins einzelne gingen. Wer das Problem bereits so weit beherrscht, hat es nicht nötig, sich an dem primitiven Apparat Hegemüllers zu vergreifen, war die Erkenntnis, die sich ihm zwangsläufig aufdrängte und vor der jeder Verdacht gegen Saraku dahinschwand.

Mit ungeteiltem Interesse vermochte Grabbe sich jetzt den Entwürfen Hidetawas zu widmen, und immer wieder mußte er die Voraussicht bewundern, mit der jede Eventualität hier gemeistert, jedes Einzelteil für seinen Zweck geformt und durchkonstruiert war. Unbeweglich saß Saraku ihm gegenüber und wartete geduldig ab, wie sich Grabbe zu den Plänen äußern würde. Jetzt stutzte der. Sein Finger blieb auf einer Nebenzeichnung haften, die den Bewegungsmechanismus der strahlenden Treibflächen darstellte.

»Herr Hidetawa hat hier ein selbstsperrendes Getriebe vorgesehen?« wandte er sich an Saraku. »Warum das?«

»Herr Hidetawa hat mit der Möglichkeit gerechnet, daß Kräfte von außen her die Treibflächen verstellen könnten, und sich durch eine Selbstsperrung dagegen geschützt. Er dachte an den Luftwiderstand während des Fluges in der Atmosphäre. Er hat wohl auch mit der Möglichkeit gerechnet, daß ein Unbefugter die Flächen von außen her verstellen könnte . . .«

Die Flächen von außen her verstellen könnte . . . die letzten Worte Sarakus hallten wie ein Echo im Ohr des Chefingenieurs nach . . . ein Unbefugter von außen . . . Konnte es bei der Rakete von Dr. Hegemüller nicht ebenso gewesen sein? . . . Mit Leichtigkeit ließen sich an dessen Maschine die Flächen von außen her verstellen. Noch nicht einmal ein Mensch brauchte es gewesen zu sein. Ein leichter Druck genügte ja schon dazu. Irgendein Tier konnte es verursacht haben . . . eine Katze vielleicht . . . es waren einige davon in dem Werk vorhanden.

Saraku hatte einen Brief aus dem Umschlag gezogen. Das leichte Knittergeräusch des bewegten Papiers rief Grabbe in die Wirklichkeit zurück. Er sah wieder die Pläne vor sich, den Japaner sich gegenüber und begann zu sprechen.

»Ich beglückwünsche Herrn Hidetawa zu dieser Arbeit. Sie ist ein Meisterstück. Wir werden heute noch gemeinsam darüber beraten. Für den Augenblick bitte ich Sie um Entschuldigung. Ich muß Professor Lüdinghausen noch sprechen, bevor er zu Tisch geht. Vielleicht können wir heute nachmittag mit ihm zusammen eine Konferenz haben.«

Saraku erhob sich und verließ mit einer Verbeugung das Zimmer. Kaum hatte sich die Tür hinter ihm geschlossen, als Grabbe schon zum Telefon griff und Lüdinghausen anrief.

»Sehr gut, Grabbe«, klang's ihm von der anderen Seite der Leitung entgegen. »Ich wollte Sie auch noch sprechen. Kommen Sie, bitte, gleich.«

»Ja, mein lieber Grabbe«, empfing Lüdinghausen den Chefingenieur. »Mit unsern Nachforschungen in der Sache Hegemüller scheinen wir ja nun endgültig festgefahren zu sein. Nirgends auch nur eine Spur von dem Täter. Ich glaube nicht mehr, daß wir den Menschen fassen werden.«

»Vorausgesetzt, daß es ein Mensch ist, Herr Professor.« Lüdinghausen sah den Chefingenieur groß an. Der ließ sich dadurch nicht aus der Ruhe bringen, sondern breitete die Zeichnungen Hidetawas gemächlich vor sich aus. Eine kurze Weile ließ ihn Lüdinghausen gewähren, dann fragte er ungeduldig:

»Wie meinen Sie das, Herr Grabbe? Ich denke, über den Täter sind wir uns doch einigermaßen klar.«

»Ich habe es auch geglaubt, Herr Lündinghausen, bis ich vorhin Pläne Hidetawas für eine Strahlrakete . . .«

»Nun, und? Was hat das mit unserm Fall zu tun?«

Grabbe schob ihm eine der Zeichnungen hin und wies auf eine Stelle darauf.

»Wollen Sie sich das einmal genau ansehen, Herr Professor?«

»Was ist daran Besonderes zu sehen? Die Bewegung der Treibflächen durch einen Schneckentrieb — übrigens keine schlechte Idee — imponiert mir ... tüchtige Arbeit. Aber lassen wir das jetzt. Kehren wir zu unserem Fall zurück, Herr Grabbe.«

»Wir sprechen bereits die ganze Zeit darüber, Herr Lüdinghausen. Sehen Sie, hier unterscheidet sich die Konstruktion grundsätzlich von der Hegemüllerschen. Hier stehen die Treibflächen in jeder Stellung unverrückbar fest. Bei unserer Rakete konnte man sie von außen her mit Leichtigkeit verstellen ...«

»Ich verstehe, was Sie meinen. Es hätte jemand die Flächen unserer Rakete von außen verstellen können ... braucht gar nicht mitgeflogen zu sein ... ja, bester Herr Grabbe, das wirft ja alle unsere Schlußfolgerungen über den Haufen. Dann kann die Rakete sich ja Gott weiß wo befinden ... vielleicht auf dem halben Wege zum Mond sein ...«

»Wäre das Beste, was uns passieren könnte. Dann wären wir wenigstens sicher davor, daß sie einem Unberufenen in die Hände fällt. Offen gesagt, Herr Professor, solche Scherze wie damals bei den Fundland-Bänken und am Boulder-Damm möchte ich nicht noch einmal erleben. Damals hat die Welt noch an einen Meteoriten geglaubt; wenn aber Hegemüllers Rakete in Amerika oder sonstwo zu Boden stürzt, würde die Welt verflucht hellhörig werden.«

»Malen Sie den Teufel nicht an die Wand!« wehrte Lüdinghausen ab. »Im übrigen bringt uns das alles nicht weiter. Nach wie vor haben wir die Aufgabe, den Kerl festzustellen, der uns das eingebrockt hat.«

»Sie sagen Kerl, Herr Lüdinghausen. Es könnte auch ein Tier gewesen sein.«

»Ein Tier?!«

»Allerdings! Ich denke da zum Beispiel an die Katzen, die unsere Pförtner sich halten. Die Tiere streunen gerade in dieser Jahreszeit die liebe lange Nacht herum und machen sich reichlich bemerkbar.«

Lüdinghausen warf sich in seinen Sessel zurück und lachte laut heraus. »Großartig, Grabbe! Der Täter entpuppt sich als ein verliebter Kater. Ich kann nur nicht recht daran glauben.«

»Aber ich, Herr Lüdinghausen. Zufällig hörte ich von einem unserer Wächter, daß die Biester es in der fraglichen Nacht besonders arg getrieben haben. Es ist ihre Ranzzeit. Sie sollen steinerweichend konzertiert haben.«

Lüdinghausen wurde wieder ernst. »Sollte das wirklich des Rätsels Lösung sein, Herr Grabbe? Je länger ich darüber nachdenke, um so möglicher erscheint es mir. Ja, was sollen wir denn dann noch weiter unternehmen?«

»Gar nichts, Herr Professor. Die Dinge einstweilen laufen lassen, wie sie laufen, und den Bau unserer neuen Rakete mit allen Mitteln beschleunigen. Ich möchte nicht, daß Hidetawa uns zuvorkommt. Unsere eigenen Entwürfe sind auch nicht schlecht. Nur den Mechanismus für die Bewegung der Treibflächen wollen wir von dem japanischen Projekt übernehmen. Da uns Hidetawa seine Pläne unterbreitet hat, müssen wir auch ihm gegenüber mit offenen Karten spielen. Ich schlage vor, daß wir uns heute nachmittag mit Saraku darüber besprechen.«

Lüdinghausen machte sich eine Notiz auf seinem Terminkalender. »Ist recht, Herr Grabbe. Heute nachmittag um vier Uhr. Kommen Sie schon eine Viertelstunde früher, damit wir uns vorher über alles Wichtige klarwerden.«

Zur festgesetzten Zeit stellte sich Chefingenieur Grabbe am Nachmittag wieder bei Lüdinghausen ein und entnahm seiner Mappe die von Dr. Hegemüller entworfenen und von ihm selbst weiterbearbeiteten Pläne über die neue Rakete.

»Ja, sehen Sie, lieber Grabbe, das ist es, was ich erst unter vier Augen mit Ihnen besprechen wollte, bevor wir uns mit unserem Japaner zusammensetzen«, eröffnete Lüdinghausen die Unterredung und griff nach einem mit roter Tinte ausgefertigten Schriftstück. »Ich glaube, unsere Fertigungs- und Liefertermine behalten wir vorläufig lieber für uns.«

»Ich wollte Ihnen das gleiche vorschlagen, Herr Professor«, erwiderte Grabbe. »Ich meine, hier handelt es sich um eine interne Betriebsangelegenheit, über die wir niemandem Rechenschaft schuldig sind.«

Lüdinghausen vertiefte sich in das durch seine Farbe so auffällige Dokument und nickte dabei zustimmend.

»Sehr gut, Herr Grabbe. Der Raketenkörper ist bereits in die Abteilung Hegemüller geliefert worden.« Er zog eine der Zeichnungen heran. »Alle Wetter, ein tüchtiger Brocken. Wie haben Sie das Stück so schnell beschaffen können?«

Grabbe lachte. »Ich habe mich durch unsern Freund Hegemüller inspirieren lassen. Ich habe den Raketenkörper bei der Firma bestellt, die uns bereits mehrere Versuchskammern geliefert hat.«

»Hm, so! Haben die Leute nicht etwas gemerkt? Lunte gerochen, wie man zu sagen pflegt?«

»Glaube ich nicht, Herr Professor. Wir haben es natürlich vermieden, der Firma unser Geheimnis auf die Nase zu binden. Die Zeichnungen, die wir ihr gaben, waren so hergerichtet, daß sie glauben mußte, es handelt sich auch hier wieder um eine Versuchskammer. Die Sache wurde noch täuschender, weil wir auch gleich die Lufterneuerungsanlage und einige Meßinstrumente von dieser Firma in den Körper einbauen ließen. Sie sehen hier die Sauerstoffflaschen, hier« — er fuhr mit dem Finger über die Zeichnung — »die Kalipatronen, um die durch die Atmung frei werdende Kohlensäure zu binden, und hier die Manometer. Die Firma hat sich mächtig 'rangehalten, das muß man ihr lassen. Sie hat uns das Stück zehn Tage nach der Bestellung angeliefert, hat deswegen unsern anderen Auftrag auf die Versuchskammer für C III zurückgestellt, obwohl Dr. Schneider erheblichen Krach geschlagen hat.«

Lüdinghausen hatte sich schon wieder der roten Liste zugewandt und die nächsten Zeilen überflogen. »Das Instrumentenbrett ist auch bereits eingebaut und komplett«, meinte er anerkennend.

Grabbe nickte. »Jawohl, Herr Lüdinghausen; sowie der Raketenkörper im Werk war, hat sich Hegemüller mit seinen Leuten darüber hergemacht. Es waren ja naturgemäß einige Änderungen notwendig. Zwei von den vier Manometern mußten mit der Außenluft verbunden werden. Thermometer und Beschleunigungsmesser waren einzubauen. Das alles hat sehr schön geklappt. Auch die Treibflächen sind bereits eingetroffen. Nur der Bewegungsmechanismus für sie ist noch nicht fertig, und das ist kein Fehler, denn den wollen wir jetzt nach den Plänen Hidetawas gestalten.«

»Gut, sehr gut, Herr Grabbe. Wann, meinen Sie, wird die neue Rakete startbereit sein?«

»In wenigen Tagen. Hegemüller sitzt bereits über den Zeichnungen für die wenigen noch fehlenden Teile. Wir werden die Stücke bei uns im Werk herstellen lassen und die Sache dringlich machen. Wenn Sie auch noch etwas Druck dahintersetzen, Herr Professor, können wir schon für die kommende Woche mit einem Probeflug rechnen.«

Lüdinghausen warf einen Blick auf den Kalender. »Wir werden fast Neumond haben. Das paßt ganz gut. Also machen Sie mit Volldampf weiter, und jetzt wollen wir uns Saraku kommen lassen.«

Sorgsam faltete Grabbe die rote Liste zusammen und ließ sie in seiner Brusttasche verschwinden, während Lüdinghausen den Japaner durch den Fernsprecher zu sich bat.

»Wir sind Meister Hidetawa zu Dank verpflichtet«, empfing er den Eintretenden. »Die Pläne, die Sie in seinem Auftrag überbrachten, sind sehr interessant und lehrreich für uns, aber wir haben auch nicht geschlafen. Wollen Sie sich das bitte ansehen.« Er führte Saraku zu einem andern Tisch, auf dem ein vollständiger Satz der von Hegemüller entworfenen Raketenpläne ausgebreitet war, und fuhr fort: »Ich übergebe Ihnen die Zeichnungen zu treuen Händen, Herr Saraku, mit der Bitte, sie Herrn Hidetawa zu übermitteln.«

Überrascht schaute der Japaner auf die vor ihm ausgebreiteten Zeichnungen. Schon eine oberflächliche Betrachtung zeigte ihm, daß die Partner ihre Zeit in der Tat nicht verloren hatten. Auch hier war alles für eine Strahlrakete Erforderliche bis in die Einzelheiten durchkonstruiert, und in der Hauptsache stimmte es mit den von Hidetawa gewählten Anordnungen überein.

Grabbe griff nach einer Liste und reichte sie dem Japaner, während er dazu erklärend bemerkte: »Sie finden hier eine Aufstellung der Patente, die wir gemeinsam nehmen wollen. Neu für uns war der Bewegungsmechanismus der Treibflächen. Wir halten ihn für sehr wichtig und wollen ihn möglichst ausgiebig schützen lassen. Für Sie wird vielleicht die von uns gewählte Anordnung der Instrumente interessant sein. Von diesen zwei Punkten abgesehen, stimmen unsere Konstruktionen wie gesagt fast vollständig überein.«

Saraku hatte sich über die Zeichnungen gebeugt und vertiefte sich in ihre Einzelheiten.

Äußerlich war ihm die Überraschung nicht anzumerken, die diese Entwürfe ihm bereiteten. Etwas ganz Neues hatte er dem deutschen Werk zu bringen geglaubt und mußte nun feststellen, daß man hier schon ebenso weit war wie in Tokio.

»Bauen ist jetzt die Hauptsache, Herr Saraku«, nahm Lüdinghausen wieder das Wort. »In Stahl und Eisen muß jetzt Form gewinnen, was hier auf dem Papier steht, und zwar möglichst bald.« Saraku nickte zustimmend. Er dachte in diesem Augenblick an ein anderes, nur für ihn bestimmtes Schreiben Hidetawas, in dem sein alter Lehrer ihm auch einiges über den Stand der Bauarbeiten an seiner Rakete mitteilte. Mochten die Deutschen sich noch so sehr beeilen, es würde ihnen kaum gelingen, seinen Vorsprung einzuholen.

»Ich weiß nicht, Herr Professor«, begann er zögernd, »ob es erlaubt ist, davon zu sprechen.« Er stockte wieder und schwieg.

»Bitte heraus mit der Sprache!« ermunterte ihn Grabbe.

»Reden Sie nur offen, wir haben keine Geheimnisse voreinander.«

»Ich hörte«, begann Saraku wieder, ». . . es sind nur Gerüchte . . . man sprach im Werk von einer Rakete, die bereits fertig war und auf unerklärliche Weise entflogen sein soll.«

Verstohlen tauschten Grabbe und Lüdinghausen einen schnellen Blick miteinander. Für einen kurzen Augenblick flammte der alte Verdacht wieder in Grabbe auf. Fragen überstürzten sich in seinem Kopf. Was wußte der Japaner in Wirklichkeit?

Lüdinghausen enthob ihn der Mühe, eine Antwort zu finden.

»Gerüchte, Herr Saraku . . . Sie wissen selbst, was man davon zu halten hat. Ein Körnchen Wahrheit und viel unnützes Geschwätz. Herr Doktor Hegemüller hatte ein paar kleine Strahlflächen an ein Gestell montiert, wollte am nächsten Tag ihre Treibkraft messen. In der Nacht kamen streunende Katzen darüber her und brachten die Konstruktion in Unordnung, mit dem Endergebnis, daß die ganze Geschichte sich senkrecht in den Äther empfahl. Ein belangloser Zwischenfall; der Himmel mag wissen, wie das Vorkommnis überhaupt bekanntgeworden ist. Wir legen ihm keine weitere Bedeutung bei.«

Mit einer höflichen Verneigung quittierte Saraku die Mitteilung Lüdinghausens. Friß die Lüge oder ersticke daran! dachte Grabbe bei sich.

Noch ein kurzer Meinungsaustausch über das Bauprogramm, und die Konferenz war beendet.

»Wir müssen sehr schnell bauen, wenn uns Hidetawa nicht zuvorkommen soll«, sagte Grabbe, nachdem Saraku gegangen war. »Wir werden mit Tag- und Nachtschichten arbeiten«, bestätigte Lüdinghausen die Meinung des Chefingenieurs.

Fast ebenso schnell, wie er einst aufflammte, war der feuerspeiende Berg an der Straße von Tokio noch Yokohama wieder erloschen. Kalt und bewegungslos ragte das Gestein des Berges, der landeinwärts den Abschluß von Hidetawas Park bildete, in den blauen Sommerhimmel. Nur noch einige verkohlte Baumstämme und veraschter Rasen zeugten auf den Felsterrassen hier und dort von dem Ausbruch atomarer Energie, aber die große Höhle war doch ein Opfer der entfesselten Naturgewalten geworden.

Doch Vulkanausbrüche und Erdstöße waren alltägliche Ereignisse auf den Inseln Nippons. Das Vorkommnis hatte Hidetawa nicht zu veranlassen vermocht, den Arbeitsplatz, der ihm aus vielen anderen Gründen so günstig schien, deswegen aufzugeben. Eine leichte geräumige Baracke stand jetzt im Garten des greisen Gelehrten, und unablässig war er dort zusammen mit Yatahira und wenigen ausgesuchten Gehilfen bei der Arbeit.

Tagesarbeit war es zuerst, Nachtarbeit kam hinzu, als wieder und immer wieder Kabel einliefen, die Saraku von der entgegengesetzten Seite des Erdballes absandte.

»Es geht um Stunden, Yatahira. Noch einen Sonnenlauf, und die Kollegen werden hier starten.«

Ein Depeschenblatt in der Hand, sagte es Hidetawa.

»Wir können heute nacht schon starten, Meister. Ihr Werk ist vollendet.«

Die Antwort kam aus dem Innern des schimmernden Metallzylinders, der breit und massig in der Baracke stand.

»Heute nacht, Yatahira?«

»In vier Stunden, wenn Sie es befehlen.«

Auf einen Wink Hidetawas trat Yatahira aus der Rakete heraus und folgte Hidetawa in den Garten. Lange wanderten sie dort die

Wege entlang, Hidetawa sprechend, hin und wieder auf das Papier in seiner Hand deutend, Yatahira zuhörend, nur hin und wieder durch eine Bewegung, eine Verneigung andeutend, daß er die Absichten und Wünsche seines Lehrers erfaßte.

»In vier Stunden, Yatahira.«

»In vier Stunden, Meister Hidetawa.«

Bauer Schanze war auf dem Wege zu seinen Äckern jenseits des Waldes. Während er unter den hohen Buchenstämmen dahinmarschierte, kam aus der Ferne Sirenengetön auf.

Ach so, heute ist Sonnabend; sie pfeifen Werkschluß. Schon zwei Uhr nachmittags? Er blieb stehen und holte seine etwas altertümliche Uhr aus der Tasche, um sie nach dem Sirenensignal zu stellen. Die haben's gut, können am Sonnabend früh nach Hause gehen, sinnierte er weiter vor sich hin und setzte sich langsam wieder in Bewegung. Ein paar spielende Eichkatzen sprangen vor ihm über den Weg, jagten einander und huschten an den grauen Stammsäulen empor.

»Luderzeug, verdammtes!« knurrte Schanze vor sich hin, während sein Blick den Tieren folgte, bis sie in den Baumkronen verschwanden. »Habt mir letzten Herbst alle Haselnüsse gestohlen.«

Von neuem verhielt er den Schritt, zog eine Büchse hervor und schnitt sich ein Stück Kautabak ab, das er gemächlich in der Backentasche verstaute. Sah dabei auch an anderen Stellen Eichhörnchen um die Stämme spielen und brummte allerlei vor sich hin. »Wo das Teufelszeug nur alles herkommt? Was will das jetzt im Buchenwald, wo die Eckern noch längst nicht reif sind? Haben's wohl auf Vogelnester abgesehen; schade, daß man nicht drauf schießen darf . . .«

Bauer Schanze brach sein Selbstgespräch ab, weil ein ziemlich weit abseits stehender Baum seine Aufmerksamkeit erregte. In dessen Krone wurde es plötzlich lebendig. Äste bewegten sich, Zweige schwankten und schlugen rauschend gegeneinander.

»Nanu? Was ist das?« staunte Schanze. »Was, zum Deubel, steckt da oben zwischen den Blättern?«

Im nächsten Augenblick sah er ein fuchsrotes Eichhörnchen aus dem Geäst nach unten fallen. Vergeblich versuchte das Tier noch einen rettenden Ast zu erhaschen. Es verfehlte ihn, stürzte aus der Höhe ab, schlug auf dem Waldboden auf und blieb regungslos liegen.

»Ist ja kaum möglich!« wunderte sich der Bauer. »Habe noch nie gehört, daß eine Eichkatze sich zu Tode gefallen hat . . . Da muß noch was anderes im Baum gesessen haben . . . ein Wiesel vielleicht . . . oder ein Marder . . . der ihm an die Kehle wollte?« Während Schanze so vor sich hin sinnierte, haftete sein Blick an dem gestürzten Tier. Es sah nicht, wie sich zwanzig Meter höher aus der Baumkrone ein zylindrischer Körper nach oben erhob, jetzt schon die obersten Baumzweige hinter sich ließ und in langsamem Flug senkrecht emporstieg.

Diesmal war es wirklich ein Tier gewesen, ein spielender Eichkater, der in jähem Sprung gegen die Strahlflächen von Hegemüllers Rakete geprallt war und sie dabei verstellt hatte. Nicht eben sehr viel, aber doch so viel, daß die Maschine wieder einen leichten Auftrieb bekam, ihren Stützpunkt verließ und in langsamem Flug nach oben strebte.

Von alledem aber sah der Bauer Schanze nichts, weil seine Blikke am Boden hafteten. Er trat an den Stamm heran, hob das Tier auf, überzeugte sich, daß es tot war, und steckte es in seinen Rucksack. Ich werd's zu Hause abledern, dachte er, während er rüstig weitermarschierte. Der Pelz ist gut. Gibt ein schönes Stück für den Winter.

Die Werkssirenen waren verklungen; hinter den letzten Leuten der Belegschaft schlug der Pförtner das eiserne Gittertor zu; still und verlassen lagen die Bauten und Höfe des Werkes. Nur an zwei Stellen herrschte noch Leben und Betrieb in ihm.

Auf dem Abstellplatz waren um den schimmernden Rumpf der neuen Rakete Lüdinghausen, Grabbe und Saraku versammelt. Die Tür des geräumigen Zylinders stand offen. Aus dem Innern klang das Klappern einer Morsetaste. Dr. Hegemüller war dabei, noch einmal die Funkeinrichtung zu überprüfen. Provisorisch hatte er sie an eine auf dem Hallendach befindliche Antenne angeschlossen. Die Antwort kam aus dem Turm des Verwaltungsgebäudes, in dem in der Funkstation des Werkes zwei Mann der Gefolgschaft vor ihren Apparaten saßen, bereit, den drahtlosen Verkehr mit der neuen Rakete für die folgenden Stunden aufrechtzuerhalten.

»Alles in Ordnung. Schluß vorläufig!« hämmerte Hegemüller in die Taste, legte die Kopfhörer ab und löste die Verbindung mit der Hallenantenne.

»Klar zum Start, Herr Professor«, meldete er Lüdinghausen.

Lüdinghausen blickte auf seine Uhr, während Hegemüller und Saraku bereits das Innere der Rakete betraten.

»Zwei Uhr zwölf Minuten«, wandte er sich an Grabbe. »Sie können um viertel drei Uhr abfliegen. Bleiben Sie nicht länger als eine Stunde fort. Melden Sie sich unterwegs möglichst bald. Ich werde zu den Funkern im Turm gehen . . . und passen Sie auf Hegemüller auf«, rief er Grabbe noch nach, der auch schon in der Rakete stand.

»Wird geschehen, Herr Professor«, lachte der Chefingenieur und zog die Tür hinter sich zu.

Lüdinghausen hörte ein Geräusch von Werkzeugen. Die Schrauben, welche den Türverschluß luftdicht machten, wurden von innen angezogen. Er sah, wie die Strahlflächen sich allmählich auseinanderbewegten, wie der Rumpf der Rakete unter einer leichten Erschütterung erzitterte, sah den schweren Körper sich Zoll um Zoll vom Boden abheben und senkrecht emporschweben. Eine kurze Weile noch verfolgte er ihn mit den Blicken. Dann wandte er sich um, ging zum Turm und stieg in den Funkraum hinauf.

An einem der Raketenfenster stand Grabbe. Langsamer als bei jenem kurzen Flug in der ersten Rakete stieg die neue Maschine. Dr. Hegemüller schien die Anweisungen, die ihm Professor Lüdinghausen am Vormittag noch unter vier Augen gegeben hatte, zu beherzigen. Der Chefingenieur sah die Landschaft vor seinen Blicken in die Tiefe sinken und sich stetig ausweiten.

Endlich scheint Freund Hegemüller vernünftig geworden zu sein, ging es ihm durch den Kopf, dann nahm ihn das sich ständig ändernde Landschaftsbild wieder in Anspruch. Schon lagen die Häuser von Gorla wie Kinderspielzeug vor seinen Blicken; Weiler und Dörfer sah er wie von einer spielerischen Riesenhand zwischen Äckern und Triften hier- und dorthin verstreut; sah jetzt in blauer Ferne dunstig verschwommen auch den Kamm des Hochgebirges und konnte sich immer noch nicht von dem wechselvollen Bild losreißen.

Und doch hätte der Chefingenieur Grabbe besser daran getan, seine Aufmerksamkeit den Meßinstrumenten in der Rakete als der Landschaft draußen zuzuwenden, denn ein kleiner, aber nicht unwichtiger Umstand war ihm darüber entgangen. Die Rakete erfuhr bei der von Dr. Hegemüller gewählten Einstellung der Treibflächen zwar nur eine geringe Beschleunigung, doch diese Beschleunigung wirkte stetig weiter und ließ die Geschwindigkeit von Sekunde zu Sekunde wachsen. Kaum schneller als etwa ein Straßenbahnwagen von seiner Haltestelle abfährt, hatte die Rakete ihren Startplatz verlassen, aber mit rund hundert Meter in der Sekunde fegte sie schon nach einer Minute durch die Luft.

Während Grabbe in die Betrachtung der Landschaft versunken war und Hegemüller vor seinen Hebeln stand, hatte Saraku die Seilantenne ausgelassen, mit der die Funkstation der Rakete während des Fluges arbeiten mußte. Jetzt bewegte er die Taste und versuchte die Verbindung mit den Funkern des Werkes zu bekommen.

Die Turmstation meldete sich. Der Schreibhebel der Bordstation begann zu ticken und Punkte und Striche aufzuzeichnen. Saraku las die Worte von dem laufenden Papierstreifen halblaut ab.

»2 Uhr 17. Wie ist Ihr Flug? Wo befinden Sie sich?«

Unwillkürlich gingen die Blicke des Japaners zu der Borduhr, als er die Zeitangabe las. Es stimmte; eben erst zwei Minuten waren sie in Fahrt. »Wo befinden Sie sich?« Er schaute nach dem Höhenzeiger und wollte seinen Augen kaum trauen. Bei dem zwölften Kilometer stand der Zeiger des Instruments und war schon wieder um einen Kilometer weitergeklettert, bevor Sarakus Blicke von ihm zu dem Morseschreiber zurückgingen.

Dessen Hebel stand jetzt still. Die Werkstation hatte sich auf Empfang umgestellt und wartete auf Antwort. Er schaltete seinen Apparat auf Senden und ließ die Taste spielen.

»Gute Fahrt bisher. Stehen in . . .« Er sah nach dem Höhenzeiger und morste weiter »13 Kilometer«, verbesserte sich in der nächsten Sekunde, ». . . in 14 Kilometer Höhe«. Er ließ die Taste ruhen und griff sich mit der Rechten an die Stirn, während er automatisch seine Station wieder auf Empfang umlegte. Sein Kopf wollte nicht fassen, was seine Augen sahen, was die Meßinstrumente in der Wand ihm untrüglich zeigten. Was für ein rasender, wahnwitziger Flug war das! Schon Stratosphärenhöhe nach wenig mehr als zwei Minuten Fahrt! . . . Schon auf zwanzig Kilometer wies der Höhenzeiger jetzt. Er wollte etwas sagen, wollte Hegemüller anrufen, als Chefingenieur Grabbe sich umwandte und die gleiche Frage stellte wie vor kurzem die Werkstation.

»Wo stehen wir? Der Himmel hat sich verändert. Er ist tiefblau, fast schon violett geworden.«

Schweigend deutete der Japaner auf den Höhenzeiger. Grabbes Augen folgten der Richtung. Siebenundzwanzig Kilometer las er ab und war mit einem Sprung bei den Steuerhebeln.

»Sind Sie toll?« schrie er Hegemüller an. In seine letzten Worte hinein begann der Morseschreiber wieder zu ticken. »Befehl der Werkleitung«, las Saraku ab, »Beschleunigung negativ stellen. Auf zehn Kilometer Höhe zurückgehen. Melden, wenn befohlene Höhe erreicht. Lüdinghausen.«

Grabbe hatte inzwischen in das Steuerrad der Haupttreibflächen gegriffen. Langsam bewegte es sich unter seinen Händen, während er ein anderes Instrument, den Beschleunigungsmesser, scharf ins Auge faßte. Jetzt begann auch dessen Zeiger zu fallen; gemächlich wanderte er zur Null zurück. Das bedeutete, daß die Rakete jetzt weder nach oben noch nach unten eine Beschleunigung hatte. Der Auftrieb ihrer Strahlflächen reichte gerade hin, um die Erdanziehung zu kompensieren. Sie verhielt sich infolgedessen so, als ob sie sich weit von anderen Sternen entfernt irgendwo im leeren Weltraum befunden hätte, das heißt, sie stürmte mit der während der ersten Minuten ihres Fluges erreichten Geschwindigkeit von fast vierhundert Sekundenmetern, mit Granatengeschwindigkeit ungefähr, unaufhaltsam weiter noch oben.

Wieder begann der Morseschreiber zu spielen: »Beschleunigung negativ stellen!« las Saraku von dem Papierstreifen ab. Zwingend wirkte der zum zweitenmal gegebene Befehl auf Grabbe. Das Steuerrad in seinen Händen bewegte sich, der Zeiger des Beschleunigungsmessers schlug nach der negativen Seite aus. Auch die Morsetaste in Sarakus Hand begann wieder zu klappern.

»Beschleunigung steht auf minus eins. Höhe fünfzig Kilometer«, funkte er in den Äther und warf seine Station wieder auf Empfang herum. Fast unmittelbar begann der Schreiber wieder zu ticken.

»Verzögerung noch mehr verstärken! Erdgravitation mit halber Kraft wirken lassen!« las Saraku einen neuen Befehl ab, und der Chefingenieur drehte das Steuerrad, bis der Beschleunigungsmesser fünf Strich unter Null anzeigte.

Ein eigenartiges Gefühl überkam die drei Männer in dem Metallzylinder. Nur noch halbes Gewicht hatten ihre Körper plötzlich, denn nur noch mit der halben Stärke wirkte die Anziehungskraft der Erde auf sie. Unsicher waren zunächst ihre Bewegungen und Schritte. Grabbe behielt seinen Platz am Steuerrad und begann mit geschlossenen Augen zu rechnen. Rund achtzig Sekunden würde es dauern, dann würde die Erdanziehung der Rakete ihre Geschwindigkeit geraubt haben. Einen Moment würde sie dann in der Stratosphäre stillstehen, und danach würde der Sturz nach unten beginnen . . . würde schnell und immer schneller werden, wenn man den Fall nicht rechtzeitig abbremste. Er öffnete die Augen wieder, ließ seine Blicke zwischen der Borduhr und den Meßinstrumenten hin und her gehen, bereit, neue Steuermanöver zu machen, sobald der Augenblick dafür gekommen war.

Verdrossen war Hegemüller inzwischen an eins der von der Sonne abgewandten Fenster gegangen und schaute hinaus. Fast schon schwarzviolett erschien hier der Himmel, und einzelne Sterne wurden an ihm sichtbar. Ein eigenartig schöner Anblick war es, doch Hegemüller hatte keine rechte Freude daran. Er hatte den Flug in der Hoffnung begonnen, wenigstens ein paar hundert Kilometer in die unbekannte Höhe vorstoßen zu können, und nun zwang man ihn schon so frühzeitig zur Umkehr. Er verwünschte den Japaner mit seiner Morserei, verfluchte Lüdinghausen, der die Rakete von seiner Turmstation aus kontrollierte und kommandierte, und tröstete sich schließlich mit dem Gedanken an spätere Flüge.

Mit mäßiger, gleichbleibender Geschwindigkeit sank die Rakete nach unten. Schon hatte sie wieder die tieferen Schichten der Atmosphäre erreicht. Der Himmel zeigte nicht mehr die fremdartig düstere

Färbung der höchsten Stratosphäre, sondern erstrahlte wieder in lichtem Blau.

Chefingenieur Grabbe trat zu Saraku, wollte eben selber die Morsetaste nehmen, um Lüdinghausen Bericht über die durchgeführten Manöver zu geben, als ein Ruf Hegemüllers ihn aufhorchen ließ. Der hatte sein Gesicht dicht an das Fenster gedrückt und starrte angestrengt durch die starke Kristallglasscheibe.

Grabbe ging zu ihm hin, als Dr. Hegemüller schon losbrach.

»Eine zweite Rakete! Sehen Sie!« Er zog ihn dicht zu sich heran und wies ihm mit dem Finger die Richtung. Der Chefingenieur strengte seine Augen an. Scharf spähte er aus, und jetzt — täuschte er sich oder war es wirklich so? —, flimmernd, silbrig vom Sonnenlicht angestrahlt, sah er am Firmament sich etwas bewegen. Er schloß die Augen, öffnete sie wieder, und die letzten Zweifel schwanden. Nichts anderes als eine Rakete konnte es sein, was sich dort bewegte.

Eine andere Rakete! Eine zweite Rakete? Wo kam sie her? Wer hatte sie gebaut? Wer steuerte sie? Im Bruchteil einer Sekunde überstürzten sich Gedanken und Fragen im Hirn des Chefingenieurs.

»Wir müssen ihr nach«, keuchte Hegemüller, und seine Erregung sprang auf Grabbe über. Vergessen waren alle Weisungen Lüdinghausens. Er sprang zu den Steuerrädern, gab der Maschine neuen Auftrieb. Er ließ die Seitensteuerung wirken, daß ihre Rakete Richtung auf das blanke Stäubchen im Äther nahm. Er sprang wieder zum Fenster hin, um die Wirkungen seines letzten Manövers zu beobachten. Hörte dazwischen Hegemüller allerlei sagen und rufen, ohne überhaupt recht zu fassen, was der wollte und meinte.

Mit schlagenden Pulsen sah Grabbe, wie das verfolgte Objekt allmählich größer wurde. Nicht allzulange mehr, und man würde Einzelheiten erkennen können, würde das Rätsel zu lösen vermögen, das ihnen hier so unerwartet aufgegeben wurde.

Nur Saraku hatte bisher seine Ruhe bewahrt. Wohl hatte auch er aufgehorcht, als von Hegemüllers Lippen das Wort »Rakete« fiel, aber unbewegt war seine Miene geblieben. Nur ein sehr scharfer Beobachter hätte aus seinen Augen vielleicht etwas wie eine Erwartung . . . eine Hoffnung . . . einen Triumph herauslesen können.

Doch nun übermannte auch ihn die Erregung. Er überließ den Morseapparat sich selber, holte ein scharfes Glas, sprang zu einem der Fenster, suchte, visierte und bekam sein Ziel in das Gesichtsfeld. Wohl eine Minute starrte er durch das Glas, dann ließ er es wieder sinken. Enttäuschung malte sich in seinen Zügen. Das, was er zu sehen erwartete, hatte das Glas ihm nicht gezeigt.

In der Turmstation ließ Professor Lüdinghausen sich in einen Sessel nieder und setzte seine erloschene Zigarre in Brand. »Die Herrschaften haben wir wieder am Bändel«, meinte er zu Dr. Thiessen. »Hätte eine schöne Bescherung geben können, wenn sie gleich bei ihrem ersten Flug in den Weltraum vorgestoßen wären.«

Thiessen zuckte die Achseln. »Überschäumender Tatendrang des Kollegen Hegemüller. Ich wundere mich nicht darüber, Herr Professor.«

»Aber es ist mir unverständlich, daß Grabbe ihm nicht von Anfang an scharf auf die Finger gesehen hat, Herr Doktor Thiessen.«

»Es waren nur zwei Minuten, Herr Professor«, versuchte Thiessen den Chefingenieur zu entschuldigen. »Die ungewohnten Eindrücke des ersten Fluges ... da verstreicht die Zeit schneller, als man es ahnt ...«

»Schon gut, lieber Thiessen«, winkte Lüdinghausen ab. »Hauptsache ist, daß jetzt alles ordnungsgemäß vonstatten geht. Ich bin recht froh, daß Saraku mit an Bord ist; auf den kann man sich verlassen.«

Die gute Meinung über Saraku, der Lüdinghausen soeben Ausdruck gegeben hatte, fand auch weiterhin ihre Bestätigung. Prompt lief auf jede neue Anweisung der Turmstation von der Bordstation die Meldung ein, daß man das befohlene Manöver ausgeführt habe, und unverzüglich wurde jede Frage nach dem jeweiligen Standort beantwortet.

»Mit einem guten Glas müßte man die Rakete jetzt sehen können«, sagte Thiessen. Lüdinghausen schüttelte den Kopf.

»Zwecklos, Herr Doktor ... schnell bewegtes Objekt ... viel zu klein. Warten wir ab, bis wir sie mit unbewaffnetem Auge erblikken. Fragen Sie nach dem Standort«, fuhr er zu dem Funker gewandt fort.

Zweimal, dreimal gab die Turmstation die Anfrage in den Äther. Vergeblich wartete der Telegraphist auf eine Antwort.

»Nun, was ist?« fragte Lüdinghausen ungeduldig.

»Keine Antwort. Die Bordstation meldet sich nicht.«

»Meldet sich nicht?« Während Lüdinghausen es sagte, überflog er die Zahlen auf einem Blatt Papier in seiner Hand. »Wie ist das möglich? Die Rakete müßte jetzt in nächster Nähe sein! Man müßte sie schon sehen können. Fragen Sie noch einmal an.«

Wieder ließ der Funker die Taste klappern. Warf danach seine Station auf Empfang herum, und nun begann auch der Schreibhebel zu arbeiten. Punkte und Striche zeichneten sich auf dem Papierstreifen ab.

»Wir stehen acht Kilometer über Gorla, wo sollen wir landen?« las der Funker die Worte ab, wie sie kamen.

Lüdinghausen warf Thiessen einen fragenden Blick zu. »Verstehen Sie das, Doktor? Waren zuletzt drei Kilometer hoch; stehen jetzt fünf Kilometer höher? Fragen an, wo sie landen sollen. Scheinen alle drei übergeschnappt zu sein . . . einfach unbegreiflich . . .«

»Vielleicht haben sie den Hahn der Sauerstoffflasche ein bißchen zu weit aufgedreht, Herr Professor. Wäre immerhin möglich und könnte einen kleinen Sauerstoffrausch erklären.«

»Zum Teufel noch mal!« Lüdinghausen war aufgesprungen. »Das könnte uns gerade fehlen. Was soll man tun?«

»Ich würde ihnen funken lassen, Herr Professor, daß sie wieder auf dem Abstellraum neben Halle IV landen sollen, von dem sie abgeflogen sind. Möglichst präzis und bestimmt würde ich den Befehl geben. Es ist das einzige, was wir im Augenblick von hier aus unternehmen können.«

Funker Schmidt hatte das Gespräch zwischen Thiessen und Lüdinghausen nicht ohne stilles Vergnügen mit angehört. Daß einer sich einen Sauerstoffrausch holen könne, war ihm neu, aber er verstand sich einigermaßen auf den Verkehr mit Leuten, die zuviel des Guten in Alkohol getan hatten. Ohne erst einen neuen Befehl abzuwarten, ließ er von sich aus die Taste spielen und spritzte eine Anweisung in den Äther, die den Landungsplatz und seine Lage im Werk so haargenau beschrieb, als ob sie für Leute bestimmt wäre, die noch niemals in Gorla gewesen waren.

»Besten Dank für Ihre Mitteilung. Wir werden uns danach richten«, kam die Antwort zurück. Kopfschüttelnd überflog Lüdinghausen sie.

Thiessen war inzwischen zu einem der Fenster gegangen und spähte hinaus.

»Wir werden bald wissen, was eigentlich passiert ist«, wandte er sich an Lüdinghausen. »Ich sehe die Rakete . . .« Noch während er sprach, war Lüdinghausen an seine Seite geeilt. »Sehen Sie das silberne Pünktchen dort, Herr Professor?« fuhr Thiessen fort. »Nichts anderes als unsere Rakete kann das sein. Ich schätze die Höhe auf etwa drei Kilometer. Einzelheiten sind noch nicht zu erkennen, aber man merkt, daß sie näher kommt.«

An der Beobachtung Thiessens war nicht zu zweifeln, denn zusehends war während der kurzen Zeit, die sie zusammen am Fenster standen, das helle Pünktchen am blauen Firmament größer geworden.

»Ich denke, Herr Professor, in etwa drei Minuten werden sie . . .«

»Kommen Sie, Herr Doktor Thiessen!« unterbrach ihn Lüdinghausen. »Wir wollen zum Landeplatz gehen und sie empfangen.«

Während sie die Stufen der Turmtreppe hinabstiegen, schaute Thiessen den Professor mehrmals von der Seite an. Ich fürchte, Freund Hegemüller, ging's ihm durch den Kopf, als er die tiefe Falte auf Lüdinghausens Stirn sah, daß dieser Empfang für dich mit einem gehörigen Donnerwetter verbunden sein wird. Kann dir gar nichts schaden, hast es reichlich verdient.

Sie hatten inzwischen den Ausgang erreicht und schritten über den Werkhof auf Halle IV zu, als Thiessen plötzlich stehenblieb und auch Lüdinghausen festhielt.

»Sehen Sie! Da ist sie!« rief er, nach oben deutend. »Höchstens noch 1500 Meter entfernt . . .«

»Kommen Sie«, unterbrach ihn Lüdinghausen und zog ihn mit sich fort. »Wir müssen uns beeilen, wenn wir noch rechtzeitig zur Landung kommen wollen.«

Und dann standen sie auf dem Abstellplatz und starrten senkrecht in die Höhe, aus der die Rakete langsam niederschwebte. Nur ihr Boden war jetzt für Lüdinghausen und Dr. Thiessen noch sichtbar. Wie ein silbrig blinkender Kreis hob er sich vom Blau des Himmels ab. Jetzt mochte das Gebilde sich schon in der Höhe des Hallendaches befinden. Immer schwächer wurde sein Fall, immer langsamer sank es herab. Wie fasziniert starrte Lüdinghausen nach oben, öffnete den Mund zum Sprechen, wollte Thiessen etwas zurufen, da setzte die Rakete schon sanft und stoßlos auf dem Boden auf.

»Das ist doch nicht . . . Doktor Thiessen . . . das ist doch nicht unsere . . .« kam es abgerissen aus Lüdinghausens Mund.

Thiessen verstand nicht, was der Professor meinte, und hatte auch keine Zeit mehr, sich darüber den Kopf zu zerbrechen, denn schon öffnete sich die Tür der Rakete, und jetzt hatte auch Thiessen Grund zum Staunen. Ein Japaner trat aus der Tür ins Freie, aber es war nicht Saraku, sondern Yatahira.

Mit einer höflichen Verneigung begrüßte er Lüdinghausen, der ihn entgeistert anblickte, mit einem Händedruck den nicht minder fassungslosen Thiessen; und während Lüdinghausen noch vergeblich nach Worten rang, begann Yatahira zu sprechen.

»Darf ich mir die Ehre geben, Herr Professor, Sie mit meinem verehrten Lehrer bekannt zu machen. Herr Hidetawa hat als Ziel für den ersten Flug seiner Rakete das Gorlawerk gewählt, um Ihnen, Herr Professor, als erstem seine Konstruktion vorzuführen.«

Lüdinghausen hörte die Worte Yatahiras, ohne sie voll zu erfassen; allzusehr liefen seine Gedanken umeinander . . . die Japaner mit ihrer eigenen Rakete hier . . . nach einem glücklichen Flug um den halben Erdball von Tokio bis nach Gorla; ein Erfolg, der die kühnsten Erwartungen übertraf. Als erfolgreiche Pioniere des Raketenfluges würden sie in die Geschichte der Technik eingehen.

Sprunghaft gingen die Gedanken Lüdinghausens zur eigenen Rakete zurück.

Was war Grabbe und seinen Leuten zugestoßen? . . . Warum gaben sie keine Nachricht? Warum waren sie nicht schon längst wieder gelandet? Drei Fragen, auf die Lüdinghausen keine Antwort wußte ... und die ihn mit schwerer Sorge erfüllten.

Während Yatahira noch sprach, war der Mann, von dem seine Worte berichteten, langsam nähergetreten. Nun stand er dicht vor Lüdinghausen, die Gestalt trotz des Alters noch straff und ungebeugt, das von schneeweißem Haar umwallte Haupt dem Professor zugewandt.

»Ich freue mich, im fremden Land Freunde begrüßen zu dürfen, die an der gleichen Aufgabe arbeiten wie wir«, begann er in flüssigem Deutsch und streckte Lüdinghausen die Hand entgegen. Der ergriff sie mit festem Druck. Für Sekunden trafen sich die Blicke der beiden Männer, und ohne daß Worte gewechselt wurden, fühlte jeder der beiden, daß ihm ein Ebenbürtiger gegenüberstand.

Fast eine Minute verstrich, bis Hidetawa zu sprechen begann.

»Sie sind in Sorge, Herr Professor Lüdinghausen? Verfügen Sie bitte über mich. Was in meinen Kräften steht, will ich tun, um Ihnen zu helfen.«

Während er es sagte, ließ Hidetawa die Hand Lüdinghausens los, und er hatte das Gefühl, als ob ein Band sich löste, als ob er aus einem Traum erwache. Er brauchte Sekunden, um sich zu sammeln, formte stockend Sätze, die einen Glückwunsch zu seinem Erfolg enthielten, und kam dann auf die letzten Worte des anderen zurück.

»Sie haben recht, Herr Hidetawa. Ich bin in Sorge um unsere Maschine. Sie stieg vor einer Stunde zu ihrem ersten Flug auf. Seit einiger Zeit ist die Verbindung mit ihr unterbrochen. Wir wissen nicht, was ihr zugestoßen ist ...« Er hörte sich beim Namen gerufen und hielt inne. Der Funker Schmidt kam über den Platz gelaufen und schwenkte einen Papierstreifen.

»Wir haben wieder Verbindung mit unserer Rakete gehabt, Herr Professor«, stieß er von dem langen Lauf noch außer Atem hervor und brach jäh ab, als er die Gruppe auf dem Platz genau ins Auge faßte.

Eine Rakete stand da! Unmöglich konnte es dieselbe sein, mit der er noch vor zwei Minuten Funksprüche gewechselt hatte. Dazu fremde Menschen, Japaner! Saraku, den er kannte, war nicht darunter ... konnte es ja auch nicht sein, denn der mußte sich ja noch hoch in der Stratosphäre befinden ...

Der Funker Schmidt wußte sich das, was er hier sah, nicht zusammenzureimen. Mit offenem Mund stand er da und staunte, bis Lüdinghausen ihn anrief.

»Sie haben Verbindung mit unserer Rakete?«

»Gehabt, Herr Professor. Die Verbindung brach wieder ab.«

Lüdinghausen verlor die Geduld. »Reden Sie doch, Mann!« fuhr er den Funker an. »Lasen Sie sich nicht jedes Wort mühsam herausholen! Lesen Sie vor, was Sie aufgenommen haben!«

Es waren nur wenige Worte, die Funker Schmidt zur Verlesung brachte. »Stehen in hundert Kilometer Höhe; steigen schnell weiter; hatten ein . . .«

Lüdinghausen stampfte vor Ungeduld mit dem Fuß auf. »Weiter, Mann, lesen Sie doch weiter! Was hatten unsere Leute?«

»Weiter konnte ich nichts aufnehmen«, sagte Schmidt, »die Verbindung brach plötzlich wieder ab.«

Lüdinghausen schüttelte den Kopf. »Unbegreiflich! Was ist da passiert?« Er blickte die Umstehenden an, als ob er von ihnen eine Antwort erwarte.

Hidetawa gab sie ihm.

»In hundert Kilometer Höhe ist Ihre Rakete durch eine Schicht hindurchgestoßen, die vorübergehend die Funkverbindung stört. Ich glaube, Sie brauchen sich über die Unterbrechung der Verbindung keine Sorgen zu machen.«

»Sie haben recht, Herr Hidetawa. So kann es gewesen sein, ja, so muß es gewesen sein . . . aber warum stößt unsere Maschine in diese Höhe vor . . . gegen meinen ausdrücklichen Befehl? Wir hatten . . . sind die letzten Worte des Funkspruches. Was können unsere Leute gehabt haben? Einen Steuerungsdefekt, eine Havarie, durch die sie die Gewalt über die Maschine verloren haben? Ich stehe vor einem Rätsel. Es wäre grauenvoll, wenn unser erster Flug mit einer Katastrophe enden sollte.«

Unverkennbar drückte sich die Sorge, die auf Lüdinghausen lastete, in seiner Miene aus. Hidetawa sah es und nahm von neuem das Wort.

»Wir möchten Ihnen gern helfen, Herr Professor Lüdinghausen. Wir werden wieder aufsteigen und wollen versuchen, Ihre Maschine zu finden und, wenn es notwendig ist, zu bergen. Auf Wiedersehen!«

Bevor Lüdinghausen noch Worte zu einer Erwiderung fand, war Hidetawa, von Yatahira gefolgt, bereits in die Rakete zurückgegangen. Wenige Sekunden später stieß die Maschine vom Boden ab und schoß in jähem Flug senkrecht empor.

Ein Jagdfieber hatte den Chefingenieur Grabbe und seine Begleiter überfallen, als sie die andere Rakete erspähten; eine fieberhafte Erregung, der sich selbst der so beherrschte Saraku nicht zu entziehen vermochte. Auch er ließ kein Auge von der fremden Maschine, der Grabbe jetzt nachjagte, und so kam es, daß die Bordstation ohne Bedienung blieb und Lüdinghausen vergeblich auf Nachrichten lauerte.

In etwa fünf Kilometer Höhe mochte die andere Maschine stehen, als Hegemüller sie zuerst erblickte. Auf den ersten Blick schien es eine leichte Aufgabe zu sein, an sie heranzukommen, doch bald stellte sich heraus, daß sie mit einer gewaltigen Geschwindigkeit nach oben in den Raum stieß. Offensichtlich wiederholte sich bei ihr das gleiche, was Grabbe und seine Leute zu Beginn ihres Fluges erlebt hatten, daß nämlich die stetige Beschleunigung durch die Treibflächen die Geschwindigkeit des Fluges steigerte.

Grabbe mußte der eigenen Maschine kräftigen Auftrieb geben, um der fremden Rakete allmählich näher zu kommen. Minutenlang dauerte die Jagd, bis die Geschwindigkeit beider Raketen ungefähr gleich wurde, bis dann Grabbes Maschine langsam weiter aufholte und man dem verfolgten Objekt merklich näher rückte und Einzelheiten an ihm zu erkennen vermochte.

In jenen Sekunden geschah es, daß das Interesse Sarakus an der fremden Maschine ganz plötzlich erlosch. Er besann sich wieder auf seine Pflicht, las die Instrumente ab und morste dann den Standort der Maschine. Morste weiter noch einen Bericht über ihr Zusammentreffen mit einer anderen Rakete unbekannter Herkunft. Ließ wissen, daß man versuchte, ihr mit stärkerem Auftrieb näher zu kommen. Doch von diesem langen Bericht waren gerade noch zwei Worte von der Turmstation aufgenommen worden, jäh brach die Verbindung ab, weil die Rakete in diesem Augenblick in 110 Kilometer Höhe durch eine kritische Luftschicht stieß.

Immer näher hatte Grabbe die Rakete inzwischen an die fremde Maschine herangesteuert. Sorgfältig mußte er ihren Flug jetzt regulieren, ihre Geschwindigkeit wieder verlangsamen, wenn er nicht Gefahr laufen wollte, an seinem Ziel vorbeizuschießen. Ein lauter Ruf Hegemüllers ließ ihn zusammenfahren.

»Meine alte Maschine! Die erste, Herr Grabbe, die ich aus der Versuchskammer von C III zusammengebaut habe. Sie ist es! Kein Zweifel ist möglich! Wo hat die gesteckt? ... Wie kommt die jetzt hierher?« Ruckweise stieß er die einzelnen Sätze heraus und ließ dabei keinen Blick von der anderen Maschine.

Grabbe horchte auf, als er die Worte hörte, und wandte den Kopf nach Hegemüller hin. Unwillkürlich bewegte seine Rechte dabei noch das Steuerrad ein wenig und erreichte damit ungewollt und zufällig eine Einstellung der Triebkraft, wie er sie zweckmäßiger auch bei genauer Überlegung nicht hätte wählen können. Dicht schob sich seine Maschine an jene erste Konstruktion Hegemüllers heran. Mit genau der gleichen Geschwindigkeit schossen beide Raketen Wand an Wand durch den Raum dahin, und es traf sich, daß dabei auch Fenster an Fenster zu liegen kam.

So wurde es dem Chefingenieur möglich, einen Blick in das Innere der anderen Maschine zu tun, und zu seiner Verwunderung mußte er feststellen, daß sie unbemannt war. Ein neues Rätsel zu den vielen anderen, die ihm dieses Bauwerk Hegemüllers schon aufgegeben hatte. Gewiß, man hatte seinerzeit das Verschwinden der Maschine damit zu erklären versucht, daß ihre Treibflächen von außen her durch ein Tier, eine streunende Katze vielleicht, verstellt worden waren und sie ohne Besatzung davongeflogen war. Aber mehr als ein Monat war seitdem verstrichen.

Völlig ausgeschlossen war es, daß sie diese lange Zeit hindurch ständig im Fluge gewesen war. Irgendwo mußte sie inzwischen gelandet sein, mußte nach längerer Rast durch irgendwelche unerklärlichen Einflüsse wieder in Bewegung geraten sein.

So weit glaubte Grabbe klarzusehen, aber damit war die andere Frage noch nicht gelöst, was nun weiter geschehen sollte. Nur das stand fest, daß bald etwas geschehen mußte, denn lange konnte es so wie bisher nicht weitergehen. Standen doch die beiden Maschinen schon in einer Höhe von mehr als zweihundert Kilometer und entfernten sich mit Granatengeschwindigkeit immer weiter von der Erde.

Wie ein gefangenes Tier in seinem Käfig lief Hegemüller in dem engen Raum hin und her, zitterte vor Ungeduld und machte Vorschläge, von denen der eine immer noch unmöglicher war als der andere.

»Unsinn, Hegemüller«, wies ihn Grabbe zurecht. »Wie denken Sie sich das? . . . mit unserer Maschine die Treibflächen der anderen zu verstellen? Wo es auf Millimeter . . . auf Bruchteile von Millimetern ankommt, wollen Sie einfach von außen gegen die Flächen stoßen. Nein, Herr Doktor, das würde die Sache noch schlimmer machen, als sie jetzt schon ist.«

»Aber es muß doch etwas geschehen«, stöhnte Hegemüller, »sonst verschwindet unsere alte Maschine auf Nimmerwiedersehen in den Weltraum.«

Grabbe zuckte die Achseln. »Immer noch besser, als wenn wir sie durch ein ungeschicktes Manöver zum Absturz bringen und sie irgendwo in Gorla einschlägt. Es hat keinen Zweck, daß wir uns weiter bemühen.« Noch während er es sagte, griff der Chefingenieur wieder in die Steuerung. Sofort verlangsamte seine Maschine ihren Flug und blieb hinter der anderen zurück. Sehnsüchtig schaute Dr. Hegemüller ihr nach und machte verzweifelte Handbewegungen, als ob er sie festhalten und nach sich ziehen wolle.

Grabbe konnte ein Lächeln nicht unterdrücken. »Geben Sie's auf, Hegemüller, lassen Sie den schönen Flüchtling enteilen«, meinte er sarkastisch.

Saraku hatte es nach mehreren vergeblichen Versuchen aufgegeben, Funkverbindung mit der Turmstation zu bekommen. Müßig stand er vor dem auf Empfang gestellten Apparat, als der Schreibhebel wieder zu ticken begann. Meldete sich die Turmstation jetzt doch? Kam die Verbindung wieder in Gang? Seine Blicke folgten dem Spiel des Farbschreibers. Halblaut formten seine Lippen die Worte, die vor ihm in Form von Punkten und Strichen auf dem Papier entstanden, und dann ging plötzlich ein Leuchten über sein Gesicht. Worte in seiner Muttersprache, japanische Worte waren es, die der Apparat dort niederschrieb. Worte, die ihn mit Stolz erfüllten, ihm eine unbeschreibliche Freude bereiteten.

Noch verfolgte er das tickende Spiel des Schreibhebels, als ein Aufschrei Hegemüllers ihn aufblicken ließ. Etwas Großes, Glänzendes war, von unten herkommend, jäh an ihnen vorbeigeschossen; war schon wieder in der Höhe verschwunden, bevor die drei Insassen der Rakete es recht zu fassen vermochten.

»Was war das?« Kaum hörbar kamen die Worte von Grabbes Lippen.

»Eine Rakete ist's gewesen! Noch eine Rakete! Eine dritte Rakete!« schrie Hegemüller gänzlich außer sich.

Grabbe warf ihm einen zweifelnden Blick zu. »Haben Sie Halluzinationen, Hegemüller? Machen Sie kalte Umschläge, wenn wir glücklich wieder gelandet sind. Noch eine Rakete? Eine dritte Rakete? Sehen Sie am hellichten Tage Gespenster?«

Bevor Hegemüller etwas erwidern konnte, mischte sich Saraku ein. »Herr Doktor Hegemüller hat richtig gesehen. Es war eine dritte Rakete.«

»Der Teufel soll daraus klug werden«, brauste Chefingenieur Grabbe auf. »Ist denn heute alles verhext? Wir sind in dem Glauben aufgestiegen, daß wir die einzige auf Erden vorhandene Strahlrakete besitzen, und jetzt hagelt's Raketen von allen Seiten. Das begreife, wer kann!«

Wieder ließ sich Saraku vernehmen. »Es war die Rakete, die mein Lehrer, Herr Hidetawa, in Tokio gebaut hat.«

Grabbe faßte sich an den Kopf, sprach mehr zu sich selbst als zu den anderen.

». . . Hidetawa . . . ja, wir wissen, daß er eine Rakete baut . . . in Tokio . . . doch wie kommt die jetzt hierher?«

Saraku gab ihm Antwort. »Herr Hidetawa flog heute nacht von Tokio fort, um sie in Gorla zu zeigen. Nach der Landung hörte er, daß Professor Lüdinghausen in Sorge um seine Rakete war, und stieg wieder auf, um uns zu suchen.«

»Woher wissen Sie das?« fragte Grabbe. Saraku deutete auf den Papierstreifen.

»Herr Hidetawa funkte es mir vor kurzem.«

Grabbe rieb sich die Stirn. »Gut, Herr Saraku. Bis dahin verstehe ich die Sache. Aber nun hat er uns gefunden. Warum flog er an uns vorüber?«

»Weil er auch die dritte Rakete zurückholen will.«

Grabbe gab es auf, sich weiter den Kopf zu zerbrechen. Erst nach längerem Schweigen fand er wieder Worte.

»Meine Hochachtung, wenn er das fertigbringt. Wir haben es aufgegeben.«

»Meinem Lehrer wird es gelingen.« Unbedingte Zuversicht klang aus den kurzen Worten Sarakus.

Der Rückflug begann. Vorläufig waren die Steuermanöver noch von einfacher Art und ließen dem Chefingenieur Zeit, seinen Gedanken über das eben Gehörte nachzuhängen. Lüdinghausen war in Sorge um sie, hatte ihnen Hidetawa mit seiner Rakete nachgeschickt ... hatte also offenbar ihren Funkspruch über das unerwartete Auftauchen von Hegemüllers alter Maschine nicht bekommen ... Grabbes Blick ging zur Wanduhr. Wenig mehr als eine Dreiviertelstunde war erst verstrichen, seitdem er den Flug begonnen hatte, doch wie eine Ewigkeit kamen sie ihm vor. Das fremdartige Licht in den höchsten Höhen der Stratosphäre begann auf seine Nerven zu drücken. Noch befand sich die Maschine ja einhundertfünfzig Kilometer von der Erdoberfläche entfernt, wenn sie ihr in jeder Sekunde auch um viele Meter näher kam. Grabbe verspürte plötzlich Sehnsucht nach grünen Wiesen und Wäldern, nach Vogelsang und Blumenduft und bewegte das Steuerrad, um den Abstieg noch zu beschleunigen.

Mit hundert Meter in der Sekunde sank die Rakete nach unten. Noch etwa 25 Minuten – so überrechnete er es im Kopf –, dann würde er wieder festen Boden unter den Füßen haben, würde wieder frische Sommerluft in die Lungen ziehen können und nicht mehr die künstliche Atmosphäre zu atmen brauchen, die hier im Innern der Rakete mit chemischen Mitteln aufrechterhalten wurde.

Schwerfällig vertropften die Minuten. Verzweifelt langsam kroch der Uhrzeiger weiter. Nur das Bewußtsein, daß die Rakete in jeder einzelnen Minute der Erde um sechs Kilometer näher kam, hielt den Chefingenieur aufrecht. Für die nächste Zeit konnte die Steuerung noch stehenbleiben, wie er sie eingestellte hatte. So verließ er seinen Platz und trat an eins der Fenster. Schon hatte sich der Ausblick verändert. Schon war das verschwommene Graublau der Erdoberfläche einem lebhafteren Grün gewichen, schon hoben sie Gehöfte und Dörfer in rötlichen Tönen davon ab. Grabbe hatte das beruhigende Gefühl, das wohl einen Wanderer überkommt, der sich nach langer Fahrt durch ein fremdes, wildes Land wieder der Heimat nähert.

Während er noch so dastand und die neuen Eindrücke auf sich wirken ließ, sah er von oben her etwas metallisch Blinkendes näher kommen. Zuerst stand es noch hoch über ihm, aber es hatte schnellere Fahrt als seine Maschine und kam schnell näher. Jetzt trieb es, kaum hundert Meter entfernt, seitlich vorbei und sank weiter in die Tiefe. Doch die wenigen Sekunden, während derer er es deutlich erblicken konnte, genügten, um ihn erkennen zu lassen, auf welche Art Hidetawa seine Aufgabe gelöst hatte.

Die beiden neuen Raketen, sowohl die von Gorla als auch diejenige Hidetawas, hatten ungefähr die Zuckerhutform schwerer Granaten und liefen nach oben spitz zu. Jene erste von Hegemüller aus einer Versuchskammer improvisierte Maschine war dagegen ein einfacher, an beiden Enden abgestumpfter Zylinder. Diesen Umstand hatte Hidetawa sich zunutze gemacht und sich mit dem Boden seiner Rakete einfach auf das obere Ende der Maschine von Hegemüller gesetzt. Die Steuermanöver, um das zu erreichen, mochten wohl nicht ganz einfach gewesen sein, aber nachdem es einmal gelungen war, konnte er nun jene andere Maschine mit seiner eigenen in die Tiefe hinunterdrücken. Es genügte, der eigenen Maschine so viel Trieb nach unten zu geben, daß die den Auftrieb der anderen überwand und darüber hinaus beide Raketen gemeinsam nach unten sanken.

»Hegemüller!«

»Sie wünschen, Herr Grabbe?«

»Gehen Sie nachher zur Werkskasse, Herr Doktor Hegemüller, und lassen Sie sich Ihr Lehrgeld wiedergeben.«

Hegemüller bekam einen roten Kopf und sah den Chefingenieur fragend an.

»Ich verstehe nicht, was Sie meinen, Herr Grabbe.«

»Dann will ich's Ihnen deutlicher sagen. Ein rundes Dutzend unsinniger Vorschläge haben Sie vorhin gemacht, wie man Ihre alte Rakete wieder einfangen könnte. Den einzig richtigen, einfachen Weg haben Sie nicht gefunden, und jetzt müssen wir zusehen, wie ein anderer uns das vormacht. Ich bin neugierig, was Professor Lüdinghausen dazu sagen wird.«

Hegemüller hatte sich wieder gefaßt. »Wir wollen's abwarten. Es ist noch nicht aller Tage Abend«, meinte er etwas geheimnisvoll.

Grabbe machte eine abwehrende Bewegung. »Machen Sie keine überflüssigen Sprüche, Hegemüller! In zehn Minuten wird Hidetawa glücklich gelandet sein, und wir haben das Nachsehen.«

»Wenn meine Maschine ihm nicht noch vorher seine Rakete umkippt und wieder davonsaust, Herr Grabbe.«

Wie kommen Sie auf die Idee, Doktor? Wenn's über zweihundert Kilometer gut gegangen ist, wird's auch während der letzten paar Kilometer nicht mehr schiefgehen.«

»Vielleicht, vielleicht auch nicht, Herr Grabbe.« Der Chefingenieur verlor die Geduld.

»Nun reden Sie endlich!« herrschte er Hegemüller an. »Was befürchten Sie denn noch?«

»Ich fürchte, daß Hidetawa zu schnell nach unten stößt. In der dichteren Atmosphäre wird der Luftwiderstand sich auswirken. Er wird die Strahlflächen meiner Rakete weiter auseinanderdrücken. Ihr Auftrieb wird überstark werden, und die ganze Geschichte wird einfach umkippen. Das ist meine Meinung von der Sache, Herr Grabbe.«

Der Chefingenieur sah nachdenklich vor sich hin. Möglich war es immerhin, daß Dr. Hegemüller mit seiner Befürchtung recht behielt. Er wollte etwas dagegen einwenden, suchte nach Worten, als Saraku einen neuen Funkspruch von dem Morseband abzulesen begann.

»Herr Hidetawa ist mit der zweiten Rakete soeben gelandet.«

»Da hat er ein unerhörtes Glück gehabt«, knurrte Hegemüller vor sich hin.

»Und wir haben das Nachsehen«, sagte Chefingenieur Grabbe resigniert. Dann nahm die Steuerung der Rakete seine volle Aufmerksamkeit in Anspruch. Er mußte den seitlichen Abtrieb korrigieren, die Fallgeschwindigkeit von Sekunde zu Sekunde immer stärker abbremsen und hatte alle Hände voll zu tun, bis endlich auch seine Maschine wieder an derselben Stelle den Boden berührte, von der sie vor anderthalb Stunden gestartet war.

Drei Raketen standen jetzt dort auf dem Platz. Blinkend und strahlend die Maschine, aus der Grabbe tiefatmend ins Freie trat. In Form ihr fast gleich, aber um ein ganzes Stück größer, massiger und gewaltiger die Maschine Hidetawas. Unscheinbar, ja fast ärmlich nahm sich zwischen ihnen als dritte die Erstkonstruktion Hegemüllers aus.

Grabbe konnte sich nicht enthalten, einen spöttischen Blick darauf zu werfen.

Hegemüller sah es, ging näher heran und fuhr mit der Rechten wie streichelnd über die stählerne Wand, während er zu Grabbe sagte:

»Es ist die erste Strahlrakete, die einen Raumflug gemacht hat, die Monate früher als jede andere in den Äther emporstieg. Wir werden uns daran erinnern müssen, Herr Grabbe, wenn es einmal gilt, die Priorität der Erfindung festzustellen.«

»Reden wir später davon, mein lieber Hegemüller«, unterbrach ihn Grabbe. »Es ist niemand zu unserm Empfang hier. Wo mögen die andern stecken?« Während er sich noch umschaute, kam ein Werkmeister aus der Halle und meldete ihm:

»Herr Professor Lüdinghausen ist mit den andern Herrschaften ins Kasino gegangen. Sie möchten auch dorthinkommen. Sie auch, Herr Doktor, und Sie auch, Herr . . .«, fuhr er, zu Hegemüller und Saraku gewandt, fort, die unschlüssig stehenbleiben wollten. »Sie möchten alle ins Kasino kommen.«

Professor O'Neils stammte aus Ohio und verfügte über ein cholerisches Temperament. Eine Probe davon bekam Henry Watson zu verspüren, als er sich nach seiner Zurückberufung nach Washington bei ihm meldete. Als unglaublich, als unerhört, als einen Mißbrauch der Gastfreundschaft, als einen groben Vertrauensbruch bezeichnete der Professor das Verhalten Watsons und fand noch stärkere Ausdrücke, als dieser etwas zu seiner Entschuldigung vorzubringen versuchte.

»Auch mich haben Sie durch Ihr unverantwortliches Vorgehen geschädigt«, schloß Professor O'Neils seine Strafrede. »Um keinen Verdacht zu erregen, mußte ich Ihre Abberufung in Form eines Austausches kleiden und meinen bewährten Mitarbeiter Robert Jones nach dort schicken. Wir hatten zusammen wertvolle Entdeckungen gemacht. Wir bereiteten die Entwürfe für eine Strahlturbine von dreißigtausend Pferdestärken vor. Jetzt fehlt er an allen Ecken und Enden. Das habe ich ihnen zu danken.«

Obwohl Watson sein möglichstes tat, um O'Neils durch gute Leistungen zu versöhnen, dauerte es eine Reihe von Tagen, bis wieder ein erträgliches Verhältnis zwischen beiden zustande kam. Mit Hingabe widmete sich Watson während der nächsten Wochen den Plänen für die neue, große Strahlturbine, regte von sich aus Verbesserungen an, vor deren Wert sich O'Neils nicht verschließen konnte, und erreichte endlich, daß er seiner Arbeit anerkennende Worte zollte.

Sobald Watson sich aber einigermaßen sicher im Sattel fühlte, fing er auch wieder an, von Strahlraketen zu sprechen, und versuchte O'Neils für seine Idee zu gewinnen. Zunächst verhielt der Professor sich schroff ablehnend, sprach etwas von unerwünschter Zersplitterung der Kräfte und drang darauf, daß die Ausführung der großen Turbine nach den fertiggestellten Zeichnungen mit aller Kraft in Angriff genommen würde. Er wurde in seiner Meinung erst etwas schwankend, als ein Brief von Jones ihm von dem Bau einer Rakete im Gorla-Werk berichtete, und zeigte sich schließlich geneigt, dem Gedanken näherzutreten, als ihn die Vorschläge Hidetawas zu gemeinsamer Arbeit an der Ausbildung der Strahlrakete erreichten. Die Verhandlungskunst Yatahiras, der als Abgesandter Hidetawas nach Washington gekommen war, besiegte schließlich den letzten Widerstand.

Während der Bau der großen Strahlturbine in einem Industriewerk in Pittsburgh planmäßig vonstatten ging, konnte sich Watson nun seinem alten Projekt widmen und Pläne für eine Strahlrakete schmieden. Gemäß dem mit Tokio und Gorla geschlossenen Abkommen lagen ihm Entwürfe von Grabbe und Hidetawa vor, aber er hatte mancherlei daran auszusetzen, und auch O'Neils war der Meinung, daß man das Problem von einer anderen Seite anfassen müsse.

»Zeitlich sind uns Tokio und Gorla so weit voraus«, erklärte Professor O'Neils in einer der ersten Besprechungen, die er darüber mit Watson hatte, »daß wir ihren Vorsprung nicht mehr einholen können. Beide werden ihre ersten Probeflüge längst hinter sich haben, während wir noch beim Bauen sind. Unter diesen Umständen hat es wenig Sinn, sich an diese Entwürfe zu halten, denn wir würden damit nichts Wesentliches erreichen.«

»Ich bin ganz Ihrer Meinung, Herr Professor«, pflichtete Watson ihm bei, »wir würden mit einer mehr oder weniger getreuen Kopie nachhinken, und die anderen könnten den Ruhm für sich beanspruchen, die wahren Pioniere des Raketenfluges zu sein.«

»So ist es«, fiel ihm O'Neils lebhaft ins Wort, »und wenn wir das vermeiden wollen, müsen wir etwas grundsätzlich Neues und Besseres bringen. Sehen Sie sich die deutschen und japanischen Zeichnungen an. Sie ähneln einander augenfällig. Sowohl Hidetawa als auch Grabbe haben für ihre Raketen die Granatenform gewählt.«

»Es mag das Nächstliegende gewesen sein«, warf Watson ein.

»Aber deswegen noch nicht das Richtige«, fuhr O'Neils fort. »Diese Form mag zweckmäßig sein, wenn jemand eine Reise zum Mond vorhat und sich senkrecht von der Erdoberfläche entfernen will, aber für Flüge in horizontaler Richtung scheint sie mir weniger geeignet zu sein. Ich will einmal annehmen, daß Hidetawa mit seinem Bau zuerst fertig wird und mit einem unvermuteten Besuch in Gorla überraschen will. Das würde einen horizontalen Flug von neuntausend Kilometer bedeuten. Wie soll er das machen? Um die Treibkraft voll auszunutzen, müßte er seine Granate langlegen, müßte sich während des Fluges selber auf den Bauch legen. Eine lächerliche Situation, Watson! Aber ich kann mir nicht vorstellen, wie er's sonst machen sollte?«

Watson versuchte Gründe zugunsten der Granatenform vorzubringen, denn im geheimen dachte er ungefähr ebenso wie sein Kollege Hegemüller. Senkrecht emporsteigen! ... Weit und immer weiter fort von der Erde! Hinaus in den unbekannten Weltraum! Eine Reise zum Mond! Warum nicht! Wer sie zuerst ausführte, den Erdtrabanten umsegelte und glücklich wieder heimkam, dessen Name würde unsterblich werden. Watson hütete sich, diese Gedanken gegen O'Neils laut werden zu lassen, doch sie veranlaßten ihn, immer wieder zugunsten der Granatenform zu sprechen, bis der Professor alle Einwände beiseite schob.

»Nein, Watson«, sagte er mit Entschiedenheit, »wir werden das anders machen, wir werden auf das Vorbild zurückgehen, das uns der alte Luftschiffer Graf Zeppelin gegeben hat. Wir wollen unserer Rakete dieselbe Form geben, die er für seine Schiffe wählte . . .«

Watson erschrak vor der neuen Idee. Wie abwehrend streckte er beide Hände gegen O'Neils hin, während er wieder das Wort nahm.

»Einen Raketenzeppelin, Herr Professor O'Neils? Ein Bauwerk nach dem Muster jener alten Riesenzigarren? Welchen Umfang soll es bekommen? Soll es etwa auch zehntausend oder gar hunderttausend Kubikmeter groß werden?«

O'Neils schüttelte den Kopf. »Mißverstehen Sie mich nicht, Watson. Ich sprach nur von der Form, über die Größe wurde noch nichts gesagt. Doch das ist sicher, daß wir unsere Rakete um ein gutes Stück größer bauen werden. Wir wollen Platz in unserer Maschine haben. Steuerraum und Passagierraum müssen getrennt werden. Alle Bequemlichkeiten müssen für die Mitreisenden vorhanden sein, Stühle, Bänke, Tische . . .«

»Vielleicht auch noch eine Bar oder ein Restaurant?« fragte Watson ein wenig sarkastisch.

»Später auch das!« griff Professor O'Neils die Frage auf. »Einstweilen ist das noch nicht notwendig, aber mit etwas mehr Komfort als die Herren Grabbe und Hidetawa wollen wir doch schon in unserer ersten Rakete reisen. Die Lufterneuerung in den Maschinen von Gorla und Tokio läßt noch zu wünschen übrig. Wir werden sie verbessern müssen. Im Steuerraum werden alle Hebel und Instrumente auf einer bequem übersichtlichen Kommandotafel vereinigt werden müssen.«

Professor O'Neils geriet immer stärker ins Feuer, je weiter er seine Idee entwickelte. Jetzt sprang er auf, fuhr sich mit beiden Händen in das Haupthaar und begann hin und her zu gehen, während er fortfuhr:

»Es wird Arbeit geben, rasend viel Arbeit, Watson, alle diese Einzelheiten müssen auf dem Papier sorgfältig durchkonstruiert werden, bevor wir den ersten Hammerschlag tun dürfen. Vergessen Sie die Hauptsache nicht. Ich kann sie Ihnen nur immer wieder und wieder ins Gedächtnis zurückrufen. Wir kommen später als die andern, darum müssen wir etwas ganz Überragendes herausbringen.«

Mit diesen Ausführungen hatte O'Neils in großen Zügen das Arbeitsprogramm für die nächste Zeit aufgestellt. In weiteren Sitzungen wurden die Einzelheiten festgelegt, und dann begann ein Planen und Konstruieren, das Wochen hindurch einen Stab von

Ingenieuren und Zeichnern vom frühen Morgen bis in die sinkende Nacht beschäftigte.

Mit Befriedigung sah Professor O'Neils, wie das, was ihm im Geiste vorschwebte, auf den Reißbrettern allmählich feste Form gewann.

»Damit schlagen wir die andern himmelhoch«, meinte er in gehobener Stimmung zu Watson, während er einen Stoß von Zeichnungen durchblätterte. »Betrachten Sie diesen Kommandoturm. Das ist alles sauber durchkonstruiert. Das sieht nicht mehr nach Anfängertum und Experimenten aus. Das ist eine bis zur Vollkommenheit entwickelte Maschine.«

Watson hatte das Blatt, von dem O'Neils sprach, in die Hand genommen und nickte nachdenklich mit dem Kopf. »Es ist auch das vierzehnte Blatt, Herr Professor«, erwiderte er. »Dreizehn vorhergehende Entwürfe wurden in den Papierkorb geworfen.«

»Mag sein, Watson, aber die strenge Kritik, die wir an unserer Arbeit übten, hat sich gelohnt. Papier ist billiger als Stahl und Eisen. Wir wollen es auch fernerhin nicht sparen. Mit um so größerer Aussicht auf einen Erfolg werden wir dann an den Bau gehen können. Mit dieser Strahlrakete hier« — er deutete auf den mit Zeichnungen beladenen Tisch — »werden wir die Führung an uns reißen.«

An einem Spätnachmittag hatte O'Neils das gesagt und des künftigen Erfolges sicher das Institut verlassen. Als er es am folgenden Morgen wieder betrat, war seine Stimmung jedoch weniger siegesgewiß.

»Hören Sie, was Jones mir schreibt«, antwortete er auf eine Frage Watsons. »In der Abteilung Thiessen in Gorla läuft die erste dreißigtausendpferdige Strahlturbine. Wir kommen zu spät, vor einem Monat wird unsere Turbine nicht fertig sein.«

Watson zuckte die Achseln. Im Grunde seines Herzens war ihm das Turbinenproblem höchst gleichgültig. »Dafür wird unsere neue Rakete ein Schlager werden, der uns wieder an die Spitze bringt«, versuchte er Professor O'Neils zu trösten, doch der winkte ab.

»Wenn wir uns nicht beeilen, nehmen Gorla und Tokio uns auch das vorweg«, fuhr er mißmutig fort. »Was ich vor einiger Zeit als vage Möglichkeit andeutete, ist inzwischen Tatsache geworden. Hidetawa ist mit seiner Rakete nach Gorla gekommen ...«

»Neuntausend Kilometer weit auf dem Bauch liegend«, scherzte Watson.

»Das weiß ich nicht«, unterbrach ihn O'Neils verdrossen, »darüber schreibt Jones nichts, aber er berichtet mir, daß es gleich nach der Ankunft Hidetawas in Gorla Höhenflüge und Höhenrekorde gegeben hat. Die deutsche Rakete soll eine Höhe von zweihundert Kilometer erreicht haben, die japanische Rakete soll auf zweihundertachtzig Kilometer gestiegen sein.«

Die von O'Neils genannten Zahlen verfehlten ihren Eindruck auf Watson nicht. »Sie sagen: soll gestiegen sein, Herr Professor«, begann er zögernd. »Demnach scheinen diese Rekorde doch noch nicht festzustehen.«

»Ich fürchte, sie stehen fest, Watson. Die Feststellung solcher Höhen ist sehr schwierig. Die Deutschen sind gewissenhafte Leute und drücken sich in Zweifelsfällen sehr vorsichtig aus. Wie ich sie kenne, haben sie die angegebenen Höhen sicher erreicht, wahrscheinlich sogar überschritten.«

»Wir müssen uns mit dem Bau unserer Rakete beeilen«, war alles, was Watson darauf zu erwidern wußte.

»Beeilen wir uns«, bestätigte O'Neils die Worte seines Mitarbeiters.

»Die Pläne sind abgeschlossen. Lassen Sie danach die Werkzeichnungen anfertigen und in die Fabrik gehen.«

»Die Herren möchten alle ins Kasino kommen«, war dem Chefingenieur Grabbe nach seiner Landung bestellt worden. Zusammen mit Dr. Hegemüller und Saraku beeilte er sich, der Aufforderung Folge zu leisten. In dem nicht allzu großen, aber behaglichen Raum, der für die Werksleitung vorgesehen war, trafen sie Lüdinghausen und Hidetawa in lebhaftem Meinungsaustausch, während Yatahira sich nur hin und wieder mit einer kurzen Bemerkung an der Unterhaltung beteiligte.

»Ich erblicke in der Strahlrakete das kommende Verkehrsmittel«, sagte Lüdinghausen gerade, als Grabbe mit seinen Begleitern eintrat. »Ich denke, daß sie schon in naher Zukunft die Flugzeuge ersetzen wird. Den Anfang dazu haben Sie, Herr Hidetawa, ja schon selbst gemacht, als Sie mit Ihrer Rakete von Tokio hierhereilten.« Lüdinghausen brach ab, um die Ankommenden zu begrüßen und Dr. Hegemüller mit Hidetawa bekannt zu machen.

»Ich stimme Ihnen vollständig zu, Herr Professor«, spann Hidetawa danach den Gedankengang Lüdinghausens weiter. »Die Strahlrakete wird ein wundervolles Verkehrsmittel werden, ein schnelleres und zuverlässigeres als das Flugzeug. Wir werden unsere nächste Konstruktion danach einrichten müssen, denn so ganz einfach war der Flug von Tokio nach Gorla mit meiner ersten Maschine nicht.« Während Lüdinghausen zustimmend nickte, fuhr Hidetawa fort, seine Ansichten zu entwickeln, und kam dabei zu Ausführungen, die sich nicht allzusehr von denen unterschieden, die noch nicht vierundzwanzig Stunden später Professor O'Neils Watson gegenüber machte.

Auch er entwarf seinen Zuhörern das Bild einer vergrößerten, bis in alle Einzelheiten sorgfältig durchkonstruierten und mit allen Bequemlichkeiten für die Reisenden ausgestatteten Rakete. »In welchen Höhen soll diese Maschine der Zukunft verkehren?« fragte Hegemüller, als Hidetawa eine kurze Pause machte.

»Ich denke, in etwa hundert Kilometer Höhe«, meinte der Japaner. »Die Atmosphäre ist in dieser Höhe bereits so dünn, daß man ohne Schwierigkeit mit einem Kilometer in der Sekunde fliegen kann, und das dürfte wohl für alle Zwecke genügen. Nehmen Sie beispielsweise die Strecke Berlin–New York. Die Rakete würde den sechstausend Kilometer langen Weg in einer Stunde und vierzig Minuten bewältigen können, und so viel Zeit dürfte wohl jeder Reisende übrig haben.«

Dr. Hegemüller konnte nicht länger an sich halten. »Aber man könnte doch höher gehen und viel schneller fliegen«, platzte er heraus.

»Sicher könnte man es, Herr Doktor Hegemüller«, erwiderte Hidetawa mit unerschütterlicher Ruhe. »Aber es wäre nicht klug, es zu tun.«

»Warum denn nicht?« fragte Hegemüller.

»Aus zwei Gründen, Herr Doktor. Erstens der kosmischen Strahlung wegen. Wir wissen nicht, wie stark diese Strahlung in großen Höhen ist. Sie könnte vielleicht die Gesundheit, ja sogar das Leben der Reisenden gefährden.«

»Das ließe sich wohl durch Messungen sehr schnell feststellen«, bemerkte Chefingenieur Grabbe.

Hidetawa nickte. »Gewiß, das ließe sich feststellen. Doch es bleibt noch ein anderer schwerwiegender Grund, nicht allzu große Höhen aufzusuchen. Man würde sich dadurch außerhalb des Schutzes begeben, den die Erdatmosphäre uns gegen die stets in großen Mengen auf die Erde niederstürzenden Meteoriten gewährt. Die beste und betriebssicherste Rakete wäre verloren, wenn sie von einem Meteorstein mit zehn- oder zwanzigfacher Granatengeschwindigkeit getroffen würde. Solchen Gefahren darf man ein Verkehrsmittel selbstverständlich nicht aussetzen.«

Die Enttäuschung in Hegemüllers Zügen war so unverkennbar, daß Hidetawa noch einmal das Wort nahm.

»Die Strahlrakete, Herr Doktor«, fuhr er fort, »gibt uns die Möglichkeit, aus der Erdatmosphäre hinaus in den freien Weltraum vorzustoßen. Sicherlich werden solche Entdeckungsfahrten auch von den Forschern unternommen werden, doch das hat nichts mit dem Verkehr zu tun; es ist und bleibt vielmehr ein gefährliches Unterfangen, das zwar im Interesse der Wissenschaft erwünscht, ja sogar notwendig ist, bei dem die Betreffenden aber jedesmal ihr Leben riskieren.«

»Wenn es erst soweit ist, fliege ich mit«, rief Hegemüller begeistert. »Ich melde mich hiermit für den ersten Flug in den Weltraum an!«

»Bleiben Sie bei sich, Kollege«, sagte Grabbe und klopfte ihm beruhigend auf die Schulter. »Vorläufig brauchen wir Sie noch hier unten. Später, wenn Sie Ihre Aufgaben gelöst haben, können Sie sich meinetwegen an einem Spazierflug nach dem Mond beteiligen ... wenn sich jemand findet, der Sie mitnimmt.«

Lüdinghausen hatte den Erguß Hegemüllers belustigt mit angehört. Jetzt nahm er das Wort, um die Verhandlung sachlich zu führen.

»Herr Hidetawa ist bereit«, erklärte er, »einige Tage in Gorla zu bleiben, um hier in gemeinsamer Beratung mit uns die Pläne für eine Verkehrsrakete vorzubereiten. Er wird im Gästehaus des Werkes wohnen, ebenso Herr Yatahira. Für heute lohnt es sich nicht mehr. Morgen ist Sonntag, ein Ruhetag für uns alle, und übermorgen früh wollen wir unsere Besprechungen beginnen. Ich denke, wir treffen uns dann am besten um neun Uhr bei Ihnen, Herr Grabbe, und machen uns gemeinsam an die Arbeit.«

Mißmutig schlenderte Dr. Hegemüller nach Werkschluß durch die Hauptstraße Gorlas auf seine Wohnung zu. Was die Herren heute im Kasino besprochen hatten, war ja alles ganz schön und ordentlich, aber für den quecksilbrigen und stets unternehmungslustigen Hegemüller viel zu nüchtern. Neue brauchbare Verkehrsmittel schaffen? Gewiß, daß mußte natürlich auch sein, aber ein Vorstoß in den Weltraum erschien ihm tausendmal verlockender als die tägliche Ingenieurtätigkeit am Konstruktionstisch.

Er machte halt und blickte zum Firmament empor. Im Osten stand die Sichel des zunehmenden Mondes. Er reckte die Arme aus, als ob er das Nachtgestirn greifen und zu sich herabziehen wollte; ließ sie wieder sinken, als er Schritte hinter sich vernahm. Es war nicht nötig, daß ein Fremder ihn bei seinem absonderlichen Benehmen beobachtete.

Eben wollte er weitergehen, da waren die Schritte unmittelbar neben ihm, und Yatahira bot ihm einen guten Abend.

Dr. Hegemüller erwiderte den Gruß und wußte in seiner augenblicklichen Stimmung nicht recht, wie er ein Gespräch anfangen sollte, als der Japaner seinerseits begann.

»Sie äußerten heute nachmittag den Wunsch, Herr Doktor, den ersten Raketenflug in den Weltraum mitzumachen.«

Hegemüller musterte den Sprechenden scharf von der Seite. Wollte der ihn etwa zum besten haben? Doch die Züge Yatahiras verrieten nichts von einer solchen Absicht. Ernst und ruhig schaute er vor sich hin. So wich Hegemüller aus:

»Sie haben gehört, wie unsere Herren darüber denken. Die Eroberung des Weltraumes soll Forschern und Gelehrten vorbehalten bleiben; wir Ingenieure sollen uns darauf beschränken, die Strahlrakete als Verkehrsmittel zu entwickeln.«

»Mein Herr Hidetawa denkt anders darüber.« Leise hatte Yatahira die Worte vor sich hin gesprochen. Sekunden verstrichen, bis Hegemüller ihren Sinn erfaßte; dann überstürzten sich die Fragen an seinen Begleiter.

»Herr Hidetawa denkt anders darüber? Er will die Eroberung des Weltraumes nicht anderen Leuten überlassen? Was beabsichtigt er? Wann will er einen Vorstoß unternehmen? Muß dazu eine neue Maschine gebaut werden? Wie lange wird das dauern?«

»Nicht allzu lange, Herr Doktor Hegemüller.«

»Was?! Wie soll ich das verstehen? Treiben Sie Ihren Scherz mit mir, Herr Yatahira?«

»Ich scherze nicht, Herr Doktor Hegemüller. Herr Hidetawa hat mir erlaubt, mit seiner Rakete einen Flug zu unternehmen. Er hat nur die eine Bedingung gestellt, daß ich binnen 24 Stunden wieder zurück bin — wenn ich kommen kann.«

»Wenn Sie kommen können? Was soll das bedeuten?«

»Es ist eine ernste Sache, Herr Doktor. Herr Hidetawa hat heute die Gefahren genannt, mit denen man bei einem Flug in den freien Raum rechnen muß. Es geht auf Leben und Tod; darüber muß sich jeder klar sein, der den Flug wagt. Wir werden mit einer Durchschnittsgeschwindigkeit zwischen 10 000 und 40 000 Stundenkilometern durch den Weltraum fliegen. Dabei müssen wir mit einer enormen Reibungshitze rechnen, besonders wenn wir wieder in dichtere Luftschichten gelangen. Unsere Rakete wurde deshalb mit einer Art Hitzeschild, einer metallenen Spezialschicht umkleidet. Ob diese aber ihren Zweck auch voll erfüllen kann, das wird sich erst bei unserem Flug erweisen.«

»Sie wollen ihn trotzdem unternehmen?«

Yatahira nickte.

»Ich will es! Herr Hidetawa ist der Meinung, daß die Ehre des ersten Raumfluges den Erfindern der Strahlrakete gebührt.«

»Wollen Sie mich mitnehmen?«

Wieder ein Nicken des Japaners. »Deswegen habe ich Sie gesucht und bin Ihnen nachgegangen, Herr Doktor.«

»Yatahira, Sie nehmen mich mit?«

Am liebsten wäre Hegemüller seinem Begleiter in überwallender Freude um den Hals gefallen. Mit Mühe bezwang er sich, preßte nur die Rechte Yatahiras und stammelte Dankesworte. Yatahira blieb unbewegt.

»Überlegen Sie es sich genau!« sagte er gelassen. »Es geht um Leben und Tod. Wir kennen die Größe der Gefahren nicht, aber wir wissen, daß sie groß sind. Es ist keineswegs sicher, ob wir von dem Flug zurückkehren. Auch Herr Hidetawa weiß das. Er hatte die Absicht, den Flug selbst zu unternehmen. Erst als ich ihn daran erinnerte, daß er sich für sein großes Werk erhalten müsse, ließ er sich bereit finden, zurückzutreten. Ich hatte das Glück, daß er meine Bitte erhörte. Er hat mir erlaubt, an seiner Statt zu fliegen.«

Dr. Hegemüller hörte kaum noch auf das, was Yatahira sprach. Alle seine Gedanken drehten sich um den bevorstehenden Flug. Endlich nach Herzenslust in den Weltraum vorstoßen dürfen! Nicht mehr gehemmt sein durch Befehle von Vorgesetzten, die über jeden Kilometer Rechenschaft verlangten! Was hatten solchen Möglichkeit gegenüber die Gefahren zu bedeuten, von denen Yatahira sprach?

»Ich kann über meine Person frei verfügen ... und wenn es sein muß, auch über mein Leben«, schlug er dessen Warnungen in den Wind. »Kommen Sie! Lassen Sie uns gehen.«

Hidetawas Maschine glich in den grundsätzlichen Anordnungen der Grabbeschen Rakete, doch war sie wesentlich geräumiger. Außerdem bemerkte Dr. Hegemüller, der ihr Inneres zum ersten Male zu Gesicht bekam, Einzelheiten, die ihn überraschten. Hier waren die Meßinstrumente und Steuerungsmechanismen systematisch in einem Kommandostand zusammengefaßt. Unbekannte Instrumente fielen Hegemüller auf. Nur aus der Beschriftung der Skalen konnte er auf ihren Verwendungszweck schließen, und einige erklärende Worte Yatahiras gaben ihm volle Klarheit. Hier war bereits eine Apparatur vorhanden, durch die eine einigermaßen gesicherte Navigation im freien Weltraum überhaupt erst möglich wurde. Schließlich gestattete eine schwere Kristallscheibe, welche die Kuppel der Rakete abschloß, auch einen freien Ausblick nach oben, so daß die Insassen während des Fluges das Ziel, das sie ansteuerten, im Auge behalten konnten. Zwei seitlich der Kuppel um Achsen drehbare konkave Metallhüllen aus hitzebeständiger Spezialmetallmischung, die sich auf einen Knopfdruck hin über der Kristalluke zusammenschlossen, sollten in besonders kritischen Zonen die Rakete vor dem Verglühen schützen.

Mit einer leichten Handbewegung drückte Yatahira Dr. Hegemüller in einen bequemen Sessel nieder. Er selbst trat an die Apparatewand des Kommandostandes. Eine Hebelbewegung, Hidetawas Maschine stieß vom Boden ab und schoß in die Höhe.

Aus der Kraft, mit der sein Körper in das Sesselpolster gedrückt wurde, zog Dr. Hegemüller den Schluß, daß die Beschleunigung, mit welcher die Maschine emporstrebte, recht beträchtlich sein mußte.

Während er noch auf die Zeigerscheiben der Meßinstrumente blickte, hatte er den Eindruck, als ob die Rakete sich zur Seite neige, als ob sie etwas schräg läge. Noch bevor er fragen, etwas sagen konnte, deutete Yatahira nach oben. Hegemüller blickte dorthin und sah genau im Mittelpunkt der Kristallscheibe die Mondsichel. Seine Blicke trafen sich mit denen Yatahiras. Der nickte ihm lächelnd zu.

»Unser Ziel, Herr Doktor. Wir steuern es auf Sicht an.«

Montag morgen. Der neunte Schlag der Werkuhr war verklungen, als Lüdinghausen in Grabbes Zimmer trat.

»Sind die Herren noch nicht hier?« fragte er nach einem kurzen Blick in die Runde.

»Ich erwarte sie jeden Augenblick, Herr Professor. Wollen Sie bitte Platz nehmen.«

Während der Chefingenieur Lüdinghausen einen Sessel hinschob, öffnete sich die Tür zum zweiten Male. Hidetawa kam, begleitet von Saraku, ins Zimmer. Eine kurze Begrüßung, und sie nahmen ebenfalls an dem großen, mit Schreibblöcken belegten Konferenztisch Platz. Lüdinghausen warf einen Blick auf die Wanduhr und runzelte die Stirn.

»Fünf Minuten nach neun, Herr Grabbe. Wo steckt Doktor Hegemüller? Yatahira fehlt auch noch. Die Herren lassen uns warten.«

Grabbe zuckte die Achseln. »Ich verstehe es nicht, Herr Professor. Herr Hegemüller weiß, daß unsere Besprechung auf neun Uhr angesetzt worden ist.« Er griff nach einer Klingel. »Ich werde einen Boten in seine Wohnung schicken. Er soll ihm Beine machen.«

Bevor der Chefingenieur noch auf den Knopf drücken konnte, griff Hidetawa nach der Klingel und zog sie an sich. Befremdet schaute Grabbe ihn an, während Hidetawa zu sprechen begann.

»Ich bitte Sie, Herrn Doktor Hegemüller und meinen Mitarbeiter Yatahira noch etwas zu entschuldigen. Die Herren werden bald hier sein.«

»Unsere Besprechung wurde auf neun Uhr festgesetzt. Warum hält sich Herr Hegemüller nicht an die Verabredung?« Lüdinghausen stellte die Frage in einem scharfen Ton. Wieder einmal hatte es den Anschein, als ob sich ein Donnerwetter über dem Haupte des Doktors zusammenzöge. Hidetawa hielt es für richtig, einzugreifen.

»Gedulden Sie sich bitte für die kurze Zeit, Herr Professor. Ich bin sicher, daß Sie die Unpünktlichkeit entschuldigen, wenn Sie die Gründe der Herren gehört haben.« Während Lüdinghausen zweifelnd den Kopf schüttelte, sprach Hidetawa weiter. »Wir können inzwischen wohl schon beginnen. Ich habe zusammen mit Herrn

Saraku gestern abend einige Skizzen entworfen, die uns als erste Unterlage für unsere Besprechung dienen könnten.«

Hidetawa war ein Forscher von internationalem Ruf. Er war der Älteste am Tisch, und er war schließlich als Gast hier; so fügten Lüdinghausen und Grabbe sich seinem Wunsch und traten in die Besprechung ein, doch mit ganzem Herzen waren sie nicht bei der Sache. Die etwas geheimnisvoll klingenden Worte ihres japanischen Freundes wollten ihnen nicht aus dem Kopf. Öfter als einmal wanderten ihre Blicke von den Skizzen, die Hidetawa ihnen vorlegte und erläuterte, nach dem Zifferblatt der Wanduhr. »Bald« hatte Hidetawa gesagt — aber die Uhr zeigte zehn, elf, zwölf Uhr, und die beiden waren noch immer nicht da. Und als man schließlich die Besprechung der Pläne unterbrach, um sich zum Mittagessen in die Werkskantine zu begeben, zeigten sich sämtliche Teilnehmer der unvollständigen Konferenz sichtlich irritiert. Hidetawa und Saraku schienen nachdenklich und irgendwie bedrückt. Bei aller Hochachtung vor Hidetawa nahm sich Grabbe doch vor, dem eigenwilligen Hegemüller unter vier Augen gehörig den Kopf zu waschen, und auch Lüdinghausens Laune war nicht die allerbeste.

Die Mahlzeit verlief recht einsilbig. Jeder der vier Männer war mit seinen Gedanken beschäftigt. Grabbe und Lüdinghausen waren ärgerlich, aber der Ärger wäre rasch tiefer Besorgnis gewichen, hätten auch sie gewußt, was den beiden Japanern bekannt war: der versuchte Erstflug einer bemannten Rakete in die unbekannten Gefahren des Weltraums. Nicht bloß kosmische Strahlen und Meteoriten bedrohten die Weltraumfahrer. Vielfach waren die Fragen, die erst im Laufe des Fluges ihre Beantwortung finden konnten. Würde der vorgesehene Hitzeschild die Rakete und deren Insassen vor dem Verglühen bewahren? Wie würde sich die Treibkraft der Strahlflächen im luftdünnen und -leeren Raum des Weltalls auswirken? Konnte die so plötzlich in völlig andere Umwelt versetzte physische und psychische Konstitution der Raumfahrer diese geänderten Bedingungen überleben? Würden die in der Rakete eingebauten Sauerstoffapparate genügen, um die beiden Forscher vor dem Ersticken zu bewahren? Wie würde sich das zu erwartende Stadium einer Schwerelosigkeit im Weltraum auf menschliche Organe auswirken? Konnten sich nicht Beeinträchtigungen und Schädigungen der Gehirnfunktion, der Herztätigkeit, der Blutzirkulation ergeben?

Derlei und noch viele andere Fragen und Sorgen beschäftigten insbesondere Professor Hidetawa, wenn er sich auch äußerlich wenig davon anmerken ließ. Seiner Berechnung nach konnte die Rakete bereits längst von ihrem Mondflug zurück sein, vorausgesetzt — ja nun, eben vorausgesetzt, daß sie überhaupt noch zurückkam. Es wurde zwei, drei, es wurde vier Uhr. Der japanische Professor suchte sich selbst und die andern durch sachliche Erörterungen weiterer Konstruktionsverbesserungen von der wachsenden inneren Unruhe abzulenken.

»Es wird sich also empfehlen, bei dem Bau für die äußere Form einen liegenden an Stelle eines stehenden Zylinders zu wählen«, hatte Hidetawa soeben gesagt, als die Uhr anhub, die fünfte Stunde zu schlagen. Im gleichen Augenblick klopfte es an der Tür, und die Erwarteten traten ein. Yatahira hatte eine ziemlich umfangreiche Mappe unter dem Arm, Hegemüller hielt ein Schreibheft in der Hand.

Lüdinghausen sah die beiden an und wunderte sich über ihr Aussehen. Ihre Gesichter waren gerötet, ihre Augen glänzten wie im Fieber, und eine eigenartige Spannung lag in ihren Zügen.

Übernächtig sehen sie aus; als ob sie in kein Bett gekommen wären; als ob sie sich durch irgendwelche Reizmittel munter erhielten, ging es Grabbe durch den Sinn.

Yatahira hatte die Mappe inzwischen vor Hidetawa hingelegt. Der schlug sie auf und nahm das erste Blatt heraus. Lüdinghausen, der neben ihm saß, sah, daß es eine fotografische Aufnahme im Folioformat war. Das Bild stellte eine Art Gebirgslandschaft dar, einen kreisförmigen Krater. Mit großer Schärfe zeigte es Felsschroffen und Schlünde.

»Wie finden Sie die Aufnahme, Herr Professor?« fragte Hidetawa, während er das Blatt vor Lüdinghausen hinschob.

Dessen Blick ging abwechselnd zwischen der Fotografie und Hidetawa hin und her.

»Ich möchte es für eine Mondaufnahme halten«, begann er unsicher. »Ähnliche Aufnahmen wurden mit dem großen Spiegelteleskop der Hamilton-Sternwarte gemacht . . .«

»Sie haben recht, Herr Professor, es ist der Mondkrater Kopernikus, doch wir brauchten kein Spiegelteleskop dazu, das Bild wurde mit einer einfachen Tele-Kamera aufgenommen«, sagte Yatahira.

Kopfschüttelnd ließ Lüdinghausen das Blatt sinken. »Mit einer einfachen Kamera?« fragte er erstaunt. »Die amerikanischen Astronomen machten ihre Aufnahme mit einer zehntausendfachen Vergrößerung. Nach meiner Erinnerung zeigen ihre Bilder weniger Einzelheiten als das hier . . .«

»Die Amerikaner haben vom Mount Hamilton aus über eine Entfernung von 380 000 Kilometer fotografiert. Unsere Maschine stand heute nacht nur 300 Kilometer vom Krater Kopernikus ab, als wir diese Aufnahme machten.«

»Was sagen Sie? Dreihundert Kilometer vom Mond entfernt?« Lüdinghausen lehnte sich in seinen Sessel zurück und schloß für ein paar Sekunden die Augen. Als er sie wieder öffnete, lag ein anderes Bild vor ihm. Eine zackige, zerrissene Felswand, von scharfen Schlagschatten durchsetzt. »Ein Teil der Kraterwand des Kopernikus«, fuhr der Japaner in seiner Erläuterung fort. »Das Bild wurde aus hundert Kilometer Entfernung gemacht. Hier noch eine Aufnahme ...«, er schob Lüdinghausen ein drittes Foto hin. »Eine Aufnahme der gleichen Wandpartie aus fünfzig Kilometer Abstand. Näher sind wir an unseren Satelliten nicht herangegangen, um unnötige Gefahren zu vermeiden.«

Während er sprach, ließ er die etwa zwanzig bis dreißig Blätter, welche die Mappe noch enthielt, wie spielend durch seine Finger gleiten. Es waren sämtliche Aufnahmen der Mondoberfläche, aus der Nähe und infolgedessen in einer Vergrößerung aufgenommen, wie sie auch das mit dem Teleskop bewaffnete menschliche Auge bisher noch nie erblickt hatte. Tiefes Schweigen herrschte am Tisch. Nur das Rascheln der Blätter unterbrach die Stille. Der Japaner zog jetzt wieder eine andere Aufnahme heraus und hielt sie Lüdinghausen hin.

»Hier beginnt Neuland«, erklärte er dabei weiter. »An dieser Stelle hier –«, er zog mit dem Finger eine Linie über das Gebilde, »– beginnt die der Erde abgewandten Seite des Mondes, die bisher noch niemand sah.«

»Sie haben den Mond umflogen?!« Es waren die ersten Worte, die Grabbe seit der Ankunft Yatahiras sprach.

»Herr Doktor Hegemüller und ich haben den Flug gewagt und glücklich zu Ende geführt.«

»Wann soll das geschehen sein?« Ungläubig warf Lüdinghausen die Frage auf.

»Zwischen Sonnabend und Montag, Herr Professor«, kam die Antwort.

Lüdinghausen griff nach dem Schreibblock und begann zu rechnen, während er halblaut Zahlen vor sich hin murmelte: »384 000 Kilometer hin ... 384 000 Kilometer zurück ... die Umkehrschleife ... 780 000 Kilometer. Herrgott im Himmel, Ihre Maschine muß eine Geschwindigkeit von wenigstens zehntausend Stundenkilometer entwickelt haben ...«

Yatahira schüttelte den Kopf. »Mehr, Herr Professor Lüdinghausen. Die Maschine war kaum 48 Stunden unterwegs. Herr Doktor Hegemüller hat das Logbuch geführt. Vielleicht interessiert es Sie, seine Aufzeichnungen zu hören.«

Während der Japaner sprach, überschlugen sich die Gedanken Lüdinghausens. Etwas Unerhörtes war geschehen. Eine tollkühne Tat war vollbracht worden. Menschlicher Wagemut und Erfindungsgeist hatten die Schranken durchbrochen, die ihnen für alle Ewigkeit gesetzt zu sein schienen. Zum ersten Male war ein Flug durch den Weltraum von einem Gestirn zu einem andern gelungen. Und sein Assistent hatte Aufzeichnungen über den denkwürdigen Flug gemacht, ein Logbuch geführt.

An ein anderes Dokument mußte Lüdinghausen dabei denken ... an das Logbuch der »Santa Maria«, mit der Cristofero Colombo vor einem halben Jahrtausend seine Entdeckungsfahrt in die Neue Welt unternahm ... Wurde es nicht noch heute in Spanien aufbewahrt und wie ein Heiligtum gehütet? Würde das Logbuch über die erste Entdeckungsfahrt in den Weltraum ein gleiches Schicksal haben?

Lüdinghausen nahm alle Vorwürfe zurück, die er Hegemüller im stillen gemacht hatte. »Lesen Sie vor, Herr Doktor!« rief er.

Hegemüller schlug das Heft auf und begann zu lesen. »Gestartet am 30. Juli um 18 Uhr mit der Rakete des Herrn Hidetawa. An Bord Yatahira und Dr. Hegemüller. Beschleunigung zwei Kilometer in der Minute.

18 Uhr 5 Minuten. Der Kurs wird nach Sicht auf den Mond gesetzt.

18 Uhr 30 Minuten. Fluggeschwindigkeit 60 Kilometer in der Minute. Entfernung von der Erde 1540 Kilometer. Die irdische Atmosphäre liegt weit hinter uns. Die Beschleunigung wird erhöht.

19 Uhr. Fluggeschwindigkeit 72 Minutenkilometer. Abstand von der Erde 3600 Kilometer. Die Erde schwebt wie ein Ball im Raum. Die Beleuchtung ist stark genug, um Einzelheiten erkennen zu lassen.

Unter uns liegt die Sibirische Ebene ...«

Zeile um Zeile, Eintragung um Eintragung las Dr. Hegemüller vor. Eintönig wirkten die vielen Zahlenangaben über die Geschwindigkeiten und Standorte, doch dazwischen gab es auch Notizen, welche die Zuhörer schärfer aufhorchen ließen. Unter 20 Uhr vermerkt:

»Wir fliegen in hellem Sonnenschein. Es wird warm im Inneren der Rakete. Wir stellen die Heizung ab ...

1 Uhr morgens. Wir sind einer großen Gefahr entronnen. Ein Bolide schoß dicht an der Rakete vorbei. Wenige Meter näher, und unser Schicksal wäre besiegelt gewesen. Wir fliegen mit 10 000 Stundenkilometer durch den Weltraum.

2 Uhr. Yatahira vermindert die Beschleunigung. Wir müssen uns festbinden, um nicht hin und her zu schweben.

5 Uhr 30. Die Mondkugel ist zu einer Scheibe geworden, die einen Teil des Himmels umspannt. Geschwindigkeit 22 000 Stundenkilometer.

9 Uhr. Die Rakete stößt dicht an dem Mondgestirn vorbei. Unsere Geschwindigkeit beträgt nur noch 3 Kilometer in der Minute. Mit

gleichbleibender Geschwindigkeit fliegen wir über der Mondoberfläche dahin.

9 Uhr 15. Ich habe die Kamera in Betrieb genommen und mache Aufnahmen. Eben habe ich den Krater Kopernikus fotografiert.

9 Uhr 45. Yatahira hatte alle Hände voll mit der Steuerung zu tun. Wir umfliegen das Nachtgestirn in einer kreisförmigen Schleife.

9 Uhr 50. Die Sonne ist wieder verschwunden. Wir sind in den Mondschatten eingetaucht. Die Navigation wird schwierig. Wir ändern den Kurs und bleiben 1000 Kilometer von der Mondoberfläche ab.

11 Uhr 15. Die Sonne ist wieder da. Wir befinden uns von der Erde aus gerechnet noch hinter dem Mond. Als die ersten Menschen erblicken wir seine Rückseite. Sie unterscheidet sich nicht von der Vorderseite. Totes Gebirge, Kraterzacken und Felsriffe.

12 Uhr 25. Der Satellit ist umschifft. Yatahira hat Sorge um die Zeit. Er hat versprochen, bis Montag morgens zurück zu sein. Yatahira gibt Beschleunigung auf 10 Sekundenkilometer. Unsere Körper sind schwer wie Blei. Es muß ertragen werden, wenn wir unsere Zeit einhalten wollen.

15 Uhr 30. Wir rasen mit 30 000 Stundenkilometer durch den Raum.

16 Uhr. Erde und Mond erscheinen fast gleich groß.

7 Uhr. Nur noch 45 000 Kilometer von der Erde entfernt. Höchste Zeit, die Bremsung wirken zu lassen.

10 Uhr 30. Einzelheiten der Erdoberfläche werden erkennbar. Unter uns liegt ein weites Meer.

12 Uhr 15. Wir nähern uns den dichteren Luftschichten. Jetzt wird die Situation kritisch. In der Übergangsphase ist enorme Hitzeentwicklung durch den Reibungswiderstand der Luft zu erwarten. Möglich, daß die Rakete samt Insassen zu glühendem Staub verbrennt. Wir haben alles zur Verzögerung der Geschwindigkeit Mögliche getan. Trotzdem läßt sich diese nicht genügend abbremsen. Dazu wären spezielle Bremsraketen nötig. Wie hoch mag jetzt die Chance des Überlebens sein? 50:50? Das wäre vielleicht noch zu optimistisch.

14 Uhr 25. Wir leben noch. Erstaunlicherweise. Beim Eintauchen in die dichtere Luftschicht muß die Rakete von außen wie ein glühendes Geschoß ausgesehen haben. Von innen war es ähnlich wie in einem Kochkessel, trotz der starken Wärmeschutzplatten der Wände. Durch die Kristall-Luke der Kuppel konnten wir sehen, wie der konkave Schutzschild davor zur Weißglut kam, plötzlich aus den Befestigungen riß und davonflatterte. Aber glücklicherweise war da schon das Ärgste überstanden. Jetzt müssen wir zusehen, wie wir nach Hause finden.

15 Uhr. Die Drehlager der Antriebs- und Bremsflächen sind zum Teil verklemmt. Vielleicht auch geschmolzen infolge der fantastischen Hitze. Beinahe ein Wunder, daß wir nicht auch geschmolzen sind.

15 Uhr 10. Sausten mit 4000 Stundenkilometer Geschwindigkeit abwärts Richtung Indischer Ozean. Dann gelang es Yatahira irgendwie, die Rakete flach zu legen. Fliegen jetzt westwärts Richtung Gorla.

15 Uhr 15. Kursänderung hat sich ausgewirkt. Unter uns liegt Deutschland. Jetzt noch Gorla richtig ansteuern – und dann zu Hause!

15 Uhr 35. Stehen über Gorla. Senken uns langsam herab.

15 Uhr 45. Glücklich gelandet. Jetzt Bad und Rasur! Dann mit den Fotoaufnahmen ins Labor!«

Dr. Hegemüller hatte geendet. Die Stille, die seinen Worten folgte, unterbrach als erster Hidetawa. »Meine Herren, wir stehen jetzt vor der Frage, in welcher Weise wir mit dem, was wir erreicht haben, an die Öffentlichkeit treten wollen.«

»An die Öffentlichkeit treten wollen?« Halb zustimmend, halb zögernd wiederholte Lüdinghausen die letzten Worte Hidetawas. »Halten Sie die Zeit dafür schon gekommen?«

»Jawohl, Herr Professor Lüdinghausen. Wir wissen wohl, was bei Ihnen, bei uns und in Washington geschafft wird, aber wir wissen nicht, was sich an anderen Stellen entwickelt. Wenn wir uns die Priorität sichern wollen, müssen wir der Welt umgehend einen Bericht über den ersten Flug in den Weltraum geben, sonst könnte es vielleicht sein, daß ein anderer uns zuvorkäme.«

»Das wäre ...« Chefingenieur Grabbe geriet in Harnisch. »Das wäre ja scheußlich! Haben Sie bestimmte Gründe für Ihre Vermutung, Herr Hidetawa?«

Der Japaner zuckte die Achseln. »Ich sage nur, Herr Grabbe, daß die Möglichkeit vorliegt. Wir wissen nicht, was in anderen Laboratorien geschieht. Sicher ist nur, daß jene Vorkommnisse, die sich vor einigen Monaten ereigneten, doch ziemliches Aufsehen erregt haben. Ich meine jene entflogenen Stücke des Strahlstoffes«, fuhr er auf einen fragenden Blick Grabbes fort, »die an verschiedenen Stellen unserer Erdkugel niederfielen. Ich halte es nicht für ausgeschlossen, daß auch Forscher in anderen Ländern dadurch neugierig und hellhörig geworden sind. Deshalb möchte ich auf eine sofortige Veröffentlichung dringen.«

»Wie soll der Bericht gehalten werden?« fragte Lüdinghausen.

»So kurz wie möglich. Eine Einleitung von zwanzig Zeilen, eine Abschrift des Logbuches und ein halbes Dutzend wirksamer Aufnahmen werden vollständig genügen.«

Lüdinghausen nickte. »Sie haben recht, Herr Hidetawa. Diese kurze Form wird die wirksamste sein. Ich werde alles vorbereiten lassen. Wollen Sie mir bitte noch die Aufnahmen angeben, die Sie für die geeignetsten halten.«

Der Wunsch Lüdinghausens war schnell erfüllt, und dann begann der Apparat des Gorla-Werkes zu arbeiten. Es wurde in fremde Sprachen übersetzt, kopiert und vervielfältigt, und noch am Abend des gleichen Tages ging der Bericht über den ersten Weltraumflug an alle großen Nachrichtenagenturen und Depeschenbüros der Erde hinaus.

Als eine Sensation allerersten Ranges wirkte sich der Bericht über den ersten Raketen-Raumflug in der Weltöffentlichkeit aus. Zwischen Hammerfest und Feuerland, zwischen Wladiwostok und Melbourne gab es keine Zeitung, die ihn nicht ungekürzt abgedruckt hätte.

Verschieden waren die Kommentare, welche die einzelnen Blätter ihrer jeweiligen Einstellung entsprechend dazu brachten. Von ungläubigem Zweifel bis zu begeisterter Zustimmung waren alle Tonarten vertreten. Nur darin waren sich alle einig, daß mit diesem Raumflug eine neue Epoche der Technik und des Verkehrswesens begonnen habe ... falls die Nachricht sich bewahrheiten sollte, wie die Zweifler hinzufügten.

Mit verschiedenen Gefühlen wurde der Bericht von den unmittelbar interessierten Stellen aufgenommen. Professor O'Neils verschlug es die Sprache, als er ihn las, und als er sie wiederfand, gab er seiner Stimmung Watson gegenüber einen Ausdruck, der an Lebhaftigkeit nichts zu wünschen übrigließ.

»Wieder sind andere uns zuvorgekommen!« schrie er ihn an. »Immer kommen wir zu spät! Was können wir noch unternehmen, um nicht ins Hintertreffen zu geraten? Sprechen Sie, Watson! Was raten Sie?«

Watson blieb diesen Ausbrüchen gegenüber ruhig. Er dachte sich seinen Teil, aber er hielt es nicht für angebracht, alles auszusprechen, was ihm durch den Sinn ging. Wenn du früher auf mich gehört hättest, dann hätten wir die erste Rakete gehabt, dachte er bei sich. Vorsichtig begann er zu sprechen.

»Die Tatsache steht fest, Herr Professor, daß als erster ein Amerikaner einen Raketenflug in die Stratosphäre unternommen hat. Jawohl! Das bin ich gewesen!« fuhr er fort, als O'Neils ihn verständnislos ansah.

»Unglücklicher! Sprechen Sie nicht davon!« O'Neils streckte wie abwehrend seine Arme aus. »Danken Sie Gott, daß dieser Flug unbekannt geblieben ist. Sorgen Sie dafür, daß er niemals bekannt wird!«

Henry Watson merkte, daß seine Worte wenig Gnade vor den Ohren O'Neils fanden, und suchte nach einem anderen Weg.

»Dann sehe ich nur eine Möglichkeit«, fuhr er nach kurzem Überlegen fort. »Sowie unsere neue Verkehrsrakete startbereit ist, müssen wir einen Propagandaflug unternehmen. Ganz groß müssen wir die Sache anlegen. Die berühmtesten Wissenschaftler unseres Landes müssen wir dazu einladen. Schon vorher muß unsere Presse darüber berichten. Auch Vertreter der Schriftleitungen müssen mit an Bord sein, die unterwegs durch Funk Nachrichten an ihre Blätter geben.«

Watson erwärmte sich an seiner Idee, während er sie weiterentwickelte. Mit lebhaften Worten malte er Professor O'Neils aus, wie man das verlorene Terrain zurückerobern könne, wenn die Presse für den Flug der ersten Verkehrsrakete in richtiger Weise interessiert würde, und riß schließlich auch O'Neils mit.

»Sie haben recht, Watson«, stimmte der ihm bei und begann schon einen praktischen Überschlag zu machen.

»Wir können mit aller Bequemlichkeit fünfzehn Personen in unserer neuen Maschine unterbringen. Wir beide müssen natürlich mitfliegen; bleiben noch dreizehn Plätze. Sagen wir also sechs Wissenschaftler und sieben Pressevertreter.«

Watson widersprach. »Ich glaube, es wird genügen, wenn wir drei Wissenschaftler und zehn Herren von der Presse einladen. Als Vertreter der Wissenschaftler würde ich einige Kollegen von anderen Universitäten vorschlagen. Die Einladungen an die Presse müssen wir uns noch sorgfältig überlegen. Zehn Plätze sind nicht viel. Wir müssen geschickt auswählen, damit sich niemand zurückgesetzt fühlt. Es wäre mir lieber, wenn wir die doppelte Zahl von Einladungen ergehen lassen könnten, aber es wäre verfehlt, zuviel Personen an Bord zu nehmen. Der Komfort und die Behaglichkeit, welche unser neues Verkehrsmittel bietet, würden dann nicht voll zur Geltung kommen. Eventuell werden wir mehrere derartige Flüge machen müssen.«

In Rede und Gegenrede erörterten sie den Plan weiter und einigten sich schließlich auf die von Watson vorgeschlagene Verteilung der verfügbaren Plätze.

Während der Bau der neuen Verkehrsrakete in Tag- und Nachtschichten nach Menschenmöglichkeit gefördert wurde, korrespondierte Professor O'Neils mit den drei als Fluggäste in Aussicht genommenen Gelehrten. Henry Watson aber spielte seine persönlichen Beziehungen zur amerikanischen Presse aus; er beschränkte sich nicht darauf, die Vertreter führender Zeitungen brieflich und mündlich von dem zu unterrichten, was auf die Veranlassung O'Neils' entstanden war und sich jetzt bereits seiner Vollendung näherte. Er brachte sie auch in die große Montagehalle; er zeigte ihnen den interessanten Bau der neuen Rakete nicht nur von außen, sondern führte sie durch das Innere, zeigte ihnen den Kommandoraum, lud sie ein, in den bequemen Sesseln des Passagierraumes Platz zu nehmen, von denen man durch breite Fenster einen guten Ausblick nach allen Seiten hatte. Er erklärte ihnen die Einrichtung einer Bar und einer elektrischen Küche, die während des Fluges für die leiblichen Bedürfnisse der Gäste sorgen sollte, und verstand es, auf solche Weise ihre Erwartungen schon jetzt hoch zu spannen. In den Zeiten zwischen derartigen Vorführungen aber steckte er selbst viele Stunden an jedem Tag in der Montagehalle und suchte die Fertigstellung des Raumschiffes auf jede Art und Weise zu beschleunigen.

Auch in Gorla wurde nach den neuen von Grabbe, Hegemüller und Hidetawa gemeinsam entworfenen Plänen gebaut, doch es ging nicht so zu wie in Washington. In Gorla legte man Wert auf die sorgfältigste Durchkonstruktion aller Einzelheiten. Die Sicherheit der Insassen blieb dabei die wichtigste Forderung, denn nach dem geglückten Weltraumflug war der sonst so draufgängerische Hegemüller sehr nachdenklich geworden.

»Ich komme mir vor wie der Reiter über dem Bodensee«, äußerte er sich öfter als einmal Bekannten gegenüber, die ihn zu dem gelungenen Wagnis beglückwünschten, und Grabbe gegenüber begründete er dies Gefühl eines nachträglichen Grauens so eingehend, daß der Chefingenieur schließlich kopfschüttelnd meinte: »Sollte sich ein Wunder ereignen, Kollege? Sollten Sie auf Ihre alten Tage doch noch vernünftig werden?«

Aber Dr. Hegemüller war heute nicht in der Laune, auf diesen Ton einzugehen. Ernster, als es sonst seine Art war, fuhr er fort: »Wir haben bei unserem Flug Kopf und Kragen riskiert. Ich will nicht von den Gefahren sprechen, die der Weltraum an sich bietet; die müssen von jedem, der Raumschiffahrt treiben will, mit in Kauf genommen werden. Aber auch die Einrichtungen der Rakete Hidetawas waren trotz aller Verbesserungen und Fortschritte noch unzulänglich. Für einen Verkehrsflug unterhalb der Stratosphäre mögen sie gut sein, aber für eine Navigation im Weltraum reichen sie doch nicht aus. Es war ein unverdientes Glück, daß wir die unbeleuchtete Hälfte des Mondballs glücklich umschifften. Yatahira hat es mir erst nachträglich eingestanden, daß wir auf der abgewandten Seite unseres Satelliten um ein Haar einen Gipfel gerammt hätten, während er noch glaubte, tausend Kilometer von der Mondoberfläche entfernt zu sein.«

»Das wäre freilich das Ende gewesen«, mußte Grabbe zugeben. »Welche Verbesserungen der Navigationsmittel schlagen Sie vor?«

Hegemüller begann seine Vorschläge an den Fingern aufzuzählen. »Erstens eine komplette Kreiselkompaßanlage. Wir dürfen nicht wieder lediglich auf Sternbeobachtungen angewiesen sein. Zweitens ein Echolot, das es uns gestattet, jederzeit unsern Abstand, sei es von der Erdoberfläche, sei es von der des Mondes festzustellen. Drittens eine starke Scheinwerferanlage, um das Gelände anstrahlen zu können. Viertens . . .«

»Hören Sie auf, Herr Doktor!« unterbrach ihn Grabbe. »Wenn wir das alles unterbringen wollen, müssen wir anbauen. Dann muß unsere Rakete um ein Stück vergrößert werden.«

»Also vergrößern wir sie, Herr Grabbe«, meinte Hegemüller. »Höchste Sicherheit muß angestrebt werden. Eine Katastrophe, ja schon ein ernstlicher Unfall könnte die neue Technik des Raketenfluges in Verruf bringen und um Jahre zurückwerfen.«

Grabbe strich sich über die Stirn. Den Gründen Hegemüllers konnte er sich nicht verschließen, obwohl sie eine Umarbeitung der Pläne und einen Zeitverlust bedingten.

Wenige Tage später bekam Professor O'Neils einen Brief von Robert Jones, und mit stiller Freude entnahm Henry Watson daraus die Mitteilung, daß man in Gorla beim Bau einer neuen Verkehrsrakete auf Schwierigkeiten gestoßen sei. Für Watson war das Veranlassung, die Fertigstellung der eigenen Maschine noch mehr zu beschleunigen. Jetzt glaubte er sicher zu sein, daß man ihm in Gorla nicht wieder zuvorkommen würde.

Aus einer dunklen Ahnung heraus hatte Hidetawa auf die sofortige Bekanntgabe des gelungenen Mondfluges gedrängt.

»Wir wissen wohl, was bei Ihnen, bei uns und in Washington geschafft wird, aber wir wissen nicht, was in anderen Laboratorien geschieht«, hatte er zu Professor Lüdinghausen gesagt. In der Tat war seine Befürchtung nicht unbegründet, denn schon seit vielen Wochen geschah in dem britischen Nationallaboratorium Croydon allerlei, was die Herren Grabbe und Lüdinghausen wahrscheinlich aus ihrer Ruhe gebracht haben würde, wenn sie darum gewußt hätten.

Schon seit einer Reihe von Jahren beschäftigte sich Dr. Lee dort mit der Erforschung des Atomzerfalls. Wie zahlreichen anderen Physikern war es auch ihm gelungen, auf künstlichem Wege Radioaktivität zu erzeugen. Mit größter Aufmerksamkeit hatte er die rätselhaften Vorgänge auf den Neufundland-Bänken, im Garten des Farmers Atwater und am Boulder-Damm verfolgt und keine Mühe gescheut, um sich möglichst zuverlässige Berichte darüber zu verschaffen, und endlich den zutreffenden Schluß gezogen, daß man an irgendeiner anderen Stelle schon ein gutes Stück weiter sein müsse als in seinem Laboratorium.

Fieberhaft hatte Dr. Lee daraufhin weitergearbeitet, und es war ihm geglückt, seinen eigenen Strahlstoff zu verbessern, als die Nachricht von der geglückten Mondumseglung auch in Croydon wie eine Bombe einschlug. Die Art, wie er sie aufnahm, unterschied sich nicht allzusehr von derjenigen, in der zur gleichen Zeit Professor O'Neils in Washington darauf reagierte. Auch Dr. Lee fühlte sich von anderen, Glücklicheren überholt, sah sich ins Hintertreffen geraten und faßte einen tollkühnen Entschluß, um die Scharte wieder auszuwetzen.

Eine Rakete bauen und damit in den Weltraum vorstoßen? . . . Es würde mit dem Strahlstoff, den er zur Verfügung hatte, wohl ebenfalls möglich sein. Die anderen hatten den Mond umflogen; den Vorsprung hatten sie zweifellos, aber sie hatten es nicht gewagt, auf seiner Oberfläche zu landen. Diese Tat, eine wirkliche Entdeckertat, mußte noch getan werden, und Henry Lee war entschlossen, sie zu vollbringen.

Eine fixe Idee wurde das bei ihm, die ihn völlig gefangen nahm und ihm den Blick für alles andere trübte. Er sah nicht mehr die vielen Gefahren; er machte sich keine Gedanken darüber, ob sein Strahlstoff einer solchen Aufgabe wirklich gewachsen sei. Nur der brennende Wunsch beherrschte ihn noch, als der erste auf dem Mond zu landen.

Dem Entschluß folgte die Tat. Während das öffentliche Interesse an dem geglückten Flug Yatahiras allmählich abebbte, während man in Gorla stetig und zielbewußt weiterarbeitete und während in der amerikanischen Presse Nachrichten über die Pläne O'Neils' erschienen, wurde die Welt plötzlich durch eine neue Sensationsmeldung erschüttert. In Schlagzeilen brachten sie die Londoner Mittagsblätter, in noch größeren Lettern stand es in allen Zeitungen des Empires.

»Dr. Henry Lee zum Mondflug gestartet.« »Die Strahlrakete von Dr. Lee.« »Dr. Lee beabsichtigt Landung auf dem Mond.«

Zwischen den Schlagzeilen stand ein Text, aus dem hervorging, daß Dr. Lee zusammen mit seinen drei Assistenten Johnson, Perkins und Brown den Raumflug gewagt hatte. Weiter erfuhren die Leser daraus, daß die Rakete mit Sauerstoff, Proviant und Wasser für einen Monat versehen sei. An diese wenigen Tatsachen knüpfte der Bericht eine Flut von Hoffnungen, Vermutungen und Möglichkeiten, die zwar der Fantasie seines Verfassers alle Ehre machten, aber mit der harten Wirklichkeit wenig zu tun hatten. Auf Funkwellen flog die neue Kunde aus dem britischen Weltreich nach West und Ost über den Erdball. Noch am Abend des gleichen Tages wurde sie auch von den überseeischen Zeitungen gebracht und erregte in der Neuen Welt nicht weniger Aufsehen als in der Alten.

»Was sagen Sie dazu, Doktor?« fragte Grabbe und hielt Hegemüller ein Zeitungsblatt hin.

»Der Mann und seine Begleiter sind verloren, Herr Grabbe.«

»Warum verloren, Herr Hegemüller? Ist Ihr Urteil nicht etwas voreilig?«

»Dr. Lee will auf dem Mond landen, Herr Grabbe. Ich glaube, er ist sich nicht klar darüber, was das zu bedeuten hat. «

Chefingenieur Grabbe widersprach. »Doktor Lee ist ein bedeutender Physiker. Es ist anzunehmen, daß er sich die Gefahren seines Unternehmens vorher genau überlegt hat.«

Hegemüller verharrte auf seinem Standpunkt. »Nein und nochmals nein, Herr Grabbe!«

»Ich glaube, Sie tun dem Mann Unrecht, Herr Doktor Hegemüller. Aus dem Bericht geht hervor, daß die Expedition für alle Eventualitäten ausgerüstet ist. Unter anderem wurden für die vier Insassen Skaphanderanzüge mit elektrischer Beheizung und Sauerstofftornister mitgenommen ...«

Hegemüller lachte kurz auf. »Die elektrische Beheizung wird ihnen ganz besonders nützen, wenn die Temperatur der sonnenbestrahlten Mondoberfläche auf 125 Grad Celsius ansteigt.«

»125 Grad Celsius?« unterbrach ihn Grabbe. »Ist das nicht ein bißchen reichlich, Herr Doktor?«

»Im Gegenteil, Herr Grabbe. Es sind noch zwei Grad zuwenig. Das Mount-Wilson-Observatorium hat in der Mitte der vollbeleuchteten Mondscheibe 127 Grad Wärme festgestellt. Zum Ausgleich dafür wird es aber recht unangenehm frisch, sobald die Sonnenbestrahlung fehlt. Das amerikanische Observatorium maß während einer Finsternis schon eine halbe Stunde später an der gleichen Stelle der Mondoberfläche eine Temperatur von 123 Grad Kälte. Über einen Mangel an Abwechslung werden sich Herr Lee und seine Gefährten also nicht zu beklagen brauchen. Daß sie dies mörderische Mondklima lebendig überstehen, halte ich allerdings für völlig ausgeschlossen.«

»Ich glaube, Sie sehen doch zu schwarz, mein lieber Hegemüller«, wandte der Chefingenieur ein. »Zwischen 120 Grad Hitze und 120 Grad Kälte gibt es doch eine Mitteltemperatur, bei der ein Mensch existieren kann. Wenn Lee und seine Leute sich gerade an der Grenze zwischen der sonnenbestrahlten und der unbestrahlten Mondfläche halten, könnten sie die gefährlichen Temperaturen vermeiden.«

Nur zögernd gab Hegemüller die von Grabbe vorgebrachte Möglichkeit zu.

»Vergessen Sie aber nicht, Herr Grabbe«, meinte er, »daß jene Grenze zwischen Licht und Schatten, auf der menschliches Leben vielleicht möglich ist, sich am Mondäquator mit einer Geschwindigkeit von 17 Kilometer in der Stunde verschiebt. Erleidet die britische Maschine bei der Landung etwa einen Defekt, der sie auch nur für eine Stunde manövrierunfähig macht, so sind sie verloren. Rettungslos müssen sie dann entweder in die Zone tödlichen Frostes oder in verderbenbringende Glut geraten.«

Grabbe zuckte die Achseln. »Aus Ihnen werde ein anderer klug. Das eine Mal sind Sie optimistisch bis zur Verwegenheit; das andere Mal sehen Sie alles schwarz in schwarz. Die Zeit wird es erweisen, wer von uns beiden recht behält. Ich bin auf die nächsten Nachrichten von Dr. Lee gespannt.«

Chefingenieur Grabbe schickte sich an, den Raum zu verlassen, als eine kurze Bemerkung Hegemüllers ihn nachdenklich stimmte. »Sie werden keine Nachricht von Dr. Lee bekommen«, hatte er gesagt.

Sollte Hegemüller mit seiner Prophezeiung recht behalten? Die Tage reihten sich aneinander, ohne daß ein Lebenszeichen von der britischen Maschine kam. Schon begannen sie sich zu Wochen auszudehnen, während man immer noch hoffte und in Croydon stündlich die Rückkehr der kühnen Weltraumflieger erwartete.

Als die vierte Woche anbrach, begann die Stimmung umzuschlagen. Nun fing man in England an zu rechnen: Jetzt haben sie noch für sechs Tage Sauerstoff an Bord; noch Wasser und Proviant für vier Tage . . . jeder neue Tag ließ die Zahlen weiter schrumpfen, die Hoffnungen geringer werden. Man erinnerte sich früherer Unfälle, bei denen Unterseeboote auf den Seegrund gesunken waren. Ohne Mundvorrat konnte ein Mensch Wochen überdauern, ohne Wasser wenigstens einige Tage, aber ohne Frischluft nur wenige Minuten. Drohend erhob sich das Gespenst des Erstickungstodes für Dr. Lee und seine Gefährten. Schon zählte man die Stunden, die ihnen noch übrigblieben, zählte schließlich sogar noch die Minuten bis zu jener verhängnisvollen letzten, in der man die Expedition verloren geben mußte, und dann liefen die Maschinen der Presse an und warfen Extrablätter heraus. Wieder gab es knallende Schlagzeilen, doch anders als vor vier Wochen waren sie gehalten. Eine Trauerbotschaft hatten sie zu verkünden. Das tragische Ende eines kühnen Forschers hatten sie der Leserschaft mitzuteilen. Ein Ende, das sich nach den Unterlagen des Nationallaboratoriums fast auf die Sekunde genau angeben ließ.

Chefingenieur Grabbe war erschüttert, als er die Nachricht am Lautsprecher hörte. Auch in Gorla hatte man ja das Schicksal der Expedition verfolgt; mit begreiflichem Interesse zuerst, mit immer steigender Sorge danach, bis nun die traurige Gewißheit kam.

»Sie haben recht behalten«, sagte Grabbe zu Hegemüller. »Leider, Herr Grabbe. Ich hätte mich lieber Lügen strafen lassen, doch die harten Tatsachen sind stärker als alle Wünsche und Hoffnungen. Erinnern Sie sich noch, wie Hidetawa noch vor seiner Rückkehr nach Tokio über das Unternehmen urteilte. Er war genau der gleichen Meinung wie wir.«

Über die ganze Erde hin verbreitete der Rundfunk die Nachricht von dem tragischen Ende der Expedition, und von Millionen Hörern wurde sie vernommen. Auch Signor Guerresi, der Kapitän des Frachtdampfers »Felicità«, der sich auf der Fahrt von Sardinien nach Neapel befand, hatte sie gehört und seinem Ersten Offizier, Signore Marzano, seine Meinung über den Fall nicht vorenthalten.

»Diese tapferen Forscher sind nun tot«, hatte er gesagt. »Schon vor vier Stunden erstickt, wie das Radio eben gemeldet hat. Ein böses Ende, Signor Marzano. Aber schließlich haben sie es sich selber zuzuschreiben.«

»Wie das, Signor Capitano?«

»Weil man ihr Unterfangen als einen bewußten Selbstmord auffassen kann, Signor Marzano. Ich las darüber im ›Popolo Romano‹ einen Artikel von einem berühmten Professor. Er verurteilte das Unternehmen als einen selbstmörderischen Wahnsinn und sagte die Katastrophe als unvermeidlich voraus.«

Dies Gespräch zwischen Guerresi und Marzano fand in der Offiziersmesse der »Felicità« statt, und danach wurde es für Marzano Zeit, seine Wache auf der Brücke anzutreten, während Guerresi sich in seine Kabine zurückzog.

Gemächlich schlenderte Marzano auf der Kommandobrücke der »Felicità« hin und her. Die Tyrrhenische See lag glatt wie ein Spiegel unter einem wolkenlosen Himmel. Kein Lüftchen regte sich, so daß der Erste Offizier reichlich Muße hatte, seinen Gedanken nachzugehen, noch einmal ließ er sich das vorher Gehörte durch den Sinn gehen. Die kühnen Raketenflieger waren nun also elend erstickt. Eingeschlossen in einem metallenen Kerker trieben ihre Leichen irgendwo im unendlichen Weltraum oder lagen auf dem Mond, und bis zum jüngsten Tag würden sie so treiben oder liegen. Nie mehr würde man von ihnen etwas sehen oder hören.

Durch ein pfeifendes, singendes Geräusch wurde Marzano aus seinen Betrachtungen gerissen. Immer stärker schwoll das Geräusch an, wandelte sich in ein brausendes Dröhnen, und dann schlug etwas Schimmerndes, Metallisches kaum zweihundert Meter von der »Felicità« entfernt auf das Meer und wühlte bei seinem Sturz die eben noch so ruhige Wasserfläche auf.

Eine ringförmige Welle lief von der Einschlagstelle her nach allen Seiten über die See hin. Noch rieb sich Marzano erstaunt die Augen, als die Welle klatschend gegen die eiserne Wand der »Felicità «schlug. Er hatte etwas niederstürzen sehen; ein Zweifel war ausgeschlossen. Wo war es geblieben? Der See war an dieser Stelle mehr als dreitausend Meter tief. War es auf den Grund gesunken, das Glänzende, Raketenartige ... blitzartig durchzuckte ein neuer Gedanke Signor Marzano ... Sollte es die britische Rakete gewesen sein? Irrte das Bauwerk des Dr. Lee vielleicht nicht mehr im Weltraum umher? War es, von der Anziehungskraft gepackt, auf die Erde zurückgestürzt? Sollte es sein Schicksal sein, bis zum Ende aller Tage auf dem Grund des Tyrrhenischen Meeres zu ruhen? Viele Fragen, die dem Ersten Offizier durch den Kopf gingen.

Noch stand er regungslos und starrte auf die blaue See, als das Wasser von neuem in Bewegung geriet. Der blanke Metallkegel tauchte wieder aus der Flut auf, sprang an die zehn Meter in die Luft empor, fiel klatschend auf das Wasser zurück und blieb dort, leicht hin und her wogend, liegen.

Marzanos Hand packte den Griff des Maschinentelegrafen.

»Maschine stopp!« ging das Kommando nach unten. »Maschine rückwärts, halbe Kraft!« folgte ihm gleich danach ein zweites. Die »Felicità« verlor Fahrt, kam zum Stillstand, begann nun schon langsam rückwärts zu laufen, als Guerresi auf der Brücke erschien.

»Was gibt's, Marzano? Warum haben Sie gestoppt?« Während die Fragen noch von seinen Lippen sprudelten, erblickte er den Metallkegel, der jetzt kaum fünfzig Meter entfernt querab nach Steuerbord lag.

Ein neues Kommando Marzanos brachte die »Felicità« zum Stillstand.

»Wir sollten ein Boot zu Wasser lassen, Signor Capitano«, wandte er sich an Guerresi. »Würden Sie mich auf der Brücke vertreten? Ich möchte selber mit zu der Rakete fahren.«

Jetzt erst fand Guerresi die Sprache wieder. »Nein, Signor, ich fahre auch mit. Der Zweite Offizier soll Ihre Wache übernehmen.«

In zwei Minuten kam das Boot zu Wasser, und wieder eine halbe Minute später lag es neben dem Metallbau, der kaum etwas anderes als eine Rakete sein konnte.

»Ich möchte sie an Bord holen, aber ich fürchte, unsere Ladebäume werden das Gewicht nicht tragen können«, meinte Guerresi mit einem Blick auf den mächtigen Metallkegel.

Noch während der Kapitän es sagte, war Marzano auf den Bordrand des Bootes getreten und schaute durch eine der verglasten Luken in das Innere der Rakete.

»Merkwürdig, Signor Guerresi«, wandte er sich nach kurzem an den Kapitän. »Es sollen doch vier Mann in der Rakete gewesen sein. Ich kann beim besten Willen nur einen sehen ...«

Mit einem Sprung war Guerresi neben ihm und blickte ebenfalls durch die starke Kristallplatte. Er starrte in das Innere der Maschine, bis ihm die Augen zu tränen begannen, und mußte die Beobachtung Marzanos bestätigen.

»Sie haben richtig gesehen, Signor. Es war nur ein Mann drin, und der scheint tot zu sein ... aber warum ist er tot?« sprach er nach kurzem Überlegen weiter. »Woran mag er gestorben sein?« Während Guerresi die Worte noch vor sich hin sprach, ging ein leichtes Zucken durch die Gestalt, die lang hingestreckt in der Rakete lag.

Marzano fühlte sich am Arm gepackt. »Er hat sich bewegt! Es ist noch Leben in ihm.« Laut schrie der Kapitän es Marzano zu.

Der griff nach einem der Bootsriemen, holte damit zum Schlage aus und versuchte das Kristallglas zu zertrümmern. Doch sein Bemühen war vergeblich. Die starke Scheibe widerstand dem Angriff.

»So geht es nicht, Marzano«, sagte der Kapitän. »Sie zerbrechen eher den Riemen als das Glas. Selbst wenn es Ihnen gelingt, wäre damit auch nichts gewonnen. Die Luke ist zu klein, um einen Menschen hindurchzulassen. Wir müssen die Rakete auf das Deck der ›Felicità‹ holen. Dort können wir sie mit unseren Bordmitteln öffnen.«

Es war keine leichte Aufgabe, die der Kapitän Guerresi sich gestellt hatte. Von drei Ladebäumen mußten sie schwere Trossen auslassen und um den Rumpf der Rakete legen. In gleichem Tempo mußten sie die drei Deckwinden angehen lassen, damit das Gewicht der Maschine sich gleichmäßig auf die drei Trossen verteilte, und trotzdem bogen sich die Ladebäume unter der schweren Belastung noch gefährlich durch. Aufregende Minuten verstrichen, bis das mächtige Stück sicher auf dem Deck der »Felicità« lag.

Das Frachtschiff hatte keine Schweißbrenner an Bord. Mit Meißeln und Hämmern gingen die Matrosen Guerresis gegen die Rakete vor. Laut erdröhnte ihre Wandung, während die Meißel unter der Wucht kräftiger Hammerschläge ihre Bahnen in das Metall fraßen. Guerresi drückte die Hände an seine Ohren und schrie Marzano zu: »Das ist ein Lärm, um Tote aufzuwecken.«

Marzano, der seine Augen an einer der Luken der Rakete hatte, nickte. »Stimmt, Signor Capitano! Der Tote da drin ist wieder lebendig geworden. Er hat sich aufgesetzt, bewegt den Kopf, sieht sich um.«

»Vorwärts! Hurtig! Avanti!« spornte Guerresi seine Leute an. »Sputet euch, daß wir den armen Teufel schnell aus seinem Gefängnis herausbekommen.«

Seine Worte taten ihre Wirkung. Noch schneller und kräftiger als bisher fielen die Hammerschläge. Ein letztes Splittern, Knirschen und Krachen noch, und ein Stück der Metallwandung brach heraus.

Groß genug, daß Guerresi durch die entstandene Öffnung in die Rakete hineinsteigen konnte. Auf dem Fuße folgte ihm Marzano.

Sie fanden bestätigt, was sie bereits von außen gesehen hatten. Nur ein Mann war in der Rakete. Ein Mensch, der zwar lebte, aber schwer benommen und immer noch halb ohnmächtig war. Sie hoben ihn heraus, trugen ihn in die Kabine Guerresis und betteten ihn auf ein bequemes Lager. Aufs neue wurde er hier bewußtlos.

Die »Felicità« hatte keinen Arzt an Bord. In Notfällen mußten die medizinischen Kenntnisse des Kapitäns herhalten. Der ging jetzt mit sich zu Rate und kam zu folgendem Schluß: Der Mann ist ein Brite. Für Engländer soll Whisky gewöhnlich das beste sein. Dann handelte er danach. Er rieb seinem Patienten Stirn und Schläfen mit kräftigem Whisky ein und verabreichte ihm auch innerlich eine kräftige Dosis davon, mit dem Erfolg, daß der so Behandelte die Augen aufschlug und Fragen stellte, die Signor Guerresi zum Glück beantworten konnte, da er als Seemann der englischen Sprache mächtig war.

»Sie sind an Bord eines italienischen Dampfers, Sir. Ihre Maschine ist ebenfalls geborgen. Befindet sich oben auf Deck.«

Allmählich kam auch Guerresi dazu, Fragen zu stellen. Er wollte in Erfahrung bringen, wodurch der Mann in diesen Zustand geraten war, und konnte bald ausfindig machen, daß es durch den scharfen Stoß beim Aufschlag der Rakete auf das Wasser geschehen war. Konnte durch vorsichtiges Befühlen des Briten auch feststellen, daß der keinen ernstlichen Schaden erlitten hatte. Eine kräftige Mahlzeit und noch einige Glas Whisky taten dann das Ihrige. Im Laufe der nächsten Stunde erfuhr Kapitän Guerresi nicht nur, daß er es mit Dr. Lees Assistenten Joe Brown zu tun hatte, sondern erhielt auch Auskunft über dessen Abenteuer und das Schicksal seiner drei Gefährten.

Es war eine aufregende und traurige Geschichte, die Guerresi Stück um Stück aus seinem Patienten herausholte. Voller Zuversicht war Dr. Lee mit seinen drei Gefährten gestartet, und zunächst war alles gut gegangen. Freilich war die Triebkraft seiner Maschine nicht annähernd so stark wie diejenige der deutschen und japanischen Rakete, aber nach einem sechstägigen Flug erreichte sie doch ihr Ziel, und Lee konnte zur Landung schreiten.

Schon während des Fluges hatte er seinen Begleitern genaue Instruktionen für das Verhalten nach der Landung gegeben. Grundsätzlich sollten stets zwei Mann in der Rakete bleiben, während die anderen, angetan mit den für diesen besonderen Zweck konstruierten Skaphanderanzügen, die Maschine durch eine Luftschleuse verlassen und auf Erkundung gehen sollten. Die Luftschleuse war erforderlich, da der Erdtrabant ja keine Atmoshäre hat. Die Rakete verlassen bedeutete also, in einen luftleeren Raum hinauszutreten. Wäre das aber durch eine einfache Tür hindurch geschehen, so wäre die unter irdischem Atmosphärendruck stehende Luft der Rakete im Augenblick ins Freie verpufft, was natürlich Tod und Untergang für die Insassen bedeutet hätte. Auch die Skaphanderanzüge waren auf diese Verhältnisse eingerichtet. Zwar glichen sie äußerlich durchaus Taucheranzügen, aber ihr Stoff war darauf berechnet, einen inneren Überdruck auszuhalten, so daß die Raumschiffer auch außerhalb der Rakete die gleichen Druckverhältnisse und Atmungsbedingungen haben mußten wie auf der Erde. Dr. Lee hatte also durchaus zweckmäßig für alles vorgesorgt.

Verfehlt aber war es, daß er die Landung nicht an einem der Mondpole, sondern in der Nähe des Äquators vollzog, wo die Grenze zwischen Licht und Schatten, zwischen Hitze und Kälte sehr schnell wandert. Er landete im Schattengebiet noch etwa zwei Kilometer von der Lichtgrenze entfernt und entschloß sich, sofort in Begleitung von Perkins auf Erkundung auszugehen, während Johnson und Brown in der Maschine zurückblieben.

Es herrschte noch volle Dunkelheit, als Lee und Perkins die Rakete verließen, so daß sie eine mitgenommene Starklichtlampe in Betrieb setzen mußten, um ihren Weg zu finden.

In dem grellen Sonnenlicht konnten die beiden in der Maschine Zurückgebliebenen auch ihre Gefährten wieder sehen, doch was sie erblicken mußten, ließ sie aufs tiefste erschrecken. Dr. Lee und Perkins waren über einen schroffen Abhang etwa hundert Meter tief abgestürzt und lagen regungslos auf dem zerklüfteten Gestein. Wie das Unglück geschehen konnte, wird sich wohl niemals aufklären lassen, doch die Vermutung liegt nahe, daß die geringe auf der Mondoberfläche herrschende Schwerkraft die Ursache gewesen ist. Merkten doch auch Johnson und Brown in der Rakete, wie unsicher ihre Bewegungen durch die nur den sechsten Teil der Erdschwere betragende Mondschwere geworden waren.

Daß den Verunglückten Hilfe gebracht werden mußte, war klar, und daß sie allerschnellstens kommen mußte, stand gleichfalls außer Zweifel, denn schon begann sich die Temperaturerhöhung infolge der Sonnenstrahlung auch in der Rakete stark fühlbar zu machen.

Nur einer durfte die Rakete verlassen. Wer sollte gehen, Johnson oder Brown? Da sie sich nicht einigen konnten, ließen sie das Los entscheiden. Johnson zog den längeren Papierstreifen. Eilig legte er sich den schützenden Skaphander an und schleuste sich ins Freie. Doch wertvolle Minuten waren über all den Vorbereitungen verstrichen. Fast schon unerträglich war die Hitze in der Rakete geworden, als Johnson sie verließ.

Gespannt verfolgte Brown den Weg des anderen. Trotz der ernsten Lage mußte er fast lächeln, als er dessen groteske Bewegungen erblickte. Er sah ihn mannshohe Sprünge machen, sah ihn in schnellem Lauf über breite Schluchten dahinsetzen, denn Johnson stürmte mit voller Muskelkraft auf die Unfallstelle zu und achtete in seiner Aufregung nicht darauf, daß sein Körper hier nur den sechsten Teil seines irdischen Gewichtes hatte, daß jede seiner Muskelanspannungen hier sechsmal so stark wie auf der Erde wirken mußten. Brown sah ihn laufen, erblickte ihn bereits in nächster Nähe der beiden Verunglückten, während ihm selbst der Schweiß aus allen Poren brach, denn zu tropischer Glut war inzwischen die Temperatur in der Rakete angestiegen. Ein Blick auf das Thermometer zeigte ihm, daß sie fünfzig Grad Celsius bereits überschritten hatte und die Quecksilbersäule ständig weiter nach oben auf die Sechzig zustrebte. Und dann sah er etwas, was ihm den Herzschlag stoppen ließ. Dicht neben Lee und Perkins schwankte Johnson einige Sekunden wie ein Betrunkener hin und her, stürzte zu Boden und blieb bewegungslos neben den Körpern der beiden anderen liegen.

Was war geschehen? War Johnson der brennenden Hitze erlegen, die draußen noch viel stärker sein mußte als hier in der Rakete? Brown blieb keine lange Zeit, darüber Überlegungen anzustellen. Die Umgebung begann von seinen Augen zu verschwimmen. Schwäche überkam ihn. Nur noch einen Gedanken vermochte er zu fassen: Raus aus der Höllenglut! Mit Aufbietung seiner letzten Kräfte gelang es ihm, die Rakete wieder in Bewegung zu setzen und nach dem Schattengebiet hin zu steuern. An die zwanzig Kilometer stieß die Maschine in die Dunkelheit vor; dann erst verspürte Joe Brown ein Nachlassen der Hitze.

Er hatte keinen trockenen Faden mehr am Leibe, als er die Rakete wieder vorsichtig auf den Boden aufsetzte. Das Trinkwasser im Tank war lauwarm geworden, aber er schluckte eine Menge davon, um den brennenden Durst zu stillen, und fühlte danach, wie seine Kräfte langsam zurückkehrten. Schon war er wieder fähig, richtig zu denken, doch das Ergebnis seiner Überlegungen war wenig erfreulich. Die drei anderen waren tot, das stand für ihn außer Zweifel. Was sollte er jetzt tun? Sofort starten und allein zur Erde zurückkehren? Es war vielleicht das vernünftigste, doch er stand davon ab, als er sich vorstellte, wie man ihn dann empfangen würde. Es würde Vorwürfe regnen. Einen Fahnenflüchtigen würde man ihn nennen; würde ihn tadeln, weil er nicht alles für die Rettung seiner Kameraden getan, weil er nicht wenigstens ihre Leichen mit zurückgebracht habe.

Die Toten bergen! Wie ließ sich das ausführen? Noch einmal in das beleuchtete Gebiet vorzustoßen, wäre heller Wahnsinn gewesen; gleichbedeutend mit dem sofortigen eigenen Untergang. Nur eine Möglichkeit sah er nach langem Überlegen. Nach achtundzwanzig Tagen würden die Licht- und Schattenverhältnisse an der Unfallstelle wieder die gleichen sein wie zur Zeit des Unglücks. Als er zu dieser Erkenntnis gelangte, rückte die Lichtgrenze schon wieder heran und zwang ihn, zum zweiten Male aufzusteigen und sich weiter in das Schattengebiet zurückzuziehen.

Die toten Gefährten bergen! Ihre Körper mit sich nehmen! Wie mit eisernen Krallen hatte ihn der Gedanke gepackt. Aber achtundzwanzig Tage hier allein auf der Mondoberfläche in ständiger Flucht von der unaufhaltsam nachrückenden Sonnenglut bleiben? Würde die Triebkraft der Rakete eine so lange Zeit wirksam bleiben? War es nicht möglich, die Frist zu verkürzen? Ja, es gab eine Möglichkeit! Joe Brown erkannte sie. Wenn er durch das Schattengebiet bis zu dessen anderem Rande vorstieß, würde er ebenfalls an einer Lichtschattengrenze die Unfallstelle schon in vierzehn Tagen erreichen können. Er entschloß sich, danach zu handeln. In einem kühnen Flug überquerte er die unbeleuchtete Mondseite und landete an ihrer Grenze.

Die Lage hatte sich dadurch gewandelt, aber viel gebessert hatte sie sich nicht. Mußte er vorher vor dem heranziehenden Licht und der Glut fliehen, so galt es nun, ständig auf der Hut vor der ihm nachziehenden Dunkelheit und dem todbringenden Frost zu sein. Noch jetzt ließ die Erinnerung an die Tage, die er damals durchlebte, ihn erschauern. Er konnte die Tränen nicht zurückhalten, als Kapitän Guerresi diesen Teil der Geschichte aus ihm herausholte. Kurze Stunden unruhigen Schlafes, in denen wilde Träume ihn quälten. Ein Erwachen unter der Wirkung der einbrechenden Kälte; neue Flucht bis zur Lichtgrenze hin; immer wieder das gleiche Erleben in endloser Folge, während die Tage sich zu Wochen reihten. Nur der unbeugsame Wille, die toten Gefährten zu erreichen, ließ den einsamen Weltraumschiffer diese Leidenszeit überstehen.

Schon glaubte er seinem Ziel nahe zu sein, rechnete sich aus, daß die vor ihm hineilende Lichtgrenze in etwa fünf Stunden die Unfallstelle erreichen würde, begann sich auch darüber klarzuwerden, wie unendlich schwierig es sein würde, den Platz wirklich wiederzufinden, als ein neuer Zwischenfall alle seine Pläne über den Haufen warf. Zusehends ließ die Triebkraft der Rakete nach. Viel zu schnell erschöpfte sich der radioaktive Stoff. Mit Schrecken nahm Brown es wahr. Grell sah er seinen eigenen Untergang vor Augen, wenn er sich nicht sofort zur Tat aufraffte.

Schwer fiel ihm der Entschluß, die Bergung seiner Kameraden aufzugeben, aber er mußte gefaßt und sofort ausgeführt werden, wenn es ihm noch gelingen sollte, aus der Anziehungskraft des Mondes herauszukommen und mit der schon stark verringerten

Triebkraft seiner Maschine ohne tödlichen Absturz die Erde wieder zu erreichen. Verhältnismäßig leicht gelang es ihm noch, zu starten und den neutralen Punkt zwischen Mond und Erde zu erreichen, an dem die Anziehungskräfte der beiden Gestirne sich das Gleichgewicht halten. Mit äußerster Vorsicht steuerte er die Rakete, hütete sich sorgsam davor, sie größere Geschwindigkeiten annehmen zu lassen, und überschritt den neutralen Punkt in einem Schneckentempo.

Dann begann der Fall zur Erde. Die letzten Reste der von Stunde zu Stunde, von Tag zu Tag immer geringer werdenden Triebkraft verwandte er darauf, den Sturz zu bremsen, die Fluggeschwindigkeit so zu halten, daß seine Maschine beim Aufprall auf den Erdball nicht zerschmettert würde.

In sechs Tagen hatte Dr. Lee seine Rakete von der Erde zum Mond gesteuert; zwei volle Wochen nahm der Rückflug zur Erde in Anspruch. Schon wagte Brown zu hoffen. Schon war die irdische Atmosphäre wieder erreicht. Schon begann der bisher tiefschwarze Himmel violett zu schimmern, schon ging seine Färbung in ein mattes Blau über, als die Treibkraft der Rakete vollends erlosch.

Aus einer Höhe von zehn Kilometern stürzte die Maschine in freiem Fall auf die Erde zu. Joe Brown merkte es sofort daran, daß sein Körper alles Gewicht verlor. Eine leichte Fußbewegung genügte jetzt, um ihn vom Boden der Rakete abzustoßen; frei blieb er im Raume schweben und mußte sich lange mühen, bis es ihm gelang, wieder festen Fuß zu fassen.

Ein Sturz aus Himalaja-Höhe! Er war sich klar darüber, daß das sein Ende bedeutete. Mit Planetengeschwindigkeit würde die Rakete auf dem Erdboden aufprallen, in Atome würde sie im Bruchteil einer Sekunde zerschmettert werden. In sein Schicksal ergeben, ließ Brown sich nieder und schloß die Augen. Nur noch um Minuten konnte es sich handeln, und das Ende mußte kommen. Ein Gefühl steigender Wärme ließ ihn noch einmal aufblicken. Taumelnd richtete er sich empor, kehrte sich zu der Wand hin, berührte sie und zog seine Hand mit einem Aufschrei zurück. Er hatte sich verbrannt; die Wand war glühend heiß. Die dichte Atmosphäre, welche die Rakete jetzt durcheilte, bremste den Sturz durch Reibung; Reibung, die Wärme geben mußte; Reibung, die Meteore bis zur hellen Weißglut erhitzte. Sollte es hier ähnlich gehen? Sollte er den Tod nicht durch den Aufprall erleiden, sondern vorher verbrennen? Immer stärker, immer unerträglicher wurde die Wärme im Innern der Rakete. Brown griff nach einem Schraubenschlüssel und holte zum Schlage aus, um eins der Fenster zu zertrümmern. Vergaß in seiner Erregung, daß es ihm kaum gelingen würde, das mehrere Zoll starke, splitterfeste Glas zu zerbrechen ... und sah im gleichen Augenblick unter sich, weit ausgespannt, die azurfarbene Fläche der See.

Einen Moment nur vermochte er sie zu erkennen. Dann warf die Armbewegung, die er machte, um die Glasscheibe zu zerschlagen, seinen gewichtslosen Körper rückwärts nieder. Lang ausgestreckt blieb er am Boden liegen, während neue Hoffnung ihn durchströmte. Das Meer, das rettende Meer! Seine Fluten konnten den Sturz vielleicht mildern; den Aufprall, der auf festem Land das sichere Ende gebracht hätte, abgefangen.

Noch während Brown es dachte, empfand er einen schweren Stoß, spürte einen kurzen, schneidenden Schmerz, dann schwanden ihm die Sinne. Er sah nicht mehr, wie erst ein grünliches Licht das Innere der Rakete erfüllte und wie es dann völlig finster in ihr wurde. Er hörte nicht, wie die starken Metallwände der Maschine unter dem äußeren Wasserdruck ächzten und knisterten. Er merkte nichts davon, daß es wieder hell um ihn wurde.

Erst in der Kabine Guerresis kam ihm das Bewußtsein langsam zurück, und hier erholte er sich so weit, daß er dem Kapitän zu berichten vermochte, was er in vier aufeinanderfolgenden Wochen erlebt und erlitten hatte.

Und dann begann die Funkanlage der »Felicità« zu arbeiten. Aus ihrer Antenne flog die Nachricht vom Schicksal dieser Expedition und der wunderbaren Rettung des einzigen Überlebenden in den Äther hinaus und wurde von vielen Landstationen aufgefangen.

Eine eigenartige Aufnahme fand die Nachricht in England. Obwohl es doch eine Trauerkunde war, las das britische Volk aus dem Bericht Browns, den alle Zeitungen wortgetreu veröffentlichten, einen Erfolg heraus. Gewiß, Dr. Lee hatte sein kühnes Unternehmen mit dem Leben bezahlt und zwei Gefährten mit ins Verderben gerissen; aber er war nicht gestorben, ohne vorher sein Ziel erreicht zu haben. Als erste hatten diese Forscher den Boden eines anderen Gestirn betreten. Ikaridenlos hatte sie getroffen, doch für immer würden ihre Namen in der Geschichte der Weltraumschiffahrt fortleben. Unsterblichen Ruhm hatten sie nicht nur für sich selbst, sondern auch für die ganze Menschheit gewonnen. So feierte man die drei Toten als Helden und bereitete für den einzigen Überlebenden große Ehrungen vor.

Anders wurde die Nachricht in Gorla aufgenommen ... Auch hier studierte man den Bericht Browns sorgfältig, aber man las ihn mit kritischen Augen und suchte die Ursachen zu ermitteln, die zur Katastrophe geführt hatten. In einer Besprechung, die darüber bei Lüdinghausen stattfand, legte Dr. Hegemüller seine Auffassung klipp und klar dar.

»Eine Landung auf dem Mond«, so führte er dabei aus, »wird stets ein Spiel mit dem Tode sein, wenn es nicht gelingt, sichere

Schutzmittel gegen die extremen Temperaturunterschiede zu entwickeln. Das hat Doktor Lee versäumt, und darum mußte er schon kurz nach dem Verlassen seiner Rakete zugrunde gehen.« »Wie denken Sie sich diese Schutzmittel?« wünschte Lüdinghausen zu wissen.

»Ich habe überhaupt noch nicht darüber nachgedacht, Herr Professor«, meinte Hegemüller darauf, »denn ich halte eine Landung auf unserem Trabanten für zwecklos und überflüssig. Wir wissen seit langem, daß auf diesem toten Gestirn nichts zu holen ist. Später einmal, wenn wir die Technik der Raumfahrt weiterentwickelt haben, wird man daran denken können, auf unseren beiden Nachbarplaneten zu landen . . .«

»Stopp, Hegemüller! Ihre Phantasie geht mal wieder mit Ihnen durch«, unterbrach ihn Chefingenieur Grabbe.

»Ich sagte ›später‹, Herr Grabbe«, verteidigte Hegemüller seinen Standpunkt. »Viel später; wer weiß, ob wir es noch erleben werden, denn dazu wird noch unendlich viel Entwicklungsarbeit zu leisten sein. Unternehmungen mit unzureichenden Mitteln, die zum Scheitern verurteilt sind, sollte man besser unterlassen, und ich kann dem toten Doktor Lee einen gewissen Vorwurf nicht ersparen.«

»Immerhin hat er sein Ziel erreicht«, warf Lüdinghausen ein.

»Er kannte die Energiespeicherung noch nicht oder hat jedenfalls keinen Gebrauch davon gemacht«, fuhr Hegemüller in seiner Auseinandersetzung fort. »Um ein Haar wäre deshalb auch der vierte Mann noch zugrunde gegangen. Nur der Glücksumstand, daß die Rakete in die tiefe See abstürzte, hat ihn vor dem Schicksal der anderen bewahrt. Die Treibkraft der Strahlung ist während einer Raumfahrt unser wertvollstes Gut. Wir sind verloren, wenn sie vorzeitig zu Ende geht. Daran müssen wir immer denken. Bei jeder neuen Maschine, die wir bauen, müssen wir den Vorrat an treibender Energie vergrößern und die Speicherung noch weiter verbessern. Höchste Sicherheit für das Raumschiff und seine Insassen muß unser Ziel sein.«

Weiter ging die Debatte, in deren Verlauf Grabbe und Hegemüller ihre Ideen über eine zuverlässige Navigation im Weltraum entwickelten.

»Nun, das liegt alles noch in weiter Ferne«, bemerkte Lüdinghausen. »Vorläufig wollen wir einmal abwarten, was unsere amerikanischen Freunde mit ihrer neuen Rakete erreichen werden. Ich hörte heute früh, daß der Start schon übermorgen stattfinden soll.«

Dr. Hegemüller machte eine wegwerfende Bewegung. »Es wird dabei kaum etwas Aufregendes geben. O'Neils beabsichtigt, den Erdball auf dem 38. Breitengrad, auf dem Washington liegt, zu umfliegen. Das ist eine Strecke von rund dreißigtausend Kilometer. Wir haben bei unserer Mondumschiffung mehr als das Zwanzigfache zurückgelegt. Aber das ist noch winzig, wenn man einen Verkehr zu den nächsten Planeten ins Auge faßt. Hundert Millionen Kilometer sind es bis zum Mars, siebzig Millionen Kilometer bis zur Venus. Das ist ein Vielhundertfaches der Entfernung zum Mond. Diese Riesenentfernungen zu beherrschen, muß unser künftiges Ziel sein.«

»Keine Zukunftsmusik, Herr Doktor«, wehrte Lüdinghausen den Übereifer Hegemüllers ab, »unsere nächste Aufgabe ist es, die Strahlrakete zu einem unbedingt zuverlässigen irdischen Verkehrsmittel zu entwickeln und dabei aus den Fehlern anderer möglichst viel zu lernen. Aus diesem Grunde war mir die Verzögerung beim Bau unserer neuen Verkehrsmaschine nicht einmal unwillkommen. Wir werden auf diese Weise auch noch die Erfahrungen, die O'Neils bei seinem Flug sammelt, für uns nutzbar machen können.«

»Was haben Sie noch auf dem Herzen, Hegemüller?« fragte Chefingenieur Grabbe, als Dr. Hegemüller etwas Unverständliches vor sich hin brummte.

»Es wäre mir lieber, Herr Grabbe«, meinte der darauf, »wenn unsere Verkehrsmaschine schon zum Start bereitstände. Wir könnten dann dem Professor O'Neils zu Hilfe kommen, falls ihm bei seinem Flug etwas zu stoßen sollte.«

»Malen Sie den Teufel nicht an die Wand, Herr Hegemüller«, beendete Lüdinghausen die Diskussion. »Ich bitte die Herren, in dem besprochenen Sinne weiterzuarbeiten.«

Während Grabbe und Hegemüller über den Werkhof zu ihren Büros zurückkehrten, griff der letztere das eben behandelte Thema noch einmal auf.

»Gott sei Dank sind wir mit unserem Bau doch schon ein Stück weiter, als Herr Professor Lüdinghausen denkt. Im Notfall könnten wir in den nächsten Tagen aufsteigen.«

Chefingenieur Grabbe schüttelte den Kopf. »Sie werden mir immer mehr ein Rätsel, Herr Hegemüller. Einerseits tragen Sie sich mit Plänen, die man wahrhaft himmelstürmend nennen muß; andererseits befürchten Sie, daß O'Neils bei seinem Flug etwas zustoßen könnte. Daraus mag ein anderer klug werden.«

Hegemüller zuckte die Achseln. »Man hat manchmal Ahnungen, Herr Grabbe«, meinte er nach einer längeren Pause. »Ich werde ein eigenartiges Gefühl nicht los.«

»Behalten Sie Ihre Ahnungen und Befürchtungen lieber für sich, Herr Hegemüller«, sagte Chefingenieur Grabbe, während er die Tür zu seinem Arbeitszimmer öffnete.

Der große Tag, auf den die gesamte Presse bereits seit vielen Wochen hingewiesen hatte, war gekommen. Die Verkehrsrakete lag startbereit auf der Rasenfläche zwischen dem Carnegie-Building und der Douglas Memorial Hall. Unterstützt von Watson, empfing Professor O'Neils die geladenen Gäste und führte sie durch die neuen Räumlichkeiten der Maschine. Herzlich begrüßte er seine Fachgenossen von den anderen Universitäten, während Watson sich besonders den Vertretern der Presse widmete.

Während er ihnen ihre Plätze auf bequemen Sesseln neben großen Fenstern anwies, während auf Tischen aus blinkendem Leichtmetall Erfrischungen aller Art vor die geladenen Gäste hingestellt wurden, kam Watson unwillkürlich die Erinnerung an seinen ersten heimlichen Flug mit der Rakete, die Dr. Hegemüller aus einer Versuchskammer improvisiert hatte. Welch gewaltige Entwicklungsarbeit war hier geleistet worden! Konnte man jene erste Maschine etwa mit einem unsicheren Nachen vergleichen, so entsprach diese große Verkehrsrakete hier zum mindesten einer mit allen Bequemlichkeiten ausgestatteten tüchtigen Jacht. Wie in dem Gesellschaftsraum eines Ozeandampfers konnten die Passagiere sich hier fühlen. Ein schwellender Teppich dämpfte die Schritte beim Umhergehen in der Kabine oder beim Platzwechsel. Schwere Likrustatapeten bekleideten die Wände; geschmackvolle Beleuchtungskörper waren vorhanden, um den behaglichen Raum im Bedarfsfalle mit einer Lichtflut zu erfüllen. Nichts erinnerte daran, daß man sich hier in einer Verkehrsmaschine befand; denn der Kommandoraum mit seinen mannigfachen Steuerorganen und vielen Dutzenden von Meßinstrumenten war von den Passagieren völlig getrennt.

Schon eilten die Füllfederhalter der Presseleute über das Papier, schon klapperte hier und dort eine Schreibmaschine, um die ersten Eindrücke festzuhalten und möglichst noch vor dem Start, der auf die zehnte Morgenstunde festgesetzt war, einen Stimmungsbericht fertigzustellen.

Stoff dafür gab ihnen auch die kurze Ansprache, zu der sich O'Neils um dreiviertel zehn erhob.

»Meine Herren«, begann er, »Sie kennen alle das bedauerliche Geschick, von dem die Expedition des Doktor Lee betroffen wurde. Bei dem Flug, den wir jetzt machen wollen, ist etwas Derartiges nicht zu befürchten, denn unsere Maschine ist nicht für die Raumschiffahrt bestimmt. Sie soll lediglich dem Verkehr auf unserem alten Erdball dienen und wird aus den Ihnen bereits bekannten Gründen nur bis zu einer Höhe von hundert Kilometer aufsteigen.

Sie werden sich also während des Fluges immer noch im Schutz der irdischen Atmosphäre befinden. Der Zweck unserer Fahrt soll es sein, Ihnen die ungeheure Überlegenheit der Strahlrakete als Verkehrsmittel gegenüber den besten und schnellsten Stratosphärenflugzeugen zu demonstrieren. Ich beabsichtige, dem 38. Breitengrad, auf dem wir uns hier befinden, in westlicher Richtung zu folgen ...«

Auf einen Wink O'Neils' kam Watson herbei und verteilte Landkarten mit der eingezeichneten Flugstrecke an die Gäste, und nun gab es eine allgemeine Überraschung. Zu einem Probeflug mit einer neuen Verkehrsrakete hatte O'Neils sie geladen, aber bisher kein Wort über das Ziel und die Länge des Weges verlauten lassen. Bisher wußten seine Freunde in Gorla und Tokio nur, was er eigentlich plante. Jetzt erst erfuhren es auch seine Gäste aus den Karten in ihren Händen, und mehr oder weniger machte ihr großes Erstaunen sich Luft.

Einen kurzen Flug etwa nach New York und die Küste hinauf und wieder zurück hatten die meisten erwartet und sahen nun, daß es sich um eine Umfliegung des ganzen Erdballes handelte. Von mehr als einer Seite wurden Zweifel an der Ausführbarkeit geäußert. Andere wollten wissen, wann man wieder zurück sein würde. Eine kurze Weile ließ O'Neils sie reden, dann ergriff er wieder das Wort. »Wir werden um zehn Uhr starten und nach vier Stunden und zehn Minuten wieder zurück sein. Sie werden mit Ihren Berichten noch bequem zurechtkommen, meine Herren.«

Seine Worte erregten erneut Verwunderung, und einige seiner Zuhörer begannen zu rechnen. Sie warfen Zahlen auf das Papier, multiplizierten und stutzten, während sie das Endergebnis niederschrieben. Mit 120 Kilometer in der Minute, mit zweifacher Granatengeschwindigkeit mußte diese Zauberrakete dahinstürmen, wenn sie den Flug wirklich in der von O'Neils angegebenen Zeit vollenden sollte. Bedenklich wurde manche Miene, während Blätter mit solchen Berechnungen von Hand zu Hand gingen. Schon erwog es der eine oder der andere bei sich, ob es nicht angebracht sei, auszusteigen, bevor es zu spät wäre, als Henry Watson die Raketentür zuschlug und die Schrauben anzuziehen begann, die ihren luftdichten Verschluß gewährleisteten.

Währenddessen ging O'Neils von Platz zu Platz und gab die letzten Anweisungen. Die weich gepolsterten und mit hohen Rükken- und Armlehnen versehenen Sessel waren auf dem Fußboden drehbar befestigt. Sie wurden jetzt sämtlich so geschwenkt, daß die Passagiere nach vorn in die Flugrichtung blickten. Außerdem waren die Sessel mit elastischen Riemen ausgestattet, und O'Neils sorgte dafür, daß sich jeder so fest anschnallte, daß er durch den Beschleunigungsdruck nicht von seinem Sitz geschleudert werden konnte. Dann noch ein letztes Winken mit der Hand, und er trat, gefolgt von Watson, in den Kommandostand. Als die Tür ins Schloß fiel, zeigte die Uhr eine Minute vor zehn.

Ein leises Schüttern ging durch das Raketenschiff. Leicht hob es sich vom Boden ab, stieg etwa hundert Meter senkrecht empor und schoß dann plötzlich in jäher Fahrt schräg nach oben gerichtet vorwärts. Im gleichen Augenblick fühlten die Insassen des Passagierraumes, wie ihre Körper mit vollem Gewicht nach rückwärts in die Polster gedrückt wurden. Sie hatten ein Gefühl, als säßen sie nicht mehr aufrecht, sondern schräg hingestreckt, und empfanden, wie nützlich die Halteriemen waren.

Erst nach vielen Sekunden versuchte der eine oder andere den Kopf zu wenden und einen Blick nach dem Fenster zu tun.

Tief unter ihnen flogen Städte und Dörfer dahin. Immer kleiner wurden die Ortschaften, kaum noch konnte man die Straßen und Eisenbahnlinien erkennen. Sie stiegen ständig . . . Felder und Wälder verschmolzen zu einem schmutzigen Graugrün. Nun lag ein dunkler, fast schwarzer Flecken genau unter ihnen.

»Indianapolis«, sagte einer, der die Landkarte mit der eingezeichneten Flugstrecke in der Hand hielt. Andere sahen gleichfalls betroffen auf die Karte und schüttelten den Kopf.

»Dabei fliegen wir kaum einige Minuten«, sagt einer der Journalisten.

Immer höher stieg die Rakete. Dunkler hatte sich der Himmel inzwischen gefärbt. In einer Höhe von 30 Kilometern stürmte die Rakete jetzt nach Westen. Ein Flußlauf blinkte herauf, schmal nur wie eine Messerschneide. »Das ist der Missouri«, sagte einer leise. »Dort hinten im Dunst liegt Omaha.«

Wieder tauchte nach wenigen Minuten, kaum noch wahrnehmbar, ein großer dunkler Fleck in dem Graugrün auf.

»Denver«, sagte einer kopfschüttelnd. Eine Seenfläche schillerte schwach herauf.

»Der Salzsee«, riefen mehrere zugleich. Fassungslos starrte alles durch die Fenster.

Und dann, wenige Minuten später, blinkte eine riesige spiegelnde silberne Fläche herauf.

»Der Stille Ozean«, sagte einer der Professoren. Sein Nachbar hob seine linke Hand, um auf seine Armbanduhr zu sehen. »Verlassen Sie sich nicht auf ihre Uhr, unter dem Einfluß des beschleunigten Druckes muß sie stark nachgehen.«

»Die elektrische Wanduhr da vor Ihnen geht richtig. Ich habe nach dieser Uhr festgestellt, daß wir von Washington aus den Kontinent in 25 Minuten und 10 Sekunden überflogen haben.«

»Das heißt«, mischte sich ein Dritter ins Gespräch, »daß wir in diesen 25 Minuten über dreitausenddreihundert Kilometer geflogen sind. Das ist über alle Begriffe schnell. Unser Kollege O'Neils hat recht. Die Strahlrakete übertrifft die Leistungen der Stratosphärenschiffe himmelweit. Die Beweisführung für seine Behauptung ist ihm jetzt schon gelungen.«

Während man noch weitersprach, verfolgte Professor Schweitzer, einer der bisher schweigsamsten Wissenschaftler, gespannt den Sekundenzeiger der Wanduhr.

»Achtung! Jetzt!« rief er. Im gleichen Augenblick ließ die drükkende Beschwerung nach, welche die Insassen der Rakete bisher in ihre Sessel gepreßt hatte. Fast gleichzeitig kam auch Professor O'Neils aus dem Kommandostand in den Passagierraum.

»Sie können die Riemen lösen und sich frei bewegen«, rief er seinen Gästen zu. »Wir haben die vorgeschriebene Sekundengeschwindigkeit erreicht und brauchen für die nächste Zeit keine Beschleunigung mehr.«

Zunächst noch zögernd folgten die Gäste O'Neils' seiner Aufforderung und schnallten die Riemen, mit denen sie an ihre Plätze gefesselt waren, auf. Immer noch vorsichtig erhob sich hier und dort einer aus dem Sessel und mußte eine wunderliche Erfahrung machen. O'Neils hatte mit seiner Behauptung recht; man konnte sich frei bewegen, doch fast ein wenig zu frei. Bei der Geschwindigkeit, mit welcher die Rakete jetzt den Erdball umfuhr, wirkte sich die Fliehkraft in einer starken Verringerung des Körpergewichtes aus. Wer sich allzu lebhaft aus seinem Sessel erhob, sprang dabei ungewollt einen Meter in die Höhe und fiel nur sehr langsam auf seine Füße zurück; doch schnell gewöhnten sich die Fluggäste an das Neue. Rede und Gegenrede flogen hin und her. Man sprach den Erfrischungen zu, schilderte sich dabei gegenseitig, was man während der Beschleunigungsperiode empfunden hatte, und harrte gespannt der Dinge, die noch kommen sollten.

»Per bacco! Wo bleibt die Sonne?« rief der Korrespondent des »Corriere de la sera«, Signor Alfieri, der die Frage an Pascoli, den Vertreter des »Popolo Romano«, stellte.

Ja, wo war die Sonne geblieben? Als die Rakete vor nicht einer halben Stunde in Washington startete, stand das Tagesgestirn im Südosten ziemlich hoch am Himmel. Unverkennbar – das stellten an den Fenstern jetzt viele fest – war die Sonne in der kurzen Zeit zurückgewandert und tief gesunken. Schon strahlte sie nicht mehr weiß, sondern kupferrot, schon berührte ihre Scheibe weit hinten im Osten die Kimme, wo Himmel und See sich zu treffen schienen.

Watson, der sich im Kommandostand aufhielt, bekam jetzt auch als Funker zu tun. Von allen Seiten wurden ihm Blätter gebracht, auf denen die Pressevertreter die Eindrücke dieser Minuten schilderten. Berichte, in denen die Schlagzeile »Fünfmal schneller als die Sonne!« öfter als einmal wiederkehrte. Sie verlangten dringend, daß es schon von hier aus gefunkt würde, und wohl oder übel mußte Watson sich ihren Wünschen fügen. Er konnte es tun, da die Steuerung der Rakete zur Zeit kaum eine besondere Bedienung erforderte. Ihre Triebkraft war so eingestellt, daß sie den Geschwindigkeitsverlust, den die Maschine sonst durch die Reibung erlitten hätte, gerade ausglich.

Diese unvermeidliche Reibung hatte O'Neils bei der Planung seines Fluges manche sorgenvolle Stunde bereitet. Er wußte, daß die aus dem Weltraum auf die Erde stürzenden Meteore infolge der Reibung aufglühen und als Sternschnuppen sichtbar werden, obwohl die Atmosphäre dort sehr stark verdünnt ist. Aber es war ihm auch bekannt, daß diese Himmelsvagabunden mit zwanzig und mehr Kilometern in der Sekunde in die Lufthülle der Erde einschlagen, und so hatte er sich für seinen Flug nach langem Überlegen und Rechnen zu einer Geschwindigkeit von zwei Sekundenkilometern entschlossen. Zwar machte sich auch bei dieser Geschwindigkeit die Luftreibung bemerkbar, doch sie hielt sich in erträglichen Grenzen. Die Metallwand der Rakete wurde durch sie gerade so stark erwärmt, daß in ihrem Innern eine angenehme Zimmertemperatur vorhanden war, während draußen Weltraumkälte herrschte.

Henry Watson war also fleißig beim Funken. Die Verbindung mit der Kurzwellenstation in Washington war überraschend schnell hergestellt, und unablässig ließ er die Morsetaste klappern, während die Presseleute ihm immer neue Manuskripte brachten. Sie hätten das vielleicht nicht getan, wenn sie gewußt hätten, daß ihre Berichte nicht nur von der amerikanischen Station, sondern auch von vielen anderen Stellen empfangen und als Sensationsmeldungen ersten Ranges sofort in den verschiedenen Landessprachen weitergegeben wurden. So konnten einige europäische Zeitungen der verschiedenen Ortszeit wegen schon früher als die amerikanischen Blätter Berichte über den Flug O'Neils veröffentlichen.

Wieder war eine Viertelstunde verstrichen. Tiefe Nacht war es inzwischen geworden, nur die Mondsichel stand zwischen hell strahlenden Sternen am Himmel.

»Auf der Erde unter uns ist es eben ein Uhr nachts«, sagte Schweitzer zu seinem Nachbarn, Dr. Oriola.

»Donnerstag ein Uhr früh«, erwiderte dieser nach kurzem Überlegen.

»Selbstverständlich, Donnerstag! Am Donnerstag früh um zehn Uhr sind wir ja in Washington gestartet«, meinte Professor Schweitzer. »Aber es wird nicht ewig Donnerstag bleiben.«

»Das natürlich nicht, Herr Kollege. Auf den Donnerstag pflegt der Freitag zu folgen.« Ein Lächeln ging über die Züge des Dr. Oriolas, während er es sagte.

»Nicht immer«, führte Mr. Schweitzer die Diskussion weiter. »In unserem besonderen Fall wird erst noch einmal der Mittwoch kommen. Jetzt zum Beispiel«, fuhr er nach einem Blick auf die Wanduhr fort, »jetzt dürfte die Ortszeit unter uns etwa vierundzwanzig Uhr sein. Jetzt stoßen wir aus dem Donnerstag wieder in den Mittwoch zurück, weil unsere Rakete die bewegliche Datumsgrenze in der Richtung von Osten nach Westen überschritten hat.«

Für eine kurze Zeit schienen die Ausführungen Schweitzers Professor Oriola zu verwirren, doch schnell faßte er sich wieder.

»Selbstverständlich, das hatte ich übersehen. Natürlich mußten wir bei unserer Jagd um den Erdball noch einmal in den Mittwoch eintauchen, aber wir werden nicht lange darin bleiben. Auf dem 180. Längengrad überschreiten wir ja die feste Datumsgrenze und haben den Donnerstag wieder eingeholt.«

Im Innern der Rakete waren sämtliche Beleuchtungskörper eingeschaltet, ein zerstreutes angenehmes Licht erfüllte den Raum, doch trotzdem überkam eine schläfrige Abendstimmung die Gäste O'Neils'. Sie ließen Federhalter und Schreibmaschine ruhen, machten es sich in ihren Sesseln bequem und dämmerten behaglich vor sich hin. Die Gespräche waren verstummt, Stille herrschte im Raum, so daß überall die Worte gehört wurden, die Professor Schweitzer an seinen Nachbarn richtete.

»Jetzt müßten wir ungefähr dicht bei der Datumsgrenze sein. Wenn nicht die endlose Flut des Ozeans, sondern bewohntes Land unter uns läge, müßten die Uhren dort ungefähr die zweiundzwanzigste Stunde zeigen. Eben noch die zweiundswanzigste Stunde des Mittwochs, und jetzt ... wir haben die Grenze überflogen ... dieselbe Stunde des Donnerstags.«

»Stimmt, Mr. Schweitzer. Unser Ausflug in den Mittwoch hat kaum mehr als eine Viertelstunde gedauert. Jetzt rollen wir den Donnerstag von seinem Ende nach seinem Anfang hin auf. Ich denke, über den japanischen Inseln werden wir schon wieder in die Abenddämmerung stoßen und über die Küste von Korea etwa die Sonne wieder aufgehen sehen.«

»Die Sonne wieder aufgehen sehen?« wiederholte der Korrespondent des »Corriere de la sera«, Guido Alfieri, ungläubig die letzten Worte.

»Sie haben richtig gehört, Mr. Alfieri«, wandte sich Dr. Oriola zu ihm hin. »Über dem Atlantik sahen wir auf unserem Flug nach Westen die Sonne hinter uns zurückbleiben und im Osten untergehen. Über der Pazifikküste Asiens werden wir sie, von Osten herkommend, wieder einholen, müssen sie also im Westen aufgehen sehen.«

Minute um Minute verstrich, während O'Neils' Rakete ihren Weg fortsetzte.

»Jetzt müssen wir wohl schon die japanischen Inseln unter uns haben«, hatte Mr. Schweitzer eben zu seinem Kollegen gesagt, als vor ihnen im Westen der Horizont eine Aufhellung zeigte, die langsam rötliche Färbung annahm.

»Die Abenddämmerung! Wir haben sie erreicht«, rief Oriola. Er hatte den Satz kaum vollendet, als die Sonnenscheibe langsam über der Westkimme emporstieg, als ihre Strahlen durch die Fenster der Rakete in deren Inneres fielen. Schon wurden die Lampen ausgeschaltet; schon wich die nächtliche Stimmung, welche die Passagiere der Rakete während der kurzen Zeit der Dunkelheit befallen hatte, wieder von ihnen. Schon begann hier und dort wieder eine Schreibmaschine zu klappern, als ein jäher schriller Klang die Gäste O'Neils' zusammenfahren ließ. Im nächsten Augenblick wurde die Tür zum Kommandoraum aufgerissen, und Watson erschien in ihrem Rahmen. Mit lebhaften Gesten bedeutete er Professor O'Neils, zu ihm in den Kommandostand zu kommen. Mit schnellen Schritten war O'Neils bei ihm, zog ihn in den Kommandoraum hinein, schloß die Tür wieder zu.

»Was ist's, Watson? Was hat's gegeben? Was war das für ein Klang?«

»Ein Unglück, Herr Professor. Die Hauptsteuerwelle ist gebrochen.«

»Die Hauptsteuerwelle gebrochen? Wo ist sie gebrochen?«

»Im Lagergehäuse. Ich fürchte, die schroffe Temperaturdifferenz ist die Ursache gewesen. Drinnen zwanzig Grad Wärme, draußen hundertfünfzig Grad Kälte. Nur so kann ich's mir erklären. Der Werkstoff, aus dem wir sie schmieden ließen, war bester Edelstahl.«

O'Neils sprang zu dem Steuerstand und bewegte die Hauptkurbel. Viel leichter als früher ließ sie sich drehen. Ein Blick durch die Fenster zeigte O'Neils, daß die Treibflächen der Bewegung nicht folgten, sondern regungslos in ihrer Lage verharrten. Die Rakete war durch den Unfall steuerlos geworden. Einen Augenblick wollte O'Neils unter dieser Erkenntnis zusammenbrechen, dann raffte er sich auf.

»Funken Sie, Watson!« schrie er seinen Gehilfen an. »Versuchen Sie Verbindung zu bekommen ... mit Hidetawa in Tokio oder mit Gorla! Es sind die einzigen Stellen, die uns Hilfe bringen können.«

Während Watson am Kurzwellensender arbeitete, saß O'Neils in sich zusammengesunken in einem Sessel. Die Hände vor die Augen gepreßt, überdachte er noch einmal die Lage, in die sie durch den Wellenbruch geraten waren. Es war nicht möglich, die Triebkraft der Rakete zu regeln. Unaufhaltsam würde sie mit der einmal erlangten Geschwindigkeit auf Westkurs weiter um die Erde stürmen, Tage, Wochen, bis die Strahlkraft ihrer Treibflächen sich erschöpfte ... oder bis ... die neue Möglichkeit, die jetzt von seinem geistigen Auge auftauchte, ließ O'Neils noch mehr erschrecken; die Treibflächen der Rakete waren nach dem Bruch der Welle ja nicht mehr in ihrer Steuerung fixiert. Ein äußerer Einfluß, verstärkte Luftreibung oder sonst etwas anderes konnte sie in eine andere Richtung rücken, und unabsehbar mußten dann die Folgen sein. Jeden Augenblick konnte diese Propagandafahrt, die er mit so stolzen Hoffnungen angetreten hatte, mit einer jähen Katastrophe enden.

In der sechsten Abendstunde des Donnerstags verließen Hidetawa und Yatahira die neue Werkhalle, die während der letzten Monate in dem Park Hidetawas entstanden war. Sie hatten die neue große Verkehrsmaschine besichtigt, die bis zum letzten Hammerschlag fertig in der Halle stand.

»Wenn wir es wollten, Meister«, sagte Yatahira, könnten wir gleichzeitig mit den Amerikanern aufsteigen und ein Wettrennen veranstalten.« Er sprach die Worte, während sie den Weg nach dem Landhaus nahmen.

»Nein, Yatahira«, lehnte Hidetawa den Vorschlag seines Gehilfen ab. »Professor O'Neils hat die Idee eines Raumfluges zuerst gehabt. Wir wollen ihm nicht dazwischenfahren. Kommen Sie mit in mein Arbeitszimmer. Wir wollen zusammen hören, was das Radio über seinen Flug meldet.«

Während Hidetawa sich auf einem Kissen niederließ, ging Yatahira zu dem Empfangsgerät und stellte es auf Kurzwelle Washington ein. Amerikanische Laute erfüllten den Raum. Ein Bericht über die letzten Minuten vor dem Start von O'Neils' Rakete wurde gegeben, während der Uhrzeiger in Hidetawas Zimmer der Sechs immer näher rückte. Yatahira, der als Verbindungsmann längere Zeit in Washington war, beherrschte die englische Sprache genügend, um die Sendung zu verstehen. Aufmerksam hörte Hidetawa mit an, was sein Gehilfe ihm verdolmetschte. »Eine Minute vor zehn Uhr. Die Rakete ist geschlossen. Die Maschine steigt empor ... in hundert Meter Höhe schießt sie schräg aufwärts nach Westen davon. Wir wünschen Professor O'Neils mit seinen Gästen einen glücklichen Flug.« Danach wurde es still im Lautsprecher.

»Jetzt sind sie auf der Fahrt. Mögen sie ihren Flug glücklich beenden.«

Hidetawa sprach die Worte nachdenklich vor sich hin, während Yatahira sich weiter an dem Empfangsgerät zu schaffen machte. »Ich möchte versuchen, die Sendungen aus der Rakete selber aufzunehmen, Herr Hidetawa.«

»Es wird Ihnen kaum gelingen, Yatahira. In 2 bis 3 Stunden vielleicht wird es möglich sein, wenn das Strahlschiff O'Neils' über unserem Lande ist.«

Trotzdem versuchte Yatahira es weiter, und nach etwa einer Stunde gelang es ihm, Morsezeichen aufzufangen. Während er sie niederschrieb, gab er Hidetawa von dem Aufgenommenen Kenntnis.

»Die Rakete steht über dem Stillen Ozean ... fünfmal schneller als die Sonne, funkten die Berichterstatter, die O'Neils an Bord hat ... bis jetzt glatter Flug ... wunderbar, Meister, daß wir das so klar empfangen.«

Ununterbrochen kamen weitere Meldungen von der amerikanischen Rakete. Über das Wunder, rückwärts in die Zeit zu fahren, wieder in den schon vergangenen Tag zurückzukehren, funkten die Gäste O'Neils'.

Mit gleichmäßigem Nicken nahm Hidetawa auf, was ihm Yatahira übersetzte.

»Das hätten sie schon vorher wissen können ...« murmelte er vor sich hin und versank wieder in Schweigen. Auch der Lautsprecher blieb still. Fast zwanzig Minuten verstrichen, ohne daß Morsezeichen in ihm aufklangen. Fragend wandte sich Yatahira an Hidetawa. »Keine Funksprüche mehr?«

Noch bevor Hidetawa etwas antworten konnte, kamen die Zeichen wieder. Zeichen, die Yatahira eilig niederschrieb und stückweise seinem alten Lehrer verdolmetschte.

Ein schriller Notruf war es. Die Kunde von einem schweren Maschinendefekt, von dem Bruch der Hauptsteuerwelle, durch den O'Neils' Strahlschiff die Manövrierfähigkeit verloren hatte. Bewegung kam in die regungslose Gestalt Hidetawas. Jäh richtete er sich auf, horchte gespannt auf jedes weitere Wort Yatahiras, während seine Rechte nach dem Fernsprecher griff, durch den das Zimmer direkte Verbindung mit der Werkhalle hatte.

»Alles sofort zum Start fertigmachen«, hörte Yatahira ihn in das Mikrophon sagen, sprach dann selbst weiter:

»Wir haben stärkere Zusatzbeschleunigung. Die Fliehkraft reißt uns nach oben. Wir steigen unaufhörlich ...« Dann wurde es still. Es kamen keine weiteren Nachrichten mehr von der Rakete.

»Kommen Sie!« Nur diese zwei Worte sagte Hidetawa, während er den Raum verließ und, fast schon laufend, der Werkhalle zueilte. Auf dem Fuße folgte ihm Yatahira.

Zusammen betraten sie die Halle. Der kurze Befehl, den Hidetawa vor wenigen Minuten durch den Fernsprecher gab, hatte bereits gewirkt. Seine neue Rakete stand startbereit. Eine auserlesene Mannschaft von sechs Köpfen war in dem Strahlschiff auf ihren Plätzen; das zweiteilige Dach der Halle war aufgeklappt, so daß die Maschine freie Fahrt nach oben hatte. Mit einem Blick überzeugte sich Hidetawa, daß die drei Kreiselkompasse der Rakete in Betrieb und bereits gerichtet waren. Eine Bewegung am Steuerhebel, und die Maschine stieg in die Höhe und ging auf Nordwestkurs, um den achtunddreißigsten Breitengrad anzusteuern.

Der starke Beschleunigungsdruck zwang Hidetawa und Yatahira, in sicheren Sesseln Platz zu nehmen. Schweigend verharrten sie geraume Zeit, bis Hidetawa das Schweigen brach.

»Es ist keine leichte Aufgabe, Yatahira. Nur wenn wir Glück haben, werden wir sie finden, und dann kommt die andere, noch schwerere, sie zu retten.«

Unablässig war die Rakete gestiegen und hatte an Geschwindigkeit gewonnen. Schon seit Minuten lief sie mit genauem Westkurs auf dem achtunddreißigsten Breitengrad. Wieder setzte Hidetawa zum Sprechen an:

»Versuchen Sie Funkverbindung mit den Amerikanern zu bekommen.«

Yatahira schaltete an der Kurzwellenstation der Rakete und begann im nächsten Augenblick zu sprechen:

»O'Neils funkt, Herr Hidetawa, wir treiben in zweihundert Kilometern Höhe auf dem achtunddreißigsten Breitengrad nach Westen. Steigen nicht mehr weiter.«

Hidetawa griff nach einem Schreibblock, fing an zu rechnen und sprach dabei Worte und Zahlen vor sich hin:

»Zweihundert Kilometer, die Fliehkraft ausgeglichen . . .«

Er warf Zahlen auf das Papier, während seine Lippen weitere Worte formten:

»Jetzt kennen wir ihre Höhe, ihre Geschwindigkeit, ihren Kurs . . . ich hoffe, wir werden sie finden, Yatahira.«

Der erste SOS-Ruf O'Neils' war auch von der amerikanischen Kurzwellenstation empfangen worden und versetzte Washington in Bestürzung. Wie stolz und erfolgssicher war man noch vor wenig mehr als einer Stunde gewesen, und wie hoffnungslos erschien jetzt die Lage von O'Neils' Strahlschiff.

Gerüchte kamen auf und wurden bei ihrer Verbreitung weiter vergrößert; wurden immer fantastischer, je länger weitere Nachrichten ausblieben. Schon wollten die einen um einen vernichtenden Absturz der Rakete in Ostsibirien wissen, während andere es als sicher verkündeten, daß die steuerlose Maschine von der Erde abgetrieben sei und unrettbar im unendlichen Weltraum triebe.

Erst geraume Zeit nach dem Start hatte die Öffentlichkeit durch die Funksprüche der an Bord befindlichen Berichterstatter Genaueres über die Pläne Prof. O'Neils' gehört und erfahren, daß er um 14 Uhr 10 Minuten nach vollbrachtem Rundflug in Washington landen würde. Eine gewaltige Volksmenge hatte sich daraufhin in der Umgebung der Howard-Universität zusammengefunden, um die Landung zu sehen und O'Neils und sein Strahlschiff zu feiern. Noch harrten die Massen dort und zählten die Minuten, als auch hier ... der Himmel mag wissen, von woher sie kamen ... Gerüchte von einer Katastrophe auftauchten. Zuerst widersprach die Menge den Unglückspropheten, bedrohte sie tätlich, zwang sie, sich durch schnelle Flucht in Sicherheit zu bringen. Als aber der für die Landung in Aussicht genommene Zeitpunkt verstrich und kein Strahlschiff erschien, fanden die übertriebensten Vermutungen schnell Glauben und lösten eine panikartige Stimmung aus. Keiner von den vielen Tausenden der hier Versammelten konnte ja sehen oder auch nur ahnen, daß O'Neils' Strahlschiff schon geraume Zeit vor dem Landungstermin in riesiger Höhe über Washington dahingestürmt war und die zweite Umkreisung des Erdballs begonnen hatte.

»Ich hoffe, wir werden sie finden«, hatte Hidetawa zu seinem Gehilfen gesagt und die Geschwindigkeit seiner Rakete weiter erhöht. Automatisch wurde sie dabei durch die verstärkte Fliehkraft bis in eine Höhe von zweihundert Kilometer gehoben und stürmte mit der gleichen Geschwindigkeit wie das amerikanische Strahlschiff hinter diesem her. Noch um ein geringes vergrößerte Hidetawa die Schnelligkeit. Noch ein wenig höher stieg dabei die Maschine. In blinkendem Sonnenschein schoß sie jetzt dahin. In dunstigem Glast lag die weite Ebene der Mongolei unter ihr. Angestrengt blickte Hidetawa durch das Bugfenster.

»Unter uns voraus müssen wir sie suchen, Yatahira, wenn ...« Er brach jäh ab und starrte mit zusammengepreßten Lippen in den flimmernden Äther; ein winziges, helles Pünktchen glaubte er weit voraus zu sehen.

»Funken Sie, Yatahira!« brach Hidetawa nach vielen Minuten das Schweigen. »Funken Sie an O'Neils, daß wir seine Maschine in Sicht haben und bereit sind, ihm zu Hilfe zu kommen.«

Noch wußten die Fluggäste nichts von dem Unheil, welches das amerikanische Strahlschiff betroffen hatte. Sie hatten Watson aus dem Kommandostand kommen und dann wieder mit O'Neils darin verschwinden sehen, ohne irgendwelchen Argwohn zu fassen. Die Pressevertreter arbeiteten an ihren Berichten. Oriola und Dr. Schweitzer waren in ein wissenschaftliches Gespräch vertieft. Geraume Zeit fiel keinem die Abwesenheit O'Neils' auf, bis Professor Schweitzer nach einer zufälligen Armbewegung die Stirn runzelte und seinen Nachbar fragend ansah. Der hatte schon die gleiche Entdeckung gemacht.

»Unser Körpergewicht ist gleich Null geworden. Unsere Geschwindigkeit muß sich vergrößert haben«, flüsterte er ihm zu. »Sollte eine Störung in der Maschine sein?« mischte sich der dritte Wissenschaftler in das Gespräch seiner beiden Kollegen. »Watson schien mir erregt zu sein, als er O'Neils in den Kommandostand rief.«

»Um des Himmels willen, schweigen Sie!« raunte ihm Oriola zu. »Nur jetzt keine Panik. Wir müssen Ruhe bewahren, unser Freund O'Neils wird seine Sache schon machen.«

Totenblaß saß Professor O'Neils in einem Sessel des Kommandostandes. Mit müder Gebärde winkte er Watson ab, der verzweifelt auf der Morsetaste hämmerte. »Es ist zwecklos, Watson, wenn kein Wunder geschieht, sind wir verloren.«

Mechanisch gehorchte Watson dem Befehl und warf den Hebel der Funkstation wieder auf Empfang.

»Wir sind verloren«, fuhr O'Neils nach einer Weile fort. »Selbst wenn unsere Strahlflächen keine weitere Verstellung erfahren, sind wir rettungslos verloren. Es wird lange dauern, bis die Treibkraft des Strahlschiffes erschöpft ist. Wir werden alle längst erstickt oder verdurstet sein, während unsere Maschine immer noch wie ein Satellit um die Erde kreist. Es ist grauenhaft . . .« Verzweifelt schlug O'Neils die Hände vors Gesicht. Watson ließ sich in seinen Sessel zurücksinken. Durch die Bewegung schoben sich die Kopfhörer, die er während der Worte O'Neils nach hinten gerückt hatte, wieder auf seine Ohrmuscheln. Er achtete nicht darauf, bis er plötzlich Morsezeichen aufklingen hörte. Morsezeichen?! Wo kamen sie her? Wer konnte sie senden? Gespannt suchte er den Sinn des Funkspruches zu fassen: »Wir haben Sie in Sicht. Kommen Ihnen zu Hilfe.«

Es kamen keine weiteren Zeichen mehr. Mit einem Ruck warf Watson die Station wieder auf Sendung und ließ die Morsetaste klappern.

»Lassen Sie es doch, Watson! Es ist ja alles vergeblich«, hörte er dazwischen die Stimme O'Neils'.

»Nein, es ist nicht vergeblich!« schrie er zurück. »Es funkt jemand, der uns schon sieht, der uns zu Hilfe kommt.«

Entgeistert starrte O'Neils ihn an. Noch bevor er etwas zu sagen vermochte, hatte Watson seine Station schon wieder auf Empfang gestellt, hörte neue Zeichen, lauschte und rief wieder dazwischen O'Neils Bruchstücke des Vernommenen zu.

»Es ist Hidetawa mit seiner neuesten Maschine. Er hörte unseren ersten SOS-Ruf. Er ist sofort aufgestiegen und hat uns eingeholt. Er ist dicht hinter uns . . .«

Wie ein Verdurstender sog O'Neils gierig die Worte Watsons ein. Einen Augenblick schienen sie ihn aufzurichten, doch schnell sank er in die alte Mutlosigkeit zurück.

»Er kann uns nicht helfen, Watson. Beim besten Willen nicht. Es gibt kein Mittel, uns zu retten.«

Professor Schweitzer sah als erster das fremde Strahlschiff, das sich von oben herabsenkte. Dann sah es Oriola, und dann bemerkten es auch die andern Fluggäste. Fragen brandeten auf, Ausrufe der

Verwunderung und bald auch der Besorgnis flogen hin und her. Eine maßlose Erregung bemächtigte sich der Fluggäste in der amerikanischen Maschine. Mehrere sprangen von ihren Sitzen auf, vergaßen, daß ihre Körper kein Gewicht mehr hatten, und blieben frei im Raum schweben, hilflos, bis andere nach ihnen griffen und sie wieder auf ihre Plätze herabzogen. Nur noch um ein geringes höher schoß das andere Strahlschiff jetzt neben dem amerikanischen mit genau der gleichen Geschwindigkeit durch den Äther. Zoll um Zoll schob es sich ganz allmählich immer dichter an O'Neils' Maschine heran, und dann gab es neue Aufregung unter den Insassen. Viele von ihnen stürzten in der Richtung nach vorn aus ihren Sesseln und spürten, wie ihre Körper wieder etwas Gewicht gewannen.

»Unser Flug wird gebremst!« riefen fast gleichzeitig Schweitzer und Oriola. Für kurze Sekunden war das andere Strahlschiff ein Stück vorausgeschossen, und einen Moment hatten sie eine Schrift an dessen Heck sehen können, den Schiffsnamen wohl. Zu lesen vermochten sie ihn nicht, aber japanische Schriftzeichen schienen es ihnen zu sein.

»Was soll das alles bedeuten?« fragte Schweitzer.

»Es kann nur Hidetawa aus Tokio sein, der uns mit seinem Schiff zu Hilfe kommt«, antwortete Oriola.

Im Kommandostand beobachteten O'Neils und Watson dasselbe wie ihre Gäste im Passagierraum, und die Morsezeichen, die aus dem Kopfhörer tickten, verrieten Watson auch, was geschah.

»Hidetawa weiß ein Mittel, um uns zu retten«, gab er das Gehörte an O'Neils weiter. »Er preßt unsere Treibflächen durch den Strahldruck seiner Flächen zusammen. Es ist ihm gelungen, sie in Nullstellung zu bringen. Wir haben keine Beschleunigung mehr. Der Luftwiderstand muß unsere Fahrt allmählich abbremsen.«

Es währte geraume Zeit, bis von O'Neils eine Antwort kam. »Hidetawa hat unsere Treibflächen in die Nullstellung gedrückt ... die Sperrung muß dabei eingeschnappt sein ... Was wird weiter geschehen? Die Luft wird unsern Flug bremsen ... immer tiefer werden wir dabei sinken ... in immer dichtere Schichten unserer Atmosphäre stoßen ... Die Reibung wird übermächtig werden ... wir sind verloren, Watson! Unser Strahlschiff wird aufglühen ... schmelzen ... zerstäuben. Wir werden alle verbrennen, bevor wir noch durch den Absturz zerschellen.«

Wieder herrschte ein drückendes Schweigen in dem Kommandostand. Nur allzusehr mußte Watson die Befürchtung O'Neils als begründet anerkennen. Die Sperrung ihrer Treibfläche war in der Nullstellung eingeschnappt. Keine Möglichkeit bestand mehr, sie wieder auseinanderzubewegen und den tollen Flug durch den Strahldruck abzubremsen. Nur durch die Luftreibung würde die gewaltige lebendige Kraft der Rakete vernichtet werden, die ein Ende des Strahlschiffes in wabernder Lohe unvermeidlich erscheinen ließ.

Schon hatten die beiden Männer das Empfinden, daß es im Kommandostand wärmer wurde. Ein Blick auf die Instrumente lehrte sie, daß ihre Maschine bereits beträchtlich gesunken war und im Begriff stand, nach unten zu stoßen. Unaufhaltsam schien das Verhängnis, von dem O'Neils gesprochen hatte, seinen Lauf nehmen zu wollen.

Unablässig bearbeitete Watson die Morsetaste, funkte mit den Japanern, deren Schiff immer noch dicht neben ihnen dahinflog, und machte auf Ätherwellen all der Not und Bekümmernis Luft, die sein Herz bedrückte. Schaltete dann wieder auf Empfang, in der Hoffnung, von drüben Rat und Trost zu bekommen, und mußte zu seinem Schrecken vernehmen, daß Hidetawa mit seiner Kunst am Ende war. Von dieser selbsteingeschnappten Sperrung hatte der nichts gewußt, hatte die Absicht gehabt, die Flächen des amerikanischen Schiffes später in andere Stellung zu drücken und mußte nun hören, daß diese Möglichkeit buchstäblich verriegelt war.

Auch in Gorla war jener erste SOS-Ruf Watsons aufgefangen worden, und in schneller Folge reihten sich daran aufregende Funksprüche aus Washington, während von dem amerikanischen Schiff keine Nachrichten mehr kamen.

»Man darf die Dinge nicht überstürzen«, sagte Dr. Thiessen zum Chefingenieur Grabbe. »O'Neils ist viel zu schnell vorgegangen. Nun wird er nach Dr. Lee das zweite Opfer einer verfehlten Entwicklung und reißt ein Dutzend anderer Menschen mit ins Verderben.«

»Opfer müssen gebracht werden«, meinte Grabbe.

»Aber keine unnötigen!« widersprach Dr. Tiessen. »Man kann langsam und sicher vorgehen.«

Die Unterhaltung fand in der großen Montagehalle der Abteilung Thiessen statt. Die Blicke des Chefingenieurs hafteten an den riesenhaften Bauteilen einer Strahlturbine, die dort im Entstehen begriffen war.

»Sie predigen, daß man langsam vorgehen soll, Kollege Thiessen«, sagt Grabbe, »aber Sie selber leben dieser Regel nicht nach. Kaum laufen die ersten dreißigtausendpferdigen Turbinen, und schon sind Sie beim Bau einer fünfzigtausendpferdigen. Da ist von einer Langsamkeit in der Entwicklung wenig zu spüren.«

»Langsam und sicher habe ich gesagt, Herr Grabbe«, verteidigte sich Thiessen. »Sicherheit ist das Wichtigste. Einen Bruch der Steuerwelle hat es bei O'Neils gegeben. Wie ist das möglich? Wie kann das einem gewissenhaften Ingenieur passieren?«

Grabbe zuckte die Achseln. »Sie sehen doch, daß es passiert ist.«

»Weil man die Welle falsch berechnet ... oder weil man einen ungeeigneten Werkstoff verwendet hat«, fiel ihm Thiessen ins Wort.

Chefingenieur Grabbe hatte eigentlich die Absicht, Dr. Hegemüller aufzusuchen, aber der Widerspruch Thiessens veranlaßte ihn, diesem seinen eigenen Standpunkt in längerer Gegenrede auseinanderzusetzen, und eine reichliche Stunde verstrich darüber, eine Stunde, die Dr. Hegemüller sehr zupasse kam.

Nach dem Eintreffen jenes amerikanischen Notrufes war Hegemüller nicht mehr vom Empfänger fortgegangen. Gespannt verfolgte er die weiteren Nachrichten. Nur gelegentlich zum Telefon greifend, um Anweisungen in die Montagehalle seiner Abteilung zu geben. Auf seinen letzten Anruf hin kam sein Obermonteur Berger zu ihm ins Zimmer und erhielt einen Auftrag.

»Ja, Berger, die Amerikaner hat der Teufel geholt!« bemerkte Hegemüller nebenher zu ihm.

»Hat man noch etwas von ihnen gehört?« erkundigte sich der Monteur. »Nichts mehr, Berger. Kein Lebenszeichen mehr. Ihr Schiff treibt steuerlos im Raum.«

»Der Äther hat keine Balken, Herr Doktor«, meinte der Monteur Berger und kratzte sich nachdenklich hinterm Ohr. »Ein Glück, daß uns das nicht passiert ist!«

»Reden Sie keinen Unsinn, Mann!« herrschte ihn Hegemüller an und wandte seine Aufmerksamkeit wieder dem Empfänger zu, aus dem Morsezeichen aufklangen. Sie kamen von dem amerikanischen Strahlschiff, das wieder Verbindung mit der Erde hatte. Dr. Hegemüller hörte die Verzweiflungsrufe Watsons, hörte, daß das Schicksal O'Neils und seiner Genossen unabwendbar besiegelt sei, wenn nicht noch in letzter Minute ein Wunder geschähe. Las weiter aus den Zeichen, die unaufhörlich aus dem Lautsprecher tickten, daß das amerikanische Schiff soeben den Kaspisee in achtzig Kilometer Höhe überquerte, erfuhr schließlich mit Schrecken, daß die Temperatur im Kommandoraum schon auf 35 Grad gestiegen sei, und beschloß blitzschnell, auf eigene Verantwortung zu handeln. Die Treibflächen von O'Neils Maschine waren blockiert. Nur mit mechanischen Mitteln konnte man das Schiff von außen her aus seiner gefährlichen Lage befreien. Seine eigene Maschine war startbereit. Er konnte sofort zu Hilfe eilen ... aber würden seine Vorgesetzten damit einverstanden sein? Wie würden sich Professor Lüdinghausen und Chefingenieur Grabbe dazu stellen? Würden sie nicht hundert Bedenken äußern ... ihm vielleicht den Start und die Hilfeleistung verbieten?

Wer viel fragt, bekommt viel Antwort, dachte Dr. Hegemüller, während er schon nach der Montagehalle eilte. Dort rief er seine Leute zusammen und erteilte Befehle, die bei manchen Kopfschütteln erregten. Was sollte es für einen Sinn haben, die schweren Stahltrossen, an denen man die Maschine während des Baues bisweilen aufgehängt hatte, wieder an ihr zu befestigen? Was konnte es weiter bedeuten, wenn man die Trossen an ihren freien Enden in große Schlaufen ausgehen ließ?

Die Werkleute wunderten sich darüber; doch sie waren gewohnt, die Anordnungen Hegemüllers strikt auszuführen, und das taten sie auch jetzt.

Kaum eine Viertelstunde hatten alle diese Vorbereitungen in Anspruch genommen; dann erhob sich das Strahlschiff, stieg auf und schoß davon.

Zehn Minuten später klopfte es an der Tür von Hegemüllers Zimmer, und Chefingenieur Grabbe trat ein. Er fand den Raum verlassen, dachte sich, daß Dr. Hegemüller wohl in der Montagehalle wäre, und ging dorthin. Und dann fühlte der Chefingenieur seine Knie schwach werden und mußte sich, überwältigt von dem, was er hier hörte, auf einen Schemel niederlassen. Ohne ihn, Grabbe, und ohne die Werkleitung zu fragen, war Hegemüller, dies ewige Sorgenkind, mit dem neuen Schiff einfach fortgeflogen, ohne ein Wort über seine Gründe und sein Ziel zu hinterlassen; hatte überdies auch noch sechs seiner besten Werkleute mitgenommen. Nur allmählich erfuhr Chefingenieur Grabbe von den Zurückgebliebenen etwas über die eigenartigen Anordnungen, die Hegemüller vor dem Start gegeben hatte, hörte von den schweren Trossen, die er außenbords mitgenommen, und wußte nun, daß der eigenwillige Doktor sich wieder einmal in ein tollkühnes Abenteuer gestürzt hatte.

Von Minute zu Minute wuchs die Erregung unter den Gästen O'Neils'. Längst hatten sie gemerkt, daß etwas nicht in Ordnung ging, und das unvermutete Auftauchen des Strahlschiffes war nicht geeignet, sie zu beruhigen. Die Panik, die Oriola und Schweitzer mit allen Mitteln zu verhüten suchten, drohte trotz deren Bemühungen auszubrechen, als Watson im Passagierraum erschien und ihnen die befreiende Kunde zurief, daß ein Strahlschiff Rettung bringe.

Begierig wollten sie wissen, was eigentlich geschehen wäre. Vorsichtig sprach Watson nur von einem Defekt an der Steuerung und teilte weiter mit, daß es Hidetawa bereits durch ein geniales Manöver geglückt sei, den Übelstand zu beheben. Seine Worte ließen die allgemeine Zuversicht zurückkehren. Inzwischen ging Watson wieder in den Kommandostand. Kaum hatte er die Tür hinter sich geschlossen, als die Maske von ihm abfiel, die er den Gästen O'Neils' gegenüber gezeigt hatte. Die Selbstbeherrschung verließ ihn; seine Stimme klang heiser, als er zu sprechen anfing.

»Ich habe sie noch einmal beruhigt, aber wie lange wird's vorhalten? Wie lange wird's noch dauern, bis sie da drüben auch die steigende Wärme merken . . . bis die Hitze unerträglich wird, bis das Entsetzen über sie kommt?«

Vergeblich wartete er auf O'Neils' Antwort, während seine Gedanken weiterliefen. War das Unheil wirklich unabwendbar? Konnte Hidetawa in letzter Minute nicht doch noch Hilfe bringen? Der Drang, ihn noch einmal anzurufen, wurde übermächtig in ihm. Er schob die Kopfhörer wieder über, wollte seine Station auf Sendung stellen, als er Morsezeichen hörte. Was wollte Hidetawa von ihm? Hatte er doch noch einen Weg zu ihrer Rettung gefunden? Er lauschte und stutzte.

Nicht englische, sondern deutsche Worte waren es, die sich aus den ankommenden Zeichen formten. Kurze, knappe Fragen nach dem Standort und Kurs von O'Neils' Strahlschiff. Kaum vermochte er zu glauben, was ihm doch deutlich ins Ohr klang. Auch die neue deutsche Maschine war aufgestiegen und eilte zu ihrer Rettung herbei. Kaum war das Schlußzeichen des Funkspruchs verklungen, als er sein Gerät auf Senden herumwarf und Antwort gab:

»Stehen in siebzig Kilometer Höhe über der Südküste des Schwarzen Meeres. Sind etwas nach Norden abgetrieben. Temperatur im Schiff vierzig Grad.«

Während er die Station weiter auf Empfang stellte, hörte er die Stimme O'Neils'. Der atmete schwer, denn drückend warm wie in einem Backofen war es inzwischen im Kommandostand geworden. Stockend kamen die Worte von seinen Lippen:

»Es geht zu Ende, Watson. Hidetawa kann uns nicht retten. Mein Gott, wir sind verloren!«

Watson hatte einen der Hörer beiseite geschoben. Mit einem Ohr hörte er, was O'Neils sprach, mit dem andern, was aus dem Telefon klang. »Noch nicht verloren, Professor O'Neils! . . . Ein neues Strahlschiff ist dicht bei uns . . . Es wird versuchen, uns zu retten!« O'Neils hörte, was Watson ihm zurief, und machte eine müde Bewegung. Erst nach Minuten kam seine Antwort: »Unsere Strahlflächen sind verriegelt . . . niemand kann uns helfen.«

Watson antwortete nicht. Er hatte wieder beide Hörer übergeschoben und lauschte den Funksprüchen, die zwischen dem deutschen und dem japanischen Strahlschiff hin- und herflogen. Er vernahm die Standortangaben, die Hidetawa dank seiner besseren Instrumente den Deutschen genauer zu geben vermochte. Er hörte die Antwort Hegemüllers. Worte wie »fassen« und »in die Höhe ziehen« vernahm er, ohne zu begreifen, wie ein Schiff das bewerkstelligen sollte, mußte sich den Schweiß aus dem Gesicht wischen, der ihm aus allen Poren strömte, und hörte weitere Worte, die Hoffnung in seinem Herzen aufkommen ließen.

Dumpfer Lärm ließ ihn zusammenfahren. Das Geräusch kam von der Tür her. Mit den bloßen Fäusten und mit allem, was sie sonst zur Hand hatten, schlugen die Insassen des Passagierraumes gegen die metallene Pforte. Auf über vierzig Grad war dort das Thermometer gestiegen. Wilde Panik war unter den Gästen O'Neils' ausgebrochen. Sie glaubten zu ersticken, jammerten, schrien nach Luft; hätten auch die Fenster zerschlagen und dadurch ihr sofortiges Ende herbeigeführt, wenn die Scheiben nicht unzerbrechlich gewesen wären. Immer stärker wurde das dröhnende Poltern, immer lauter das Geschrei, immer wilder, immer empörter die Rufe.

»Öffnen Sie die Tür!« befahl O'Neils.

Watson zögerte, antwortete stockend.

O'Neils sah, wie sein Gehilfe nicht gewillt war, seiner Anordnung zu folgen. Er erhob sich, ging wankend selbst zur Tür, griff nach der Klinke, als Watson ihn zurückriß.

»Nicht öffnen, Herr Professor! Sie morden uns!«

Ein kurzes Ringen entstand, bei dem Watson als der Jüngere und Stärkere die Oberhand gewann. Mit Gewalt schleifte er O'Neils zu seinem Platz zurück und drückte ihn dort nieder. Stand noch mit keuchenden Lungen über ihn gebeugt, als ein neues Geräusch aufklang. Hart, scharf und schneidend, wie wenn Metall sich an Metall reibt; wie wenn Metall und Metall aneinanderschleifen.

Ein jäher Ruck ging durch das Schiff. Die schweren Trossenschleifen der Maschine hatten es gefaßt und an sich gefesselt. Ein gleich starker Ruck traf in dem Augenblick, in dem die Kupplung der beiden Schiffe sich vollzog, auch die andere Maschine und hätte Dr. Hegemüller fast zum Straucheln gebracht.

»Gelungen, Berger! Wir haben das Strahlschiff fest in den Schlaufen«, rief er seinem ersten Monteur zu, als er wieder auf festen Füßen stand. »Jetzt volle Kraft nach oben!«

Schon bewegte sich ein Steuerhebel in seiner Hand, und ein zweiter Ruck traf die beiden Schiffe. Noch stärker als schon zuvor spannten sich die schweren Trossen, die sie verbanden. Neuen Aufruhr brachte die Veränderung in die amerikanische Maschine. Mit Beschleunigung wurde sie von dem anderen Schiff senkrecht nach oben gerissen; verdoppelt hatte sich im Moment das Körpergewicht der gegen die Tür des Kommandoraumes anstürmenden Fluggäste. In einem wirren Durcheinander stürzten sie zu Boden. Momentan verstummte der tobende Lärm. Plötzliche Stille herrschte im Passagierraum, herrschte auch im Kommandostand von O'Neils' Schiff.

Watson war es, der das Schweigen brach. »Wir sind gerettet, Herr Professor! Die Wärme wird bald nachlassen.«

O'Neils war noch benommen. Die seelischen Erschütterungen, das Ringen mit Watson, die drückende Hitze — noch immer herrschten fast vierzig Grad im Raume –, das alles war zuviel für ihn gewesen. In einem Schwächeanfall sank er zusammen. Watson griff nach dem Puls des Professors, fühlte ihn matt und unregelmäßig gehen und erschrak.

Sollte diese Fahrt doch noch ein Opfer fordern? Sollte O'Neils, auf den die Wissenschaft Amerikas mit Stolz blickte, nach Dr. Lee der zweite sein, der sein Leben für die neue Technik dahingeben mußte? Es durfte nicht sein. Mit allen Mitteln mußte das verhindert werden! Das waren die Gedanken, die Watson bewegten, als er die Tür zum Passagierraum aufriß, um deren Schließung er noch vor wenigen Minuten mit O'Neils gekämpft hatte. Nur von dem einen Wunsch beseelt, seinem Meister und Lehrer Hilfe zu bringen, achtete er kaum auf das, was sich hier seinen Blicken bot. Wo noch vor kurzem eine vor Angst und Verzweiflung halb irre Menge gerast hatte, fand er apathische, fast lethargische Menschen, die dahingestreckt lagen, wie der Stoß beim Einfangen des Strahlschiffes sie niedergeworfen hatte. Kaum daß der eine oder andere den Kopf nach ihm wandte, den Mund öffnete und eine Frage zu stellen versuchte. Watson stieg über die Liegenden hinweg, ging zur Bar, holte Eis und Alkohol und eilte damit in den Kommandostand zurück, ohne die Tür hinter sich zu schließen. Alle seine Sorge galt nur O'Neils. Er rieb dem immer noch Ohnmächtigen Schläfen und Stirn mit Eis. Er flößte ihm mit Eisstückchen vermengten Weinbrand ein und fühlte nach bangen Minuten, wie sein Puls kräftiger ging, sah, daß er die Augen aufschlug und seine Umgebung wiedererkannte.

Noch einmal war das Schlimmste vermieden worden.

»Was war das? Was ist geschehen?« Noch schwach kamen die Worte aus dem Munde O'Neils'.

»Wir sind gerettet, Herr Professor!« wiederholte Watson die Worte, die er schon einmal gesprochen hatte. »Ein anderes Schiff hebt uns in die dünnere Atmosphäre.« Er unterbrach sich und sah auf das Thermometer. »Wir haben nur noch fünfunddreißig Grad im Schiff. Bald wird es noch kühler sein.«

O'Neils war den Blicken Watsons gefolgt. Er sah das Thermometer, sah daneben die Uhr, und seine Gedanken begannen wieder zu wandern. Halb wie im Traum sprach er die Worte vor sich hin.

»Landen . . . wir wollen in Washington landen. Werden wir dorthin kommen?«

»Wir werden hinkommen. Das deutsche Schiff wird uns richtig dorthin bringen«, versuchte Watson ihn zu beruhigen.

Gerade als er diese Worte sprach, jagte das Schiff im Schlepptau des deutschen in zweihundertfünfzig Kilometer Höhe über Washington dahin, weiter nach Westen. Dr. Hegemüller hatte ganze Arbeit gemacht. Er hatte es in eine Höhe gehoben, in der die Luftreibung nur noch minimal war, und die Folgen machten sich von Minute zu Minute fühlbar. Schon war die Temperatur auf dreißig Grad gesunken und fiel unablässig weiter.

Die Gefahr des Feuertodes war gebannt, doch eine andere Schwierigkeit blieb noch zu überwinden. Noch immer hatte O'Neils' Schiff eine enorme Geschwindigkeit, und die Möglichkeit, die rasende Fahrt durch den Strahlungsdruck abzubremsen, war infolge der Verriegelung seiner Treibflächen versperrt. Sorgenvoll überlegte Dr. Hegemüller, welche Mittel er wählen sollte, um das manövrierunfähige Schiff zu einer sicheren Landung zu bringen.

Unablässig gingen die Funksprüche zwischen der deutschen Maschine und Hidetawa, der mit seinem Schiff in Sichtweite blieb, hin und her, und Watson hörte sie in seinem Empfänger mit.

»Gehen Sie tiefer! Lassen Sie die Luftreibung als Bremse wirken!« hatte der Japaner soeben gemorst.

»Es würde zu lange dauern. Der Luftvorrat der Amerikaner ist begrenzt. Es befinden sich fünfzehn Mann an Bord«, funkte Dr. Hegemüller zurück. »Ich will versuchen, durch Trossenzug abzubremsen.«

»Seien Sie vorsichtig! Die hintere Trosse wird dabei abgleiten«, kam die Antwort Hidetawas und warf Dr. Hegemüller in neue Zweifel und Sorgen. Sicherlich hatte der andere mit seiner Warnung recht. Das amerikanische Schiff hatte ja die Form eines liegenden, nach vorn und hinten zugespitzen Zylinders. Die vordere Schlaufe würde bei dem Manöver, das Hegemüller beabsichtigte, bestimmt standhalten, sich sogar noch fester um den Schiffskörper legen. Die hintere würde aber aller Wahrscheinlichkeit nach abgleiten. Dann aber war die Maschine nicht mehr in der vollen Gewalt der deutschen und die Gefahr ihres Absturzes bedrohlich nahe.

Dr. Hegemüller sah nur einen Ausweg. Man mußte die vordere Trosse stärker anziehen und dadurch verkürzen. Dann würde sie allein beansprucht, wenn er seine Strahlflächen bremsend wirken ließ, und die Gefahr des Abgleitens der hinteren Schlaufe war vermieden. Das Mittel, das allein helfen konnte, erkannte er klar; doch sah er keine Möglichkeit, es anzuwenden. Schon flog das, was er soeben durchdacht hatte, auf Ätherwellen zu dem japanischen Schiff hinüber, und eine überraschende Antwort kam von dort zurück. »Wir werden es von unserem Schiff aus versuchen«, funkte Hidetawa.

Das Staunen Hegemüllers über diese Mitteilung war begreiflich, denn manche der technischen Einrichtungen, die Hidetawa bei seiner Maschine vorgesehen hatte, waren ihm unbekannt. Er wußte nicht, daß Hidetawa, ebenso wie früher schon Dr. Lee, eine Luftschleuse eingebaut hatte, die es gestattete, das Schiff auch in einer verdünnten Atmosphäre zu verlassen oder zu betreten. Auch hatte er nichts davon erfahren, daß das japanische Schiff mehrere Skaphanderanzüge und Fallschirme an Bord hatte. So war es ihm völlig unmöglich, sich eine Vorstellung von dem zu machen, was Hidetawa vorhatte.

Immer näher hatte sich inzwischen das japanische Schiff herangeschoben. Kaum noch einen Meter entfernt lag es jetzt neben der deutschen Maschine, und dann sah Dr. Hegemüller etwas, was ihn den Atem anhalten ließ. Eine Tür öffnete sich an der dem deutschen Schiff zugewandten Seite der japanischen Maschine. Ein Wesen, das ungefähr einem Taucher in voller Ausrüstung glich, wurde sichtbar, wagte einen Sprung und war für den Deutschen nicht mehr sichtbar. War der Tollkühne aus der unendlichen Höhe abgestürzt, oder hatte er die vordere Trosse zu packen bekommen? Das war die Frage, die Hegemüller noch beschäftigte, als eine zweite ebenso gekleidete Gestalt der ersten folgte und das gleiche Schauspiel sich wiederholte. Aber diesmal konnte Hegemüller es deutlich sehen. Dieser hatte sein Ziel verfehlt. In jähem Sturz verschwand er in der Tiefe.

»Doch ein Todesopfer!« durchzuckte es Hegemüller, während schon ein dritter von dem japanischen Schiff den grauenhaften Sprung wagte und anscheinend nicht fehlgriff. Ein Scharren, Knirschen und Knarren ließ Hegemüller aufhorchen. Er fand nur eine Erklärung dafür: die beiden Männer, die da draußen zwischen dem deutschen und dem amerikanischen Schiff in einer unvorstellbaren Höhe hingen, waren dabei, die vordere Trosse zu kürzen. Noch überlegte er, wie sie das Werk wohl zustande bringen mochten, als die beiden seinen Blicken wieder sichtbar wurden, und jetzt fiel es ihm auch auf, daß sie die schweren Windeisen, die vorher an ihrer Seite hingen, nicht mehr bei sich führten. So also hat Hidetawa das gemacht, ging's ihm durch den Kopf. Genial und einfach wie alle genialen Sachen.

Noch dichter hatte sich inzwischen Hidetawas Schiff herangeschoben. Fast berührte es jetzt die Wand der deutschen Maschine. Behend verschwanden die beiden Helfer wieder in der Luftschleuse. Die Tür des japanischen Schiffes wurde geschlossen; gleichzeitig kam ein neuer Funkspruch von dort.

»Ihre vordere Trosse ist gekürzt. Sie können mit ihren Strahlflächen bremsen.«

Andere Morsezeichen folgten. Sie kamen von Watson, der seinem Dank in überströmenden Worten Ausdruck gab und es auch nicht unterließ, sein Beileid zu dem Absturz des einen der Retter auszusprechen. Ebenso wie Yatahira hörte auch Dr. Hegemüller den Funkspruch Watsons und schüttelte unwillkürlich den Kopf.

»Was hilft das?« murmelte er vor sich hin. »Er ist längst zerschellt. Mit mehr als einem Kilometer Sekundengeschwindigkeit mußte sein Leib aufschlagen. Bei solcher Geschwindigkeit verhält sich auch das Wasser wie ein starrer Körper. Auch wenn er ins Meer abstürzte, mußte er zerschmettert werden.« Er schwieg und horchte auf das, was jetzt im Hörer tickte. Es war die Antwort aus der japanischen Maschine.

»Wir hoffen, daß Yoshika sich retten kann. Wir nehmen an, daß er mit seinem Fallschirm die Ostküste Spaniens erreichen wird.«

... Fallschirm?! ... die Ostküste Spaniens? ... Hegemüller griff sich an den Kopf ... Einen Fallschirm hatte der Abgestürzte bei sich ... das konnte Rettung bringen bei einem Absprung aus zwölf Kilometer, aber doch nicht aus hundertzwanzig Kilometer Höhe. Der Schirm würde sich in der so unendlich dünnen Atmosphäre hier oben nicht entfalten. Wie ein Stein mußte der Mann erst viele Meilen abstürzen, bevor er dichtere Luftschichten erreichte. Ins Riesenhafte mußte dabei seine Sturzgeschwindigkeit wachsen, und wenn der Schirm sich endlich doch öffnete, würde es einen plötzlichen Ruck, eine so jähe Bremsung geben, daß der Unglückliche schon dadurch getötet würde ...

Dr. Hegemüller konnte die Hoffnung der Japaner auf eine Rettung ihres Gefährten nicht teilen. Aber – so überlegte er weiter – selbst wenn der Fallschirm richtig wirkt, muß der Mann doch mitten in das Meer zwischen Italien und Spanien fallen, über dem die Maschinen sich im Augenblick des Absturzes befanden. Wie sollte er jemals die noch so viele Meilen entfernte spanische Küste erreichen? Halt! Doch! Das war möglich! verbesserte Dr. Hegemüller seinen Gedankengang. Der Mann hatte ja in dem Moment, in dem er sich von dem Strahlschiff trennte, dieselbe Geschwindigkeit wie dieses. Mit rund vier Sekundenkilometern mußte auch sein Körper weiter nach Westen treiben, bis die Luft in geringerer Höhe die Bewegung abbremste. Vollauf mußte dieser Schwung, wie es Dr. Hegemüller jetzt überschlug, genügen, um ihn über das Meer und vielleicht sogar noch ein gutes Stück landeinwärts nach Spanien zu tragen.

Die Schwungkraft! Der Gedanke daran ließ ihn in die Wirklichkeit zurückkehren. Auch er hatte ja noch Schwung abzubremsen, mußte die lebendige Kraft nicht nur des eigenen, sondern auch des anderen Schiffes durch Strahldruck aufzehren lassen, wenn die tolle Jagd um den Erdball nicht unaufhörlich weitergehen sollte. Er griff in die Steuerung und bewegte sie vorsichtig. Ein Knirschen und Klingen, das von außen kam, antwortete der Bewegung. Die vordere Trosse spannte sich und hielt die Maschine O'Neils' fest, die ohne dies Hindernis unverändert weiter nach Westen gestürmt wäre. Nur behutsam bewegte er den Steuerhebel weiter, überlegte und berechnete dabei im Kopf, wieviel er der einen Trosse zumuten durfte, an der jetzt das Schicksal der anderen hing, und kam zu dem Schluß, daß er eine Verzögerung von fünf Sekundenmetern wagen dürfte. Wenig später lief ein Funkspruch des japanischen Strahlschiffes ein, daß das Manöver gelungen sei. Die verkürzte vordere Trosse nahm den gesamten Bremsdruck auf, die hintere Trosse blieb unbeansprucht, und ihre Schlaufe lag unverändert an der alten Stelle.

»Wir wollen absteigen und Nachricht nach unten geben. Man wird dort in Sorge um uns sein«, funkte Hidetawa weiter.

Zustimmende Antwort kam von der deutschen Maschine. In gleichmäßigem Fall sanken die drei Schiffe hinab und durchstießen die Schicht, die ihre Verbindung mit der Erde so lange unterbunden hatte.

Hidetawa hatte Grund zu seiner Mahnung, denn in der Tat war die Aufregung dort unten nicht gering. Man hatte die Notrufe der Amerikaner empfangen. Dann war die Verbindung geraume Zeit mit ihnen gestört, während von dem japanischen Schiff die Nachricht kam, daß es zu Hilfe eile. Man hatte für kurze Zeit befreit aufgeatmet, bis neue, dringendere Rufe von den Amerikanern kamen, die von einer unerträglich werdenden Glut sprachen. Dann war die Verbindung zum zweitenmal abgerissen, und schon hielt man das Schiff für verloren, fürchtete, daß seine Insassen irgendwo im Raum verbrannt oder erstickt wären. Immer aufregender wurden die Nachrichten, die an hundert Stellen der Erde aus den Antennen der großen Sender fluteten. So sehr überschlugen sich wilde Vermutungen und schlimme Befürchtungen, daß man darüber eine andere Nachricht fast überhörte. Auch das deutsche Schiff war, wie der Sender aus Gorla meldete, zur Hilfeleistung aufgestiegen.

Es war nur eine vage Vermutung, die der Chefingenieur Grabbe funken ließ; denn tatsächlich wußte er ja nichts über die Absichten und das Ziel Dr. Hegemüllers. Er hatte es auf gut Glück hin getan und zufällig das Richtige getroffen. Innerlich verwünschte er dabei Hegemüller bis in die tiefste Hölle und nahm sich vor, ihm einen Empfang zu bereiten, der ihm die Lust zu derartigen Eigenmächtigkeiten ein für allemal austreiben sollte. Doch vorläufig sah es nicht so aus, als ob er dazu bald eine Gelegenheit haben würde; denn von dem Schiff kam überhaupt keine Nachricht. Seit seinem Start schien es verschollen zu sein.

So wartete Chefingenieur Grabbe vergebens auf ein Lebenszeichen Hegemüllers, und in seinen Ärger mischte sich allmählich Sorge um das deutsche Schiff und seine Besatzung. Er hielt es nun doch für angebracht, Professor Lüdinghausen von dem Geschehenen Mitteilung zu machen, und eilte zu ihm. Ruhig hörte der Professor Grabbes Bericht an, nickte ein paarmal zustimmend, schüttelte den Kopf, wenn der Chefingenieur gelegentlich seinem Ärger über Hegemüller Luft machte.

»Es ist das einzig Richtige, was Dr. Hegemüller getan hat«, sagte er, nachdem Grabbe geendet hatte. »Es mußte unbedingt geschehen. Wie würden wir dastehen, wenn von unserer Seite nichts unternommen worden wäre? Stellen Sie sich die Lage klar vor: Ein Schiff in Not. Hidetawa jagt ihm um den halben Erdball nach, um ihm zu helfen, und wir stehen tatenlos beiseite. Einerlei, ob die Rettung gelingt oder nicht, unser Ansehen hätte einen schweren Schlag erlitten.«

Ungeduldig hatte Chefingenieur Grabbe Professor Lüdinghausen aussprechen lassen. »Hegemüller riskiert Kopf und Kragen«, brach er jetzt los. »Unser Schiff war für ein derartiges Unternehmen noch nicht startfähig. Es haben noch keine Probeflüge stattgefunden. Die Maschinerie ist noch nicht in kleineren Flügen erprobt worden. Es ist nicht ausgeschlossen, daß ihm ein ähnliches Schicksal blüht wie den Amerikanern.«

Während Grabbe noch sprach, griff Lüdinghausen zum Telefon und gab der Funkstation Auftrag, mit allen Mitteln eine Verbindung mit dem Strahlschiff zu versuchen.

»Zwecklos, Herr Professor Lüdinghausen«, knurrte Grabbe dazwischen. »Vielleicht sind alle drei schon verloren.«

Trotz der ernsten Lage mußte Lüdinghausen lächeln.

»Sie trauen unserm Freund Hegemüller wenig zu«, meinte er. »Ich halte mehr von ihm. Wenn eine Rettung möglich ist, wird er's schaffen. Unser Schiff wird er bestimmt wieder nach Hause bringen. Das ist meine feste Überzeugung.« Die Glocke des Telefons klang dazwischen. Die Funkstation rief an: »Wir haben Verbindung mit unserem Strahlschiff. Doktor Hegemüller meldet sich. Er hat das andere Schiff fest in den Trossen und bremst den Flug mit seinen Strahlflächen ab.«

»Also, da haben wir's!« rief Lüdinghausen begeistert. »Ich habe es Ihnen ja gleich gesagt, unser Hegemüller schafft es.« Er sprach wieder in das Telefon zur Funkstation. »Rufen Sie Doktor Hegemüller an! Ich lasse ihn bitten, das Schiff hierher nach Gorla zu bringen. Die Reparatur kann hier schnellstens erledigt werden, und es werden unnötige Aufregungen und alles überflüssige Geschwätz in Washington vermieden.«

»Was sagen Sie dazu, Berger?« fragte Hegemüller nach dem Empfang von Lüdinghausens Funkspruch. »Wir sollen die Amerikaner nach Gorla einschleppen.«

»Feine Idee von unserm Professor, Herr Doktor! Fragt sich nur, ob sie damit einverstanden sind.«

Die Frage des Monteurs Berger war berechtigt. Auch Watson

hatte den Funkspruch gehört und O'Neils mitgeteilt. Der Vorschlag kam beiden so unerwartet, daß sie in ihrer Verblüffung zunächst keine Worte fanden. Dann aber begannen sie über ihn zu debattieren, Gründe und Gegengründe vorzubringen.

»Was werden unsere Gäste dazu sagen, wenn wir nicht in Washington, sondern in Deutschland landen?« war die erste Frage O'Neils'.

»Sie werden froh sein, daß sie überhaupt gesund landen können«, warf Watson dagegen ein.

So ging die Rede und Gegenrede zwischen den beiden noch hin und her, als Hegemüller sie anrief. Kurz und bündig teilte er ihnen mit, daß er aus technischen Gründen gezwungen wäre, zunächst in Gorla zu landen. In zwanzig Minuten würde man dort sein; alles Weitere würde sich da finden.

Während der wenigen Minuten, die vergangen waren, seitdem Dr. Hegemüller die Strahlflächen bremsend wirken ließ, hatten die beiden Schiffe schon den größten Teil ihrer Geschwindigkeit verloren. Nur noch mit tausend Kilometern in der Stunde flogen sie in knapp zwanzig Kilometern Höhe dahin. In weitem Bogen hatte Dr. Hegemüller den Westkurs verlassen und war auf einen Nordostkurs abgeschwenkt, der ihn geradewegs nach Gorla bringen mußte. In kurzer Zeit war damit das japanische Schiff außer Sichtweite gekommen. Mit nur wenig verringerter Geschwindigkeit jagte es weiter nach Westen, während Funksprüche zwischen Yatahira und Hegemüller hin und her gingen.

»Wir werden etwas später nach Gorla kommen«, funkte der Japaner. »Erst müssen wir Yoshika suchen.«

Ihr könntet leichter die berühmte Stecknadel in einem Heuschober finden als euren Yoshika, dachte sich Hegemüller, während er die Morsetaste hämmern ließ und den Japanern Wünsche für einen guten Flug funkte. Höflich bleiben die Bewohner des Fernen Ostens in allen Lebenslagen, dachte er weiter, als Hidetawa seinen Dank für die guten Wünsche funken ließ. Aber er stutzte, als weitere Zeichen aus dem Hörer tickten.

»Wir hoffen, Yoshika noch in der Luft fassen zu können . . .«

Dr. Hegemüller griff sich an die Stirn. War denn das überhaupt möglich? Er sah nach der Uhr. Knapp zehn Minuten waren seit dem Absturz des Japaners verstrichen. War es denkbar, daß der sich noch in der Luft befand? Dr. Hegemüller fand keine Antwort auf seine Frage. Es hing ja alles von der Art der Fallschirme ab, mit denen Hidetawa seine Leute ausgerüstet hatte. Daß bei einem Absprung oder Absturz aus mehreren hundert Kilometern Höhe ganz besondere Verhältnisse herrschten, darüber war sich der Deutsche schon vorher klargeworden. Jetzt kam ihm auch die Erkenntnis, daß man diesen

Verhältnissen durch eine besondere Konstruktion der Schirme Rechnung tragen müsse, und wie er Hidetawa kannte, war er überzeugt, daß der das auch getan hatte . . . Yoshika noch in der Luft abfangen? Er war gespannt, wie das Unternehmen wohl ausgehen möge; doch im Augenblick nahm die Führung des Schiffes seine volle Aufmerksamkeit in Anspruch.

Auf dem Tisch des Chefingenieurs Grabbe klingelte das Telefon. Professor Lüdinghausen rief an.

»Hegemüller bringt beide Schiffe hierher. In fünf Minuten will er landen. Bereiten Sie alles vor! Ich komme zur Halle.«

»Jawohl, Herr Lüdinghausen, wird gemacht«, rief Grabbe zurück und warf den Hörer auf die Gabel. Vergessen waren in diesem Augenblick sein Ärger und sein Zorn. Der Chefingenieur Grabbe dachte nicht mehr daran, seinem eigenmächtigen Untergebenen den Kopf zu waschen. Freude und Stolz erfüllten ihn, die Kameraden zu retten.

So schnell ihn seine Füße trugen, eilte er nach der großen Halle, gab den Befehl, das zweiteilige Dach aufzuklappen, rief dann die geschicktesten Leute der Abteilung zusammen und hatte mit ihnen eine hastige Besprechung, während die Minuten verrannen und der Zeitpunkt der Landung immer näher heranrückte.

Dr. Hegemüller hatte mit seiner Vermutung recht, daß Hidetawa seine Fallschirme den veränderten Verhältnissen des Weltraumfluges besonders angepaßt hatte. Als er diesem Problem nähertrat, hatte er sofort die Gefahr erkannt, daß ein fallender Körper in den obersten dünnen Schichten der Atmosphäre eine verderbliche Sturzgeschwindigkeit annehmen könte, und danach seine Maßnahmen getroffen. Zu einem Vielfachen der sonst üblichen Größe breiteten sich die von ihm konstruierten Schirme aus. Sie bremsten den Fall dadurch bereits in Höhen, in denen die andern Schirme noch unwirksam blieben. Je nach Bedarf konnte der Fallschirmspringer in den tieferen Luftschichten den Schirm durch einfache Schnurbewegungen verkleinern; er konnte es aber auch unterlassen und schwebte dann noch wesentlich langsamer als das leichteste Baumblatt in die Tiefe.

»Er wird wohl wissen, daß wir ihm so bald wie möglich nachfolgen; er wird danach handeln«, sagte Hidetawa, während das Schiff auf Westkurs dahinstürmte. Yatahira nickte und rechnete auf einem Schreibblock, sprang dann auf und betätigte die Steuerung so, daß das Schiff stark abgebremst wurde.

»Wir müssen ihn in zehn Kilometer Höhe suchen«, sprach er dabei weiter. »Wenn er so gehandelt hat, wie wir es von ihm erwarten.«

»Suchen Sie, Yatahira!« war alles, was Hidetawa darauf erwiderte.

Schweigend arbeitete Yatahira an der Steuerung, verstellte hier einen Hebel und dort einen anderen, während seine Augen bald zu den Meßinstrumenten gingen, bald scharf durch das Bugfenster spähten. In zehn Kilometer Höhe flog jetzt das Schiff und sank, während seine Geschwindigkeit ständig abnahm, allmählich noch tiefer. Weit voraus kam Land in Sicht; eine gebirgige Küste, die Bucht von Valencia. Noch angestrengter als bisher starrte Yatahira nach vorn, während seine Hände an den Steuerhebeln lagen. Stärker bremste er jetzt den Flug, noch tiefer ließ er das Schiff sinken, dabei unentwegt einen Punkt im Auge behaltend, der bald in dem schimmernden Blau des Äthers sichtbar war, auf Sekunden zu verschwimmen schien und dann von neuem auftauchte. Minuten hindurch währte das Spiel, dann sprach Yatahira:

»Wir haben Yoshika gefunden, Herr Hidetawa.«

»Da sind sie!« Chefingenieur Grabbe sagte es zu Robert Jones, während die beiden durch die schweren Trossen zu einer Einheit verbundenen Strahlschiffe durch das geöffnete Dach hinabsanken. Das amerikanische Schiff setzte auf dem Hallenboden auf. Durch seine Strahlflächen gehalten, stand das deutsche Schiff frei schwebend darüber. Im nächsten Augenblick sprangen Werkleute mit Leitern und Gerätschaften hinzu. Jetzt tat die kurze Besprechung, die Grabbe vor wenigen Minuten mit ihnen gehabt hatte, ihre Wirkung. Schneidbrenner zischten auf. Gierig fraßen sich ihre Flammen durch den Stahl der Trossen. In weniger als einer Minute waren die starken Drahtseile durchgeschnitten. Das deutsche Schiff wurde frei. Es erhob sich wieder, um draußen vor der Halle zu landen. Als erster sprang Jones hinzu, als die Tür des amerikanischen Schiffes geöffnet wurde.

»Heaven's sake!« Mit Tränen in den Augen umarmte er Watson, begrüßte danach Professor O'Neils, dem die Aufregungen und Anstrengungen des abenteuerlichen Fluges stark anzumerken waren, wurde gleich danach von den Gästen O'Neils' umringt und mit einer Flut von Fragen überschüttet, daß er nicht wußte, wem er zuerst Auskunft geben sollte.

Während er sich noch bemühte, Rede und Antwort zu stehen, schrillte die Werksirene, begannen die Uhren zu schlagen. Es war eben zwölf Uhr mittag. Zwölf Uhr! Das brachte neue Erregung unter die Presseleute. Ihre Berichte mußten schnellstens zu den Schriftleitungen gebracht werden. Sie riefen nach Fahrgelegenheiten und erfuhren erst jetzt, daß sie nicht in Washington, sondern im Herzen Deutschlands gelandet waren.

Von neuem schwoll das Stimmengewirr an und wurde so stark, daß Professor Lüdinghausen es für angebracht hielt, sich einzumengen. Er stellte den Fluggästen alle Nachrichtenmittel des Werkes zur

Verfügung und erreichte nach wenigen Worten eine Beruhigung der aufgeregten Gemüter.

Unter der Führung Dr. Thiessens gingen sie in das Verwaltungsgebäude und traten in einen Raum. Ein rundes Dutzend Maschinen standen dort. Fernschreiber waren es, die über Funk mit jeder gleichartigen Maschine, die irgendwo in Europa stand, synchron zu arbeiten vermochten.

Und solche Maschinen gab es auch in der ganzen Welt; in den großen Zeitungsredaktionen hatten sie ihren Platz, und schnell waren die Verbindungen hergestellt. Schon klapperten in Gorla die Tasten unter den Fingern eifriger Berichterstatter, während korrespondierende Maschinen in London, Rom, Paris und anderen Städten den gleichen Text niederschrieben, der hier auf dem Papier erschien. Wer aber einen mündlichen Bericht vorzog, dem stellte Dr. Thiessen auch die Telefonverbindungen des Werkes zur Verfügung, und manche wählten diesen Weg, um ihren Schriftleitungen so schnell wie möglich von alledem, was sie in ereignisreichen Stunden erlebt hatten und wovon ihr Herz noch voll war, Bericht zu geben.

Eine gute Viertelstunde mochte darüber vergangen sein, als Jones in den Saal kam. Er erschien gerade zur rechten Zeit, denn schon waren einige mit der Weitergabe ihrer schon während des Fluges vorbereiteten Berichte zu Ende und wollten nun weiteres hören. Aber was Robert Jones seinen Landsleuten mitteilte, hatte nichts mehr mit Abenteuern und Aufregungen zu tun. Es klang im Gegenteil ziemlich prosaisch.

»Meine Herren«, sagte Jones, »Sie haben noch bequem Zeit, einen Imbiß einzunehmen, zu dem die Werkleitung Sie durch mich bitten läßt. Danach wird Ihr Strahlschiff wieder starten und Sie nach Washington bringen.«

Es gab nachdenkliche Gesichter, als Jones geendet hatte. Zu stark noch wirkte in den meisten die Erschütterung durch das vor kurzem Erlebte nach. Fragen wurden laut, ob es ratsam sei, sich noch einmal der Maschine O'Neils' anzuvertrauen, nachdem sie eben erst haarscharf am Tode vorbeigekommen waren. Die Möglichkeit, eines der flugplanmäßigen Stratosphärenschiffe nach New York zu benutzen, wurde laut erwogen, und Jones sah sich genötigt, seine ganze Beredsamkeit aufzubieten.

Er tat es, und weil er seine Landsleute ganz genau kannte, tat er es auch mit Erfolg. Er verstand es, sie bei der Ehre zu packen. Er stellte ihnen in flammenden Worten vor, wie beschämend es für Professor O'Neils und schließlich auch für sie selber wäre, wenn sie nicht zusammen mit ihm wieder auf dem gleichen Platz landen würden, von dem sie gestartet waren, und er riß sie schließlich alle mit sich.

In gehobener Stimmung folgten sie ihm in das Werkkasino, um sich vor dem Weiterflug bei einem gemeinsamen Mahl zu stärken.

Während Jones sich nach der Landung in Gorla der Gäste O'Neils' annahm, war dieser mit Watson zusammen im Kommandostand seines Schiffes geblieben. Er machte den Eindruck eines müden, gebrochenen Mannes. Allzu schwer hatte ihn der Mißerfolg seines mit großen Hoffnungen unternommenen Fluges getroffen. Kaum hörte er auf die Worte, mit denen ihn Watson aufzurichten versuchte, und raffte sich schließlich nur zu der Frage auf:

»Was soll nun weiter werden, Watson?«

»Wir werden den Schaden hier reparieren und dann nach Washington zurückfliegen.«

»Wie viele Tage, wie viele Wochen wird das dauern? Was werden meine Gäste dazu sagen? Was wird man in den Staaten von uns denken?«

Mit einer matten Handbewegung winkte er ab, als Watson etwas dagegen sagen wollte. Wies auch Jones ab, der eben aus dem Verwaltungsgebäude zurückkam, und brütete vor sich hin, als die Tür sich zum zweitenmal öffnete.

Professor Lüdinghausen und Chefingenieur Grabbe kamen herein.

Schwerfällig erhob sich O'Neils, um seine deutschen Freunde zu begrüßen. Mühsam zwang er sich zu einem Lächeln, als Lüdinghausen ihn zu dem glücklich vollendeten Rundflug beglückwünschte.

»Glücklich vollendet, Herr Professor Lüdinghausen? Der Flug ist noch nicht vollendet. Mein Schiff liegt hier in Ihrem Werk als Wrack, während man in Washington auf meine Rückkehr wartet.«

»Kopf hoch, Mr. O'Neils!« rief Grabbe dazwischen. »Man wird in Washington nicht mehr lange auf Sie zu warten brauchen. Den kleinen Defekt an Ihrer Maschine werden wir in einer halben Stunde beheben.«

»In einer halben Stunde?« Ungläubig wiederholte Jones die Worte des Chefingenieurs.

»Jawohl, in einer halben Stunde«, wandte sich Lüdinghausen an Jones.

»Führen Sie Ihre Landsleute ins Kasino! Sie sollen vor dem Weiterflug ordentlich frühstücken und sich keine unnötigen Gedanken machen.«

Eilig machte sich Robert Jones davon, um den Auftrag auszurichten.

»Sie versprechen Unmögliches, Herr Grabbe«, sagte Watson, nachdem Jones gegangen war. »Unsere Hauptsteuerwelle ist gebrochen. Die Anfertigung einer neuen wird viele Tage beanspruchen.«

In seine letzten Worte klang von außen her das Geräusch von

Werkzeugen, und fast gleichzeitig kam Dr. Hegemüller mit vier seiner besten Werkleute in den Kommandoraum.

»Halten Sie sich dran, Hegemüller!« rief ihm Grabbe zu. »Ich habe unseren Freunden versprochen, daß sie in einer halben Stunde wieder starten können.«

»Wollen unser Möglichstes tun, Herr Grabbe«, meinte Dr. Hegemüller und gab seinen Leuten Anweisungen. Schlüssel wurden angesetzt, Schraubenmuttern wurden gelöst, Bolzen und Keile wurden herausgezogen. In weniger als fünf Minuten lag die Welle frei.

»Ein häßlicher Bruch«, brummte Hegemüller vor sich hin. »Trotzdem, es sollte mit dem Teufel zugehen, wenn wir die Geschichte nicht wieder ins Lot brächten.« Er folgte seinen Leuten, die den beschädigten Maschinenteil aus dem Schiff trugen, und traf draußen mit den andern zusammen, die dort das andere Stück der Welle abmontiert hatten.

»Marsch, marsch, Herrschaften!« trieb er sie an. »Der Chefingenieur hat Professor O'Neils versprochen, daß er in einer halben Stunde starten kann. Fix mit dem Zeug in die Schweißerei!«

Schweigend hatte O'Neils der Arbeit von Hegemüllers Leuten zugeschaut. Allmählich erwachte sein Lebensmut wieder, doch noch immer vermochte er nicht an das zu glauben, was Chefingenieur Grabbe versprochen hatte.

»Sie können mehr als zaubern, wenn Ihnen das gelingt«, begann er zögernd.

»Nicht zaubern, Herr Professor O'Neils, aber gut schweißen«, gab Grabbe lachend zurück. »Wir bilden uns einiges auf die Schweißvorrichtungen unseres Werkes ein. In einer Viertelstunde wird man Ihrer Welle den Bruch nicht mehr anmerken.«

Häßlich hatte Hegemüller den Bruch genannt, und er hatte keinen Grund, sein Urteil zu ändern, als die Stücke in der Schweißerei lagen.

»Zehn Zentimeter rausschneiden! Neues Stück einsetzen!« kommandierte er seinen Monteuren, und jeder von ihnen verstand im Augenblick, was er zu tun hatte. Schon lagen die Stücke fest eingespannt. Schon kreischten Metallsägen auf, fraßen sich in den Stahl und schnitten ihn ab, soweit er durch den Bruch in Mitleidenschaft gezogen war. Schon wurde an einer anderen Stelle aus bestem Edelstahl ein Ersatzstück zurechtgeschnitten. Dr. Hegemüller brauchte kaum noch Anweisungen zu geben. Schon lag alles in einer der großen Schweißmaschinen fest eingespannt. Ein Transformator brummte auf. Für Sekunden flutete elektrischer Hochstrom durch den Stahl. Hellauf leuchteten die Stoßflächen in Weißglut, waren im nächsten Moment zu einem untrennbaren Ganzen vereinigt.

Dr. Hegemüller zog die Uhr. »Zehn Minuten bis jetzt. Fix! Schnell weiter! Zu den Schleifmaschinen damit!«

Scheiben aus diamanthartem Korund rotierten in rasendem Wirbel. Blitzblank schimmerte die Oberfläche der Steuerwelle, über die sie dahingegangen waren. »Fünf Minuten«, sagte Dr. Hegemüller, als seine Werkleute das Stück aus der Schleifmaschine nahmen, um damit zu O'Neils' Strahlschiff zurückzukehren. »Wir möchten Ihnen das Geleit nach Washington geben, Herr Professor O'Neils«, hatte Grabbe eben gesagt, als Dr. Hegemüller mit seiner Kolonne wieder im Kommandoraum erschien. O'Neils vergaß, ihm zu antworten. Wie gebannt starrte er auf das Stück, das Hegemüllers Leute hereinbrachten, und wollte seinen Augen nicht trauen. War das wirklich die alte Welle? Sie mußte es ja sein; etwas anderes war nicht denkbar. Und trotzdem schien's ihm unglaublich. Er sprang auf und betastete das Werkstück mit seinen Händen. Gleichmäßig glatt und blank war die zylindrische Oberfläche. O'Neils atmete tief auf und preßte die Rechte Hegemüllers. Vergessen waren Trübsinn und Niedergeschlagenheit. Die alte Zuversicht und Entschlossenheit strahlte aus seiner Miene, während er seinem Dank in warmen Worten Ausdruck gab, die Dr. Hegemüller fast in Verlegenheit setzten.

»Nicht mein Verdienst, Herr Professor O'Neils«, wehrte er ab. »Die Einrichtung unseres Werkes haben die schnelle Reparatur ermöglicht . . . nur noch sieben Minuten . . . dranhalten, Herrschaften!« wandte er sich zu seinen Leuten, die bereits beim Einbau der Welle waren, und lief dann ins Freie, um auch die Arbeiten außenbords zu überwachen.

»Sie haben sich noch nicht zu meinem Vorschlag geäußert, Herr Professor«, nahm Grabbe seine früheren Worte wieder auf. »Ist Ihnen unsere Begleitung genehm, oder ziehen Sie es vor, allein nach Washington zurückzufliegen?«

»Aber nein, Herr Chefingenieur! Im Gegenteil, ich begrüße es mit Freuden. Wir wissen es, daß wir Ihnen unsere Rettung verdanken, und in den Staaten weiß man auch, was Sie für uns getan haben.«

»Montage beendet, Herr Grabbe! Dauer der Reparatur neunundzwanzig Minuten und dreißig Sekunden«, meldete Hegemüller, als er in den Kommandoraum zurückkam. »Herr Professor O'Neils kann starten.«

Auf einen Wink Grabbes machte sich Watson auf den Weg zum Kasino, um O'Neils' Gäste zu holen.

»So schnell wird der nicht wiederkommen«, meinte Dr. Hegemüller, nachdem Watson gegangen war. »Ich hörte draußen zufällig, daß die Herren im Kasino lebhaft ins Erzählen gekommen sind. Jeder einzelne malt die überstandenen Abenteuer aus, und jeder versucht, den andern dabei zu überbieten. Man hört sie über den großen Flur. Watson wird es nicht leicht haben, seine Landsleute in die Wirklichkeit zurück und zu ihrem Schiff zu bringen.«

»Sagen Sie mal, Hegemüller«, unterbrach ihn Chefingenieur Grabbe. »Was halten Sie davon? Wir wollen Professor O'Neils mit unserem Schiff nach Washington begleiten.«

»Großartig, Herr Grabbe!« Hegemüller schlug sich vor Vergnügen auf die Schenkel. »Ich wollte mir Washington schon immer mal ansehen. Hoffentlich hat Professor Lüdinghausen nichts dagegen.«

Grabbe mußte lachen.

»Auf einmal so peinlich korrekt, Herr Doktor Hegemüller? Aber heute vormittag sind Sie mit unserm Schiff abgebraust, ohne eine Menschenseele um Erlaubnis zu fragen.«

»Gefahr war im Verzug, Herr Grabbe. Die Zeit war kostbar. Es ging um Minuten«, entschuldigte sich Dr. Hegemüller und versuchte dann das Gespräch in andere Bahnen zu lenken. »Schade, Herr Grabbe, daß Hidetawa nicht hier ist! Er ist wohl irgendwo in Spanien auf der Suche nach seinem abgestürzten Besatzungsmann. Sonst könnten wir zu dritt nach Washington fliegen. Drei Strahlschiffe zusammen . . . schon eine Flottille. Das wäre das Richtige, das würde Eindruck machen.«

»Ja, wenn Hidetawa da wäre, mein lieber Hegemüller, er ist aber leider nicht da . . .«

»Guten Tag, meine Herren«, sagte Hidetawa, der in diesem Augenblick in den Kommandoturm des amerikanischen Schiffes trat. »Was haben Sie weiter beschlossen, Herr Professor O'Neils?«

»Ich will nach den Staaten zurückfliegen, Herr Hidetawa.«

Der Japaner stutzte. »Mit einem Maschinenschaden, Herr Professor O'Neils? Das ist doch nicht denkbar.«

»Der Schaden ist bereits behoben, Herr Hidetawa. Die Reparatur gelang hier im Werk in unglaublich kurzer Zeit. Wir sind startbereit.«

»Ja, wir haben nur noch auf Sie gewartet, Herr Hidetawa«, sagte Dr. Hegemüller. »Bei uns gibt's ein Sprichwort, das heißt: Aller guten Dinge sind drei.«

Er merkte an der Miene Hidetawas, daß der nicht begriff, wohin er, Hegemüller, mit seinen Worten hinauswollte, und fuhr fort: »Wir haben nämlich beschlossen, Professor O'Neils mit unserem Schiff nach Washington zu begleiten, und sprachen eben davon, wie schön es wäre, wenn Sie auch dabeisein könnten, Herr Hidetawa. Wir stellten es uns als einen wirkungsvollen Abschluß von Professor O'Neils' Flug vor, wenn wir mit unsern drei Strahlschiffen zusammen dort ankämen.«

Hidetawa überlegte einen Augenblick. »Wenn es Herrn O'Neils recht ist«, begann er zögernd.

»Sie machen mir eine große Freude damit, Herr Hidetawa«, fiel ihm dieser ins Wort. »Sie nützen damit auch gleichzeitig unserer gemeinsamen Sache. Ich kenne meine Landsleute. Sie sind leicht begeistert, aber auch leicht niedergeschlagen. Das Gorla-Werk steht, seitdem wir hier landeten, in ständiger Funkverbindung mit Washington. Zehntausende umlagern dort trotz unserer Verspätung den Startplatz und harren auf unsere Ankunft. Sie werden uns stürmisch zujubeln und noch stärker an unsere Sache glauben, wenn wir nicht allein ankommen, sondern wenn sie unsere drei schönen Schiffe gleichzeitig landen sehen.«

»Dann, Herr Professor O'Neils, werde ich Sie gern begleiten«, sagte Hidetawa.

Stimmengewirr kam von draußen auf. Robert Jones und Henry Watson brachten die Gäste O'Neils' in die Halle. Nicht ohne einige Mühe hatten sie diese an den beiden draußen liegenden Schiffen vorbeigebracht.

Plaudernd und lachend, noch ganz erfüllt von den Erlebnissen der letzten Stunden, drängten sie sich jetzt wieder in den Passagierraum der amerikanischen Maschine. Ein kurzer Abschied noch zwischen O'Neils, Hidetawa und Dr. Hegemüller, dann gingen sie zu ihren Schiffen. Schon wurden überall die Türen geschlossen. Als erste hob sich die amerikanische Maschine vom Boden ab. Unmittelbar nach ihr starteten Hidetawa und Hegemüller, mit Kurs auf die amerikanische Hauptstadt.

Professor O'Neils hatte eher zuwenig als zuviel gesagt, als er von Zehntausenden sprach, die in Washington auf seine Ankunft warteten. Eine unabsehbare Volksmenge umlagerte den Startplatz. Viele Tausende hatten bereits dem Aufstieg des amerikanischen Strahlschiffes zugesehen. Andere Tausende waren später hinzugekommen.

Sie hatten gejubelt, als die ersten Nachrichten über die schnelle Erreichung und Überfliegung des amerikanischen Kontinents aus den mächtigen Lautsprechern des Instituts erklangen, und in bedrücktem Schweigen ausgeharrt, als danach die Kunde von dem Maschinendefekt bekannt wurde. Vieltausendstimmiger Beifall war über den weiten Platz gebraust, als man die Hilfeleistung des japanischen Schiffes erfuhr. Niedergeschlagenheit hatte die Massen befallen, als dann die Notrufe O'Neils' kamen, die von einer unerträglichen Glut berichteten. In atemloser Spannung hatte man später die Funkmeldungen über die Rettungsmanöver des deutschen Strahlschiffes vernommen, während von Minute zu Minute immer neue Tausende zu der bereits versammelten Menschenmenge hinströmten. Von Beifallrufen erzitterte die Luft, als die Lautsprecher meldeten, daß O'Neils' Schiff sicher in den Trossen der deutschen Maschine hing, und in tosendem Jubel überschlug sich die Menge, als die glückliche Landung in Gorla verkündet wurde.

Glücklich in Gorla gelandet. Dort würde man den Schaden mit den Hilfsmitteln des dortigen Werkes beseitigen, und später ... vielleicht schon übermorgen würde Professor O'Neils nach Washington zurückkehren. Schon begann die versammelte Menge sich zu zerstreuen, als neue überraschende Kunde aus den Lautsprechern aufklang: »Der Schaden wird behoben sein. In einer Stunde wird das Schiff hier landen.« Da strömten die Massen zu den eben verlassenen Plätzen zurück, und zahllose andere kamen noch hinzu.

»In einer Stunde wird Professor O'Neils landen.« Die kurze, aber inhaltsreiche Nachricht bannte die Menge, die jetzt auf mehr als hunderttausend angeschwollen war, auf ihren Platz. Erwartungsvoll starrten ungezählte Augenpaare zum Himmel empor, obwohl man doch wußte, daß das Schiff zur Zeit im Gorla-Werk lag.

Eine Stunde kann sehr lang sein, aber auch die längste Stunde nimmt einmal ein Ende. Uhren wurden hervorgeholt und verglichen, Minuten wurden gezählt, Berechnungen angestellt. Langsam rückten inzwischen die Zeiger weiter. In fünf Minuten dreizehn Uhr ... in drei Minuten ... in zwei Minuten ... in atemloser Spannung verharrte die Menge, den Blick nach Norden gerichtet, von wo der Erwartete kommen mußte.

Ein Aufbrausen dann. Wie ein Lauffeuer ging es durch die Massen. Hier, da und dort hatte der eine oder andere etwas im Äther erspäht und machte seiner Erregung in Ausrufen Luft. Jetzt sahen es schon viele, und jetzt sahen es alle. Das amerikanische Schiff zog in geringer Höhe von Norden heran, aber es kam nicht allein. Drei in ihrer äußeren Form fast gleiche Schiffe waren es, die immer näher herankamen, für kurze Zeit über dem freien Platz schwebten und in sanftem Fall nach unten sanken.

Über den gemeinsamen Flug nach Washington hatte man von Gorla aus nichts gefunkt, aber im Augenblick begriffen die um den Start- und Landeplatz versammelten Massen, daß das deutsche und das japanische Strahlschiff ihrem berühmten Landsmann ein Ehrengeleit gaben, und orkanhaft brach die Begeisterung los. Die Polizei konnte die Absperrung nicht mehr aufrechterhalten. Von allen Seiten drängte die Menge zu den drei Schiffen, befühlte die schimmernden Metallwände, betastete die Steuerflächen, während ständig donnernde Beifallrufe, vermischt mit den Namen der erfolgreichen Piloten, die Luft erschütterten.

Lange dauerte es, bis sich der Sturm der Begeisterung so weit gelegt hatte, daß die Insassen es wagen konnten, ihre Schiffe zu verlassen, ohne Gefahr zu laufen, von der Menge erdrückt zu werden. Und immer wieder noch mußten sie danach auf den Altan des Carnegie Building hinaustreten, sich den Volksmassen zeigen und für nicht endenwollende Zurufe danken.

Der Neubau des Instituts war erst halb vollendet. Noch standen Teile der Betonwandungen in Holzverschalungen, lagen Eisenträger und hölzernes Gebälk frei zutage. Fertig und auch im Innern wohnlich war erst der Mittelbau des mächtigen Hauses, und hier saßen nun alle in einer Beratung zusammen.

Chefingenieur Grabbe nahm das Wort. »Meine Herren! Die bisher von unseren Maschinen geleisteten Flüge haben erwiesen, daß das Strahlschiff aus dem Versuchsstadium heraus ist. Seine Entwicklung ist so weit vorgeschritten, daß wir daran denken können, es als öffentliches Verkehrsmittel einzusetzen. Daß es den Stratosphärenschiff auf Langstrecken unendlich überlegen ist, steht außer Zweifel.

Die Gorla-Werke und japanische Konzerne haben sich entschlossen, eine Verkehrsgesellschaft zu gründen und eine Strahlschifflinie zu eröffnen ...«

»Wir machen mit, Herr Grabbe! Wir müssen auch dabeisein«, unterbrach ihn O'Neils.

»Bravo, Herr Professor!« Grabbe reichte dem ihm gegenübersitzenden O'Neils die Hand. »Ich habe es erwartet. Es freut mich, aus Ihrem Munde zu hören, daß Sie auch hier mit uns zusammengehen wollen.«

»Die neue Gesellschaft muß über eine hinreichende Flotte verfügen«, schlug Watson vor. »Wir müssen noch mehr Schiffe bauen.«

»Aber ohne Überstürzung!« bremste Hegemüller den Eifer des Amerikaners ab. »Jedes neue Schiff muß eine Weiterentwicklung, eine Verbesserung des bisher Erreichten bedeuten.«

Hidetawa nahm das Wort. »Nach der Erklärung des Herrn Professor O'Neils verfügen wir im Augenblick über drei Strahlschiffe. Damit können wir unseren ursprünglichen Plan erweitern. Wir können die Linie Deutschland–Japan zu einer Ringlinie um den Erdball erweitern und in Ostwestrichtung und in Westostrichtung befliegen. Dafür reichen zwei Schiffe aus, so daß wir das dritte als Reserve behalten und die Maschinen gut pflegen und instand halten können. Wir folgen damit der Anregung, die uns Herr Professor O'Neils durch seinen Rundflug gegeben hat.«

Mit Beifall wurde der Vorschlag Hidetawas von den Anwesenden aufgenommen. Flugpläne wurden aufgestellt, Landungsorte festgelegt und Zeittafeln entworfen.

Als sich nach Stunden die Japaner und Deutschen zum Abschied rüsteten, lag der Verkehrsplan für die neue Gesellschaft fertig vor.

Nur noch die juristischen Formalitäten der Gesellschaftsgründung und die Betriebsorganisation blieben zu erledigen. Man trennte sich in der sicheren Hoffnung, daß schon in wenigen Wochen die neuen Strahlschiffe dem öffentlichen Verkehr zur Verfügung stehen würden.

»Was, Freund Hegemüller«, meinte Chefingenieur Grabbe zu Dr. Hegemüller, während das deutsche Schiff über den Ozean dahinstrich, »das haben Sie sich nicht träumen lassen, als Sie vor einem Jahr unsere Strahlröhre zerschmetterten!«

»Doch, Herr Grabbe!« widersprach Dr. Hegemüller. »Ich habe es mir gleich gedacht. Als damals die Bleikathode durch unser Glasdach brach und in den Himmel flog, da habe ich mir gesagt: Wenn der Brocken da flügge geworden ist, so müssen auch größere Stücke fliegen können. Strahlraketen ... Strahlschiffe ...«

Chefingenieur Grabbe lachte. »Und dann haben Sie die Abteilung C III um ihre Versuchskammer gebracht und das Ding zu einem wahren Seelenverkäufer von einer Strahlrakete umgebaut. Meinetwegen! Mag es so sein.«

»Es war die erste Strahlrakete!« sagte Dr. Hegemüller und behielt damit wie fast immer das letzte Wort.